ナパヴァレーのワイン休日

ワイナリーが織りなす究極のスローライフ

濱本 純

文・写真

樹立社

はじめに

旅はいつの時代でも楽しいものです。特に海外旅行は、費用面その他様々な面からも以前と違って気軽に行けるようになり、年々その人口は増え続けています。

キャリア・ウーマンなど女性が自立し、その可処分所得が増大したことはもちろん、リタイアを迎えた、時間持ち・お金持ち・知恵持ちの元気な団塊世代が人生をエンジョイするようになったことも、海外旅行の増加により一層の拍車をかけたものと考えられます。またその旅行形態も、今までのように慌しく幾つもの観光地を巡る旅行から、目的地を定めてゆったりと何日も過ごしたり、お気に入りの所へ何度も行くリピート旅行へと様変わりしてきています。しかし、その行先となると、ハワイ、イタリア、フランス、オーストラリアそれにアジア諸国とあまり変わり映えがしません。

そこで、今までの旅とはちょっと違った、大人の満足感を満たしてくれる、知的でスローな時が流れる、そんな所をご紹介したいと思います。そこは、気候・治安・食事等もとても良く、既に一部の海外通の日本人がお忍びで訪れていて、アメリカでも知的富裕層の間で熱い視線が注がれている羨望の地です。しかも、日本人に人気のあるハワイからほんの少しだけ足を伸ばせば行ける所。

それは、“ナパヴァレー”です。アメリカ西海岸・カリフォルニア州にあり、“ワインの産地”としても世界的に知られています。

今、世界的に、ワインの里を訪れたり、そこに住むことに憧れる人々が増えています。ワイナリーのある田園風景が、現代に生きる人々の心を魅了するとともに、私たちをそっと優しく包んでくれるからなのでしょうか。

❖静かな谷間に悠々と広がる葡萄畑。ほほをくすぐるように通り過ぎてゆく風、あまりの優しい景色に時のたつのを忘れます

❖ 2 月上旬の葡萄畑

私はある時ひょんなことでこの地を訪れ、すぐにその魅力の虜となってしまい、ついには30年間勤務していた広告代理店を早期退職して、この地にかかわる仕事に取り組んできました。

その甲斐あってか、最近日本でもこの地のことが雑誌などでよくとり上げられるようになり、現地でも日本人の姿を見かけることが多くなりました。ここには、私たちが抱く今までのアメリカのイメージとはいささか異なって、味にこだわる日本人を満足させてくれる食文化があり、お洒落で洗練された生活スタイルがあります。資本主義経済の先達であるアメリカが先にたどり着いた、経済的にも精神的にも豊かな人々が暮らす大人の理想郷とも呼べる社会です。

成熟した社会と洗練された生活スタイル……、本格的高齢社会を迎える日本人にとって、今後の人生の過ごし方を教えてくれるお手本のような地といってよいでしょう。この理想郷が、私たちのすぐ近くにあります。

ナパヴァレーについては、これまでワインに関する書物は幾つかありましたが、ワイン以外の魅力を中心に紹介する書籍は、本書が最初ではないでしょうか。多くの観光客を手招きして受け入れようとする他の地とは違い、ナパヴァレーは本当に理解し愛してくれる者だけを、女神がそっと笑顔で迎えてくれる所です。それゆえ、ナパヴァレーに興味を持たれた方は是非本書をお読みのうえ、この地のことをよく知っていただきたいと思います。そして、現地を旅行された際には、私が魅せられた以上の感動と出会えますように願っています。

これからの人生をより充実して楽しいものにしたいとお考えの方、今までとは違った大人の旅をしたいとお考えの方、新しい時代の羨望とステイタスの地を知ってみたいとお考えの方、そして成熟社会の理想郷を見たいという方々に、本書が少しでもお役に立てれば幸いです。

Wine Holidays in Napa Valley
CONTENTS

第6章

日本からの交通アクセス 165

第7章

ナパヴァレー・ワインとワイナリー 177

MAP

LIST

【写真説明】

カバー……ヨントヴィルから飛び立った気球
表紙………ロス・カルネロスの葡萄畑
P4…………葡萄樹を見守る赤いバラの花［セントヘレナ］
P39 ………シルヴァラード・トレイル沿いの整然とした葡萄樹の列
P59 ………シャトー・モンテリーナのオーナー、ジム・バレット氏
P81 ………早朝、朝靄の中を飛び立つ熱気球［ヨントヴィル］
P151………地元住民たちのロビーともいえるNapa Valley Coffeeセントヘレナ店
P165………ベリンジャー前の並木道［セントヘレナ］
P177………ワインスペクテーター・グレイストーン・レストランで［セントヘレナ］

写真 Photograph ———濱本　純 Jun Hamamoto
装丁・本文デザイン ———高林昭太

第1章 ヨーロッパ文化が溶け込んだ成熟した社会

1 知的アメリカ人羨望の地

今アメリカは、経済の堅調さを受けて様々な地域において活況を呈しています。その中でもナパヴァレーは、地元西海岸の人々のみならず、全土からも多くの観光客が訪れ、多額の投資マネーが流れ込むアメリカで最も注目されている地の一つです。

アメリカは日本と比べるととてつもなく広く、本土だけで幾つもの時間変更線があるくらいですから、太平洋を隔ててアジアに面する西海岸と大西洋を隔ててヨーロッパに面するニューヨークのある東海岸、マイアミなどがある南部とカナダと国境を接する北部、それにシカゴ等がある中部とでは気候やそこに住む人々の生活文化は随分異なります。

これからお話しするナパヴァレーは、そのアメリカ本土西海岸のカリフォルニア州北部の代表的な都市サンフランシスコから北へ約100km、車で約1時間の所にあります。

ナパヴァレーのダウンタウンに、“n. v.”というレストランがあります。おそらくNapa Valleyのイニシャルであろうとは推測していたのですが、アメリカの友人から説明を受けて、思わずニヤリとしたことがありました。

それは、このn. v.が単にナパヴァレーを意味するだけではなく、nは“エン”と発音し、vは“ヴィー”と発音しますから、“エン・ヴィー”(envy)——すなわち“うらやましい”という意味をも持つ掛け言葉であろうと聞いたからです。ナパヴァレーは今、アメリカでも堂々と“人々がうらやましがる所”といえる地域だと納得したのです。

ナパヴァレー観光局、**ナパヴァレー・カンファレンス&ヴィジターズ・ビューロー**(Napa Valley Conference & Visitors Bureau)の話によると、ナパヴァレーには毎年約490万人のヴィジターが訪れているとのことです。

そして一度この地を訪れると、即その虜になってしまい、その後何らかの形でここに住みたくなる人が決して少なくないといわれます。実は私もその

❖映画監督フランシス・コッポラのワイナリーRubicon。ルビコンとは“赤い川”の意味。ナパヴァレーの老舗イングル・ヌックの魂は健在

一人です。映画監督の大御所フランシス・コッポラがこの地で名門ワイナリーを購入して、新たにニーバウム・コッポラ・エステイト・ワイナリー（現ルビコン・エステート）として所有していることはあまりにも有名ですし、男優・映画監督であるロバート・レッドフォード、男優のロビン・ウイリアムス、AORシンガー＆ソング・ライターのボズ・スキャッグス、さらにスポーツ選手等、ナパヴァレーに魅せられた人を数えたらきりがありません。

セントヘレナ（ナパヴァレーの町の一つ）の**マティーニ・ハウス**（Martini House）というレストランで、ロバート・レッドフォードが食事をしているところを、また**テイラーズ・オートマティック・リフレッシャーズ**（Taylor's Automatic Refreshers）というハンバーガー屋の前にはロビン・ウイリアムスが立っているところを見かけましたが、まわりの誰も騒がず、本人たちもいたって普段の様子でいました。ここは小さな町ですから、住民の気遣いがあることはいうまでもありませんが、これらのシーンは珍しいことではなく極めて日常的な光景なのでしょう。それに比べ、さりげなく遠くのウエイターを見る振りをして、レッドフォードを確かめた自分がちょっと恥ずかしい気

持ちになりましたが、まあ許してもらいましょう。

こうした人気を反映して、リッチな人々による不動産購入や大企業によるワイナリーの買収が活発になり、畑地を含めたこの地域の平均地価はアメリカでもトップ・クラスといわれます。

ナパヴァレーに対する全米の熱い視線と、IT関連等で得られた様々なニュー・マネーがここに入ってきていることについては、**ジェームス・コナウェイ**（James Conaway）著『The Far Side of Eden』にも書かれており、ワシントン・ポスト紙のベスト・ブック・オブ・ザ・イヤーに選ばれて社会現象化さえしています。

2 ナパヴァレーの魅力

ナパヴァレーの魅力については、アメリカでは多くの写真集や色々な書物が出版されており、現在も増え続けています。

これらの書物の表現を借りれば、“辺り一面に葡萄畑が展開されているのどかなワイン・カントリー”とありますが、だからといってここの住人たちを“田舎の素朴な人々”と考えるのはあまり適切ではないと思います。

また、冒頭から乱暴な言葉ですが、この地にはもともと素晴らしい風景があり、単に自然がつくった造形美だけで多くの人々を魅了しているという表現も当てはまりません。

この地を覆いつくす田園風景は、一見“豊かな自然”という表現が出来ますが、これとて人間の叡智と努力でつくり上げた、整然と手入れされた葡萄畑の風景です。

だから“ナイアガラの滝”日帰りツアーのように、旅行業者の誘導に従って、限られた時間で次々とワイナリーを巡ってみても、この地の真の魅力には出会えず、ただ通り一遍のワイン・テイスティングだけを楽しんで帰ることとなるでしょう。

この地の本当の魅力と出会うためには、今までの旅のように、小刻みに詰め込んだ慌しい旅行は避けるべきで、やはり数日は当地に宿泊し、私がお薦めする目線でナパヴァレーの魅力を訪ねていただけたらと思います。

でもそうなると、どのような交通や宿泊施設を手配し、どのように行動すれば良いのかと、お困りになるでしょう。

正直いって、この地は団体旅行やパック・ツアーとはあまり相性が良くありません。実際、旅行会社のツアー募集はほとんど見かけません。しかし、現実には多くの日本人が訪れています。

この地を訪れるには、ある程度自立した旅が必要で、本書がその手引きとしてもお役に立つことを願ってやみません。


それでは、早速ナパヴァレーの魅力について触れてみましょう。

まず一つ目は、ここにはワインづくりを通じて伝わったヨーロッパ文化とそのしっとりとした情緒的な風情があり、これにアメリカのカジュアルでオープンな気質が上手く溶け込んだ、世界的なワイナリーの里であることです。

二つ目は、この地はアメリカ・インディアンの時代から今日まで、何度もその時代を象徴する出来事の舞台となった所で、いつの時代も人々から脚光を浴びる不思議なパワーと様々な物語を持った土地であることです。

３つ目は、サンフランシスコから約100kmという近い位置にありながら、気候はむしろロサンゼルスに似て、太陽が燦々と降り注ぎ、夏はカラッとドライで、冬は逆に適度な湿度がある温暖な地であることです。さらに、マイクロ・クライメットと呼ばれる、異なる気候が細かく複雑に混在しているため、バラエティに富んだ風土を楽しむことが出来ます。

４つ目は、ローカルに位置する田園地帯でありながら、洗練された人々が住み、さらには都会的な文化と感性のある成熟した大人の世界があることです。

５つ目は、ワインを中心とした美味しい食文化に、アート＆建築、そしてこれらが上手く溶け込んだ独自の生活文化があることです。

そして六つ目として、以上五つのことを優雅に楽しむための、お洒落でアットホームな宿泊施設がある“ワイナリー・リゾート”であることです。

現在ここに住む人々の多くは、ビジネス等で成功を収めた、経済的にも精神的にもゆとりがある人々といっても過言ではありません。世界的ワインの関係者のみならず、ビジネスの第一線で活躍している人やしていた人たちが、華々しい都会の生活を十分に謳歌した後に、優雅な生活を楽しむためにこの地に移り住んでいるのです。

ここは、彼らの別荘地ではなく生活の拠点であり、都会に仕事を持つ人は、そちらが仮の住まいなのです。

そしてこの地に広がるのどかな風景は、私たちに癒しと心の安らぎを与えてくれるのみならず、人生を楽しむためのエネルギーを与えてくれるのです。

これが、ワインのみならず、様々な分野で脚光を浴びている近年のナパヴァレーです。ナパヴァレーでの生活スタイルこそ、大人の成熟社会のあり方を示す一つのトレンドとなると思われます。

ここには、資本主義の先達アメリカが、私たちよりも一足先にたどり着いた成熟社会の理想郷があり、これから本格的に高齢社会を迎えようとする日本にとって参考にするべきヒントがたくさんあると思われます。

3 変化に富む大地

ニンジンに似た地形

それでは、様々な魅力が展開されるナパヴァレーの大地についてお話ししましょう。

ナパヴァレーは北緯38度と39度の間にあって、日本の仙台よりやや北の辺りに位置しています。

ナパ郡全体の広さは、広い湖なども含めて約55万エーカー（１エーカー＝4,047㎡）、東京都の広さをエーカー換算すると約54万エーカーですから、東京都とほぼ同じくらいです。そしてこのナパ郡の中にあって、三方を山に囲まれた盆地がナパヴァレーと呼ばれる地域です。

盆地はニンジンに似て細長い地形で、葉の付け根の太い部分を下にして南、先の部分を上にして北側、そしてこれをやや左に傾けた形をしています。

“ニンジン”の全長に当る南北の距離は約50km、その最も太い部分に当る南部のナパの街は東西約８km、最も細い先の部分に当る北のカリストガの町辺りは、東西はわずか約1.5kmとかなり狭まっています。

海抜は南部のナパの街辺りでは約６ｍであるのに対して、北端のカリストガでは約125ｍにもなり、北の内陸部に行くにつれて標高が高くなっています。

そして、北･東･西の三方を山に囲まれた盆地ですが、南側はサンフランシスコ湾の奥、**サンパブロ湾**（San Pablo Bay）に通じています。

また、ナパヴァレーには、大小約300のワイナリーがあり、カリフォルニア州全体の約４％に当るワインを生産しています。ちなみに、世界のワインの16.7％がアメリカ全土で生産され、その約90％がカリフォルニア州でつくられています。

性格の違う東・西・北の山々

ナパヴァレーの東側は**ヴァカ山脈**（Vaca Mountains）が走り、その背後の内陸部は乾燥地帯で、この山々にはスタッグスリープ地区辺りまでほとんど樹木とよべるものが生えていません。

しかしこれらの山々も、盆地中部の町ラザフォード辺りになると、徐々に木が茂ってきます。これは、そそり立つ山の上にたっぷりと水をたたえた**バリエッサ湖**（Lake Berryessa）や**ヘネシー湖**（Lake Hennessy）の恩恵と考えられます。

そして北端の町カリストガ付近になると、**セントヘレナ山**（Mt.St.Helena）や**パリサデス山**（The Palisades）など、高く切り立った山々が峰を連ねています。

一方、西側には**マヤカマス山脈**（Mayacamas Mountains）があり、一年中生い茂った木々がカリストガまで続いています。この山脈の反対側にあるソノマ郡から海洋山脈（コースト・レンジ）を越えてくる太平洋の寒流の冷気と、南のサンパブロ湾からの冷気が霧や雲を発生させ、これらの山々に水分をもたらしているからです。

このように東西の性格の異なる山々、北の高い山と南のサンパブロ湾といった自然環境に囲まれているのがナパヴァレーです。

✿豊かな大地とナパ川

ニンジンの形をした盆地を、北から南へ流れているのが**ナパ川**です。上流は小さな谷川ですが、ナパの街辺りになると急激に川幅が広くなり蛇行して多くの水をたたえ、河口付近では広い川幅となり、サンパブロ湾に流れ出ています。

かつてこの川を多くのサケが産卵時に遡上し、周りに広がる平野にはグリズリー（灰色熊）や多くの動物が生息していたことから、アメリカ原住民から“豊かな大地”という意味の“ナパ”という名で呼ばれたとのことです。

1889年頃、この川には船尾の外輪で走る蒸気船“ジンファンデル号”が、サンフランシスコからヴァレホを経てナパのダウンタウンまで就航し、1902年には近代的な遊覧船風の“カリストガ号”が運航していたとの記録があります。

これで当時のこの川が果たしていた役割を理解していただけるでしょうか。

また今日でも、雨季にあたる冬には何年かに一度洪水が起こり、ナパ川沿いの低い土地ではオークヴィル付近まで水に浸ることがあります。しかし日本で聞く洪水のニュースとは別に、ナパヴァレーの人々の反応はいたって冷静な気がします。浸水するほとんどの土地が、民家のあまりない地域であることや、何年かに一度起こるこの自然現象を、住民はある程度意識に織り込んでいるせいかもしれません。

4 ワインづくりのために生れて来たようなナパヴァレー

いいワインづくりにおいて、近世になってワインづくりを始めたアメリカを中心とする新世界ではワイン・メーカー（つくり手）が大きくクローズ・アップされる一方、旧世界のフランスでは葡萄が栽培されるその畑のテロワール（地味）がすべてであると重んじられてきました。それゆえフランスではつくり手やワイナリーの所有者に関係なく、畑に等級が付与されて長年継承してきた流れがあります。

しかし、いずれにおいても、大地と気候がワインづくりに重要な意味を持

つことには変わりありません。

ナパヴァレーのワイン生産者協会NPO組織、**ナパヴァレー・ヴィントナーズ**（Napa Valley Vintners、略称NVV）の広報資料では、ナパヴァレーの地形、土壌、霧、それに特殊な気候について、“まるでワインづくりの葡萄のために生まれてきたような大地”であり、“葡萄にとってのエデン”であるという表現をしています。

❂マイクロ・クライメット（微気候）

ナパヴァレーは、その北端から南端にかけて車でわずか約1時間弱の約50kmの距離でありながら、南と北では日中約4～8℃の温度差があります。

そしてこの地域には、燦々と太陽が降り注ぐ葡萄畑があれば、軽井沢や箱根を思わせる、苔の生えた岩の間を小さなせせらぎが流れるひんやりとした地域もありますし、そこから車で少し走れば、アメリカ西部劇の舞台を思わせる陽射しと乾いた土の地域もある等、気候やその土地柄、それに風景や趣きの違うエリアが混在しています。

このように、様々な要素が小刻みに入り組んだ複雑な気候のことを**マイクロ・クライメット**（微気候：Micro Climate）と呼び、ナパヴァレーはまさにこの稀有な気候が存在する所です。

複雑な地形をした盆地である上に、川、丘陵、そしてこの地域を取り囲む山・湖・海と湾等々の異なる要素が複雑に絡んで、ナパヴァレーの変化に富む気候と土地柄を生み出しているのです。

このことは、ナパヴァレーに様々な品種の葡萄が栽培され、色々な種類のワインを産出することにつながります。

✪気候の南北逆転現象

ナパヴァレーは、南部の街ナパはサンフランシスコ湾奥のサンパブロ湾に通じており、一方、最北端の町カリストガは海から離れていることから、太陽が照る日中は北の方が南部よりも気温が高くなります。その温度差は、昼間の平均温度で約４～８℃もあることは前述したとおりです。

しかし一旦陽が沈み始めると、北端のカリストガの方が急激に温度を下げ始め、以南との温度差は徐々に縮小していきます。

そして最も気温が下がる午前５時頃になると、カリストガの方が、ナパヴァレー中部エリアよりもわずかながら気温が低くなるという現象がみられます。これは、カリストガの西側の山並みの低い谷間から、太平洋の冷気がソノマ郡サンタローザを経由して入ってくるからです。

このようなことから、ナパヴァレーでは、同じ場所でも燦々と太陽が照る日中と一番冷え込む朝との寒暖の差は11～20℃にもなります。

ちなみにカリフォルニア州の気候は、サンフランシスコより少し南に位置する町モントレー（北からの寒流と南からの暖流とがぶつかり合う地点）を境にして北側と南側とでは気候が大きく異なります。ナパヴァレーは、サンフランシスコよりもさらに北に位置しながら、モントレーよりもずっと南のロサンゼルスのような気候の地ともいえます。サンフランシスコは曇りがちな日が多く、夏でも肌寒い日が多いのに対して、ロサンゼルスはカラッとして暖かく、太陽が燦々と輝く日が多いからです。

ちなみにWeather.comのデータ資料によると、ナパヴァレーは１年間を通じて雨か曇りの日の平均日数はわずか85日で、これもほとんど11月～３月の間に集中しています。したがって、葡萄栽培にとって雨を望まない夏・秋には天気の良い日が多く、畑に水分が必要な冬の季節には雨が降る、人間にとっても快適で過ごしやすい温暖な気候の地といえます。

✪140種類の土壌

ナパヴァレーが葡萄栽培に適しているもう一つの理由は、その土壌にあります。

太古、太平洋の海底が隆起して出来たミネラル分等多くの栄養素を含んだ大地が、雨やシェラネヴァダ山脈の氷河からの水で浸食され、さらにはセントヘレナ山の噴火による火山灰で覆われました。また、ある地域では再びこれらの大地や山肌が雨や川に削りとられて沖積土が形成され、洪水はこれらをシャッフルします。そうして出来たのがナパヴァレーの大地です。

その結果、ここは約40種類の土の成分とその組み合わせによる約140種類もの土壌があり、水はけのよい粗いローム質の土から保湿性のある粘土質の土壌まで、まさに葡萄づくりに適した土地が誕生したのです。

これらが、“ワインづくりの葡萄のために生れてきたような稀有な地”と呼ばれる所以です。

5 フランスのアペラシオンとアメリカのAVA

ご説明したように、ナパヴァレーは様々な気候と土壌を持つ、ワインづくりのために生まれてきたような土地です。

一方、ワインの本場フランスでは、様々な地方でつくられるワインについて、その葡萄の産地を国・地方・村・畑に至るまで細かい区分規定をし、どこでつくり出されたワインであるかについてその表示を義務付け、等級付けを行いました。これにより、消費者にはワインの氏素性を保証し、ワイナリーにはその品質向上を促す目的で制定されたのが、フランス原産地研究所によるAOC（原産地統制呼称ワイン）の**アペラシオン制度**（Appellation）です。

アメリカにおいても、その品質が高い評価を得られ始めるとともに、他のエリアで採れた葡萄を使用しても、ナパヴァレーのワインとして販売するような混乱が起きていました。

そこで、ワインに使用されている葡萄の産地を州名・郡名・AVA名（アメリカ政府公認葡萄栽培地域名）で明確化したのが、アメリカ版原産地呼称アペラシオンであるAVA（アヴァ）（American Viticultural Area）です。

ちょうど、日本で牛肉を北海道産、三重県産、さらには松阪牛といった飼育する産地名で表示することと似たようなものです。但し、アメリカのアペ

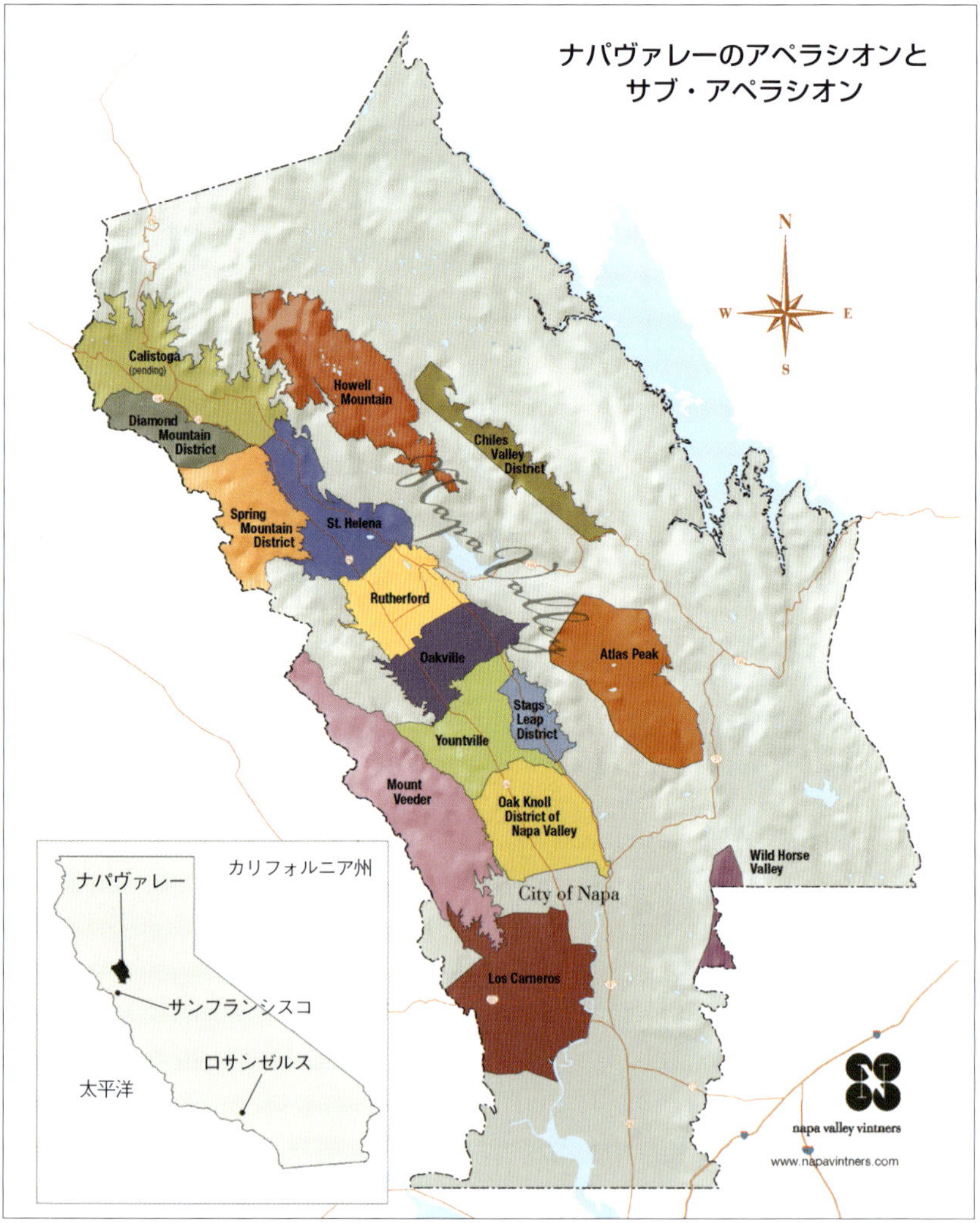

ナパヴァレーのアペラシオンとサブ・アペラシオン

COLUMN

ナパヴァレーのAVA

2005年６月現在、アメリカ全土でアペラシオンは157ありますが、そのうち94がカリフォルニアのものです。また、ナパヴァレーそのものが1981年にアペラシオンとして認定され、その後この下に14のサブ・アペラシオンが認定された結果、現在ナパヴァレーには合計15のアペラシオンがあることになります。

なお、アペラシオン制度では、州・郡・AVAの単位で制定するため、“ナパヴァレー” アペラシオンは、普段私たちがナパヴァレーと呼ぶエリアよりも広い、ナパ郡全体を指します。

●ナパ郡のAVA

1．アトラス・ピーク（Atlas Peak）AVA
2．チャイルズ・ヴァレー・ディストリクト（Chiles Valley District）AVA
3．ダイヤモンド・マウンテン（Diamond Mountain）AVA
4．ハウエル・マウンテン（Howell Mountain）AVA
5．ロス・カルネロス（Los Carneros）AVA
6．マウント・ヴィーダー（Mt. Veeder）AVA
7．オーク・ノール・ディストリクト（Oak Knoll District）AVA
8．オークヴィル（Oakville）AVA
9．ラザフォード（Rutherford）AVA
10．スタッグスリープ・ディストリクト（Stags Leap District）AVA
11．セントヘレナ（St.Helena）AVA
12．スプリング・マウンテン・ディストリクト（Spring Mountain District）AVA
13．ワイルド・ホース・ヴァレー（Wild Horse Valley）AVA
14．ヨントヴィル（Yountville）AVA
15．ナパヴァレー（Napa Valley）です。

なお、カリストガ（Calistoga）は現在、AVAに申請中です。

ラシオンは、フランスとは違って、等級付けや葡萄の品種の特定、それに畑に灌漑などをつくることを禁止する等の規定は伴っていません。

6 ナパヴァレーを構成する主な街町と道路

✪ナパ郡、ナパヴァレーそしてナパの街

これからナパヴァレーの街町や道路について説明をする前に、あらかじめ確認させていただきたいことがあります。

ここまで、ナパヴァレーやナパの街という言い方をしてきましたが、同じ"ナパ"と付く地名にも、**ナパ郡**（Napa County）、**ナパ市**（Napa City）または**ナパの街**と呼ぶ地域、それに**ナパヴァレー**（Napa Valley）とがあり、それぞれが指す範囲には違いがあることです。

また、あえて"街"と"町"の字を使い分けしており、"街"を使用する場合は大きな街や都市を意味し、"町"を使用する場合には比較的小さな所を指しています。

まず、カリフォルニア州には幾つもの郡（County）がありますが、その中の一つがナパ郡です。そしてこのナパ郡には、ナパ市や**アメリカン・キャニオン**（American Canyon）等の幾つかの街町と広大な畑地や山岳地帯、それに湖などの広い水域があります。

本書のテーマである"ナパヴァレー"とは、ナパ郡の中にある特定の盆地エリアを指し、ナパの街を始め幾つかの街町と畑地、それにこれを取り囲む山岳地を含みますが、この盆地の外にあるアメリカン・キャニオン等は含まないのが一般の解釈です。

したがって、前述の政府公認葡萄栽培地域（AVA）上の"ナパヴァレー"とはナパ郡全体を指すのに対して、この本で紹介するのはもう少し限られたエリアになります。ここは、同じナパ郡内でも、アメリカン・キャニオン等の地域に比して大規模な再開発などが一部の地域に限られていて、その結果、このエリアには昔の面影を残したレイド・バックされたワイナリーのある田園風景と、その独自の素晴らしい世界が展開されているのです。

✪風貌の違う二つの幹線道路

ナパヴァレーには南北に走る二つの幹線道路があり、これがこの地の交通の幹となり、人々の営みと経済を支えるとともにナパヴァレーの魅力を展開しています。

一つは**ハイウェイ29号線**、もう一つはこれと平行してナパの街の**トランカス通り**から最北の町カリストガまで走っている道**シルヴァラード・トレイル**（Silverado Trail）です。

そして二つの幹線道路を、**オーク・ノール・アヴェニュ**や**ヨントヴィル・クロスロード**、バリエッサ湖に向かう128号線とつながる**ラザフォード・ロード**、それに**ジンファンデル・レーン**ほか幾つかの道が要所要所でつないでいます。

29号線は、沿線に幾つかの街町やワイナリー、レストランそれに物販店等があり、道も一直線に走る太い道路であることから、ナパヴァレーの経済をつかさどる“父の道”との感があります。

一方、もう一つの道シルヴァラードは、細くしなやかに曲がりくねった道で、沿線にあるのは葡萄畑とワイナリーだけで、店や集落がほとんどないことから、葡萄畑を見守る“女神の道”といった印象があります。

この二つの幹線道路沿いには、行儀良く列を整えた葡萄畑が一面に広がっていて、これらは躾の良い子供たちのように見えます。

✪“ナパ”の街……古い町並みと新しい商業施設がある街

ナパヴァレーの最南端に位置するのが**ナパ**（Napa）の街で、ここは1847年にナパ郡で一番最初に市として制定されました。普段地元の人々もこの街を“ナパ”と呼びますが、混乱を避けるためにこの書では“ナパの街”と表記しています。

ここは、同じナパヴァレーでも他のエリアとは若干風情が異なり、古い民家のほかに、GMS（大型総合スーパー）、各種専門店、レストラン、それに宿泊施設等が多くあり、ナパヴァレー経済の中心地的役割を果たしています。

さらにこのナパの街には、**ダウンタウン**と呼ばれる古い町並みが残る地区があり、ここにはナパ郡全体の行政機関や公共施設、それにレストラン等の商業施設が集中しています。従ってナパヴァレーの人々が本格的に買い物をする時には、やはりこの街を利用します。

1996年にサンフランシスコ大地震が発生した時、ダウンタウン地区は一度寂れかけていましたが、その後のアメリカ全体とナパヴァレーの経済の強さにより、現在はどんどん新しい店に生まれ変わり活気を取り戻しています。

しかし、現在でも3階建て以上の建築物はなく、それどころか、この街では出来るだけ古い建物を取り壊すことなく、外装の補修にとどめ、その代わりに本格的な内装工事をすることにより、お洒落でセンスの良い店へと生ま

❖ダウンタウンの歴史が、古い建物とモダンなインテリアを一層お洒落にし、輝かせるのだと思います。1st.ストリートからナパ川に架かる橋方向を眺めて

❖元粉ひき工場、“ハット”にも色々な物語がありました。今は、ダウンタウンの新しい名物スポット

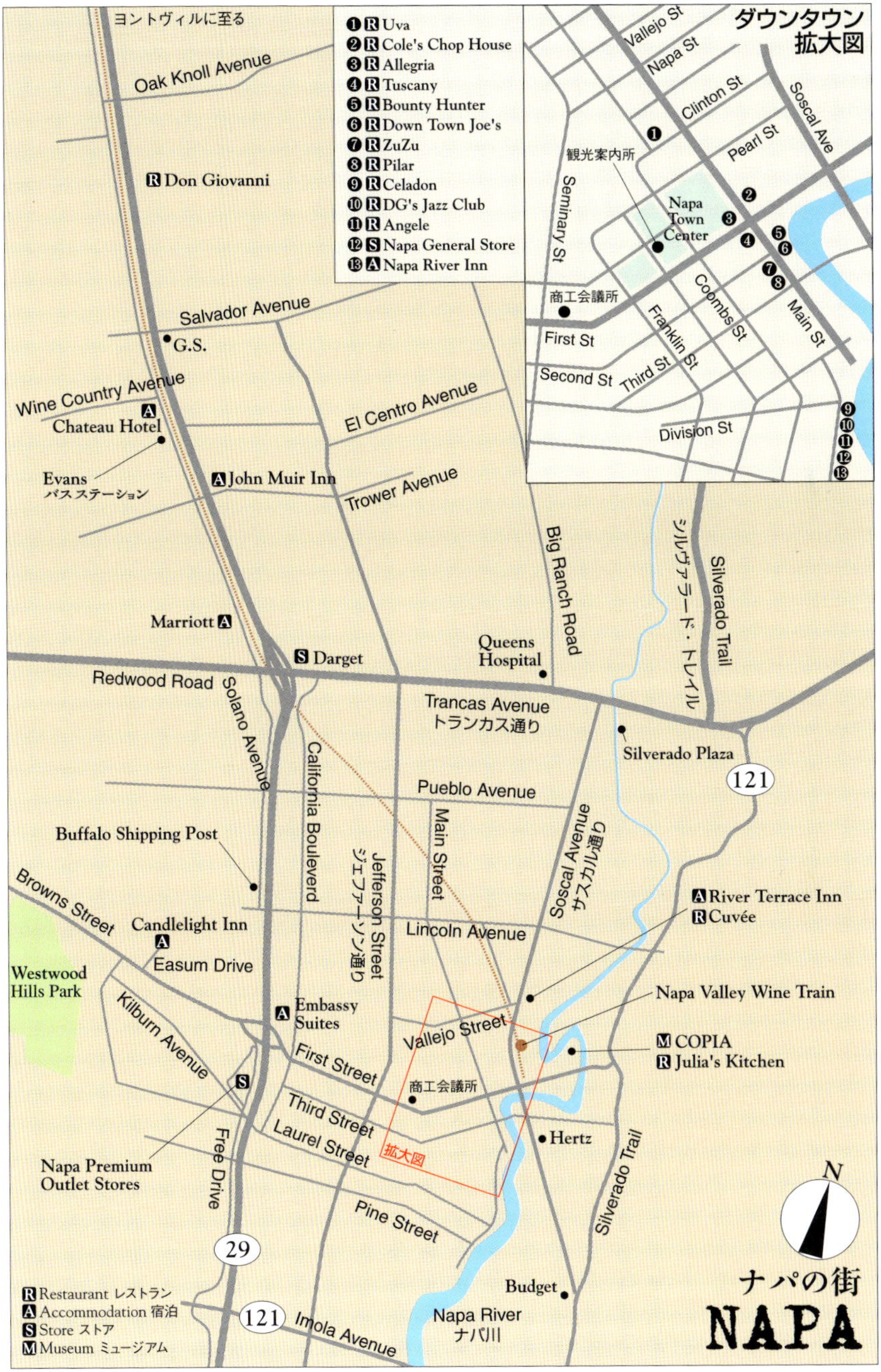
ナパの街
NAPA
ダウンタウン拡大図
1 R Uva
2 R Cole's Chop House
3 R Allegria
4 R Tuscany
5 R Bounty Hunter
6 R Down Town Joe's
7 R ZuZu
8 R Pilar
9 R Celadon
10 R DG's Jazz Club
11 R Angele
12 S Napa General Store
13 A Napa River Inn
R Restaurant レストラン
A Accommodation 宿泊
S Store ストア
M Museum ミュージアム
ヨントヴィルに至る
Oak Knoll Avenue
Don Giovanni
Salvador Avenue
G.S.
Wine Country Avenue
Chateau Hotel
Evans
バス ステーション
John Muir Inn
El Centro Avenue
Trower Avenue
Big Ranch Road
Marriott
Darget
Queens Hospital
Redwood Road
Solano Avenue
Trancas Avenue
トランカス通り
Silverado Plaza
シルヴァラード・トレイル
Silverado Trail
121
California Boulevard
Jefferson Street
ジェファーソン通り
Main Street
Pueblo Avenue
Soscal Avenue
サスカル通り
Buffalo Shipping Post
Browns Street
Candlelight Inn
Easum Drive
Lincoln Avenue
River Terrace Inn
Cuvée
Westwood Hills Park
Kilburn Avenue
Embassy Suites
Vallejo Street
Napa Valley Wine Train
COPIA
Julia's Kitchen
First Street
商工会議所
Third Street
Laurel Street
拡大図
Hertz
Napa Premium Outlet Stores
Free Drive
Pine Street
29
Budget
Imola Avenue
Napa River
ナパ川
N
Vallejo St
Napa St
Clinton St
Soscal Ave
Pearl St
観光案内所
Seminary St
Napa Town Center
Coombs St
Franklin St
Main St
First St
Second St
Third St
Division St

れ変わっています。このようなところにも、古い物を好み大切に利用するナパヴァレーの価値観が生きていますが、古い建物の外観と一転して近代的で斬新な内装、このコントラストがこれらの建物や店を一層お洒落に見せているのが特徴です。

❂ヨントヴィル……熱気球の揚がる町 （地図→P36）

ナパの街を北に上がると出会う町が**ヨントヴィル**（Yountville）です。

ここは昔、ナパヴァレーで最初にワイン用葡萄を栽培したとされる**ジョージ・ヨント**（George C. Yount）の土地であったことから、現在のヨントのヴィル（村）という名前になったのです。

ここには、アメリカNo.1レストランと呼ばれる**フレンチ・ランドリー**（French Laundry）とその姉妹店**ブション**（Bouchon）、それに**ビストロ・ジャンティ**（Bistro Jeanty）等のグルメにお薦めのレストランが軒を連ねています。

また、電車の車両を改造したイン、3～4部屋しかないプチ・イン、かな

❖古いレンガ造りの建物、ショピング・モール Vintage1870”。様々な店がのんびりと店をひらいている。早朝、裏の駐車場辺りで何かが起こる予感

❖ワシントン・ストリート Bistro Jeanty。ヨントヴィルの町全体が味を競うグルメの町。オーナーは朝早くから店の手入れをする働き者

りの人数を収容出来るイン等、様々な宿泊施設がありますが、何よりも特筆すべきは、ここがナパヴァレー名物の熱気球が揚がる町であることです。

このほかにも、レンガ造りの古い建物を利用したショッピング・モールの**ヴィンテージ**（Vintage）**1870**や、29号線を隔てた反対側にはアメリカ退役軍人のための広大な施設**ヴェテランズ・ホーム**（Veterans Home）があることでも有名です。その広大な敷地には、**ナパヴァレー博物館**（Napa Valley Museum）やナパヴァレー交響楽団のホーム・グラウンドである**リンカーン・シアター**（Lincoln Theater）、病院等があります。

ナパヴァレーに行った際には、必ず訪れることをお勧めする町です。

✿オークヴィルとラザフォード ……有名食品店と名物ワイナリー

ナパヴァレーのほぼ中間に位置するのが、**オークヴィル**（Oakville）や**ラザフォード**（Rutherford）がある地域です。

この辺りは、特に密集した民家や商業施設はありませんが、29号線に沿って**オークヴィル・グロッサリー**（Oakville Grocery）というナパヴァレーを代表する有名食料品店と、**オーパス・ワン**（Opus One）や**ロバート・モンダヴィ**（Robert Mondavi Winery）、それにコッポラ監督の**ルビコン・エステート**（Rubicon Estate）といった日本人にもよく知られたワイナリーがあることで有名な町です。

オークヴィル・グロッサリーの古い建物とその壁面にペイントされたコ

カ・コーラのロゴ看板は、ナパヴァレーの名物であるとともに、唯一の広告物らしい看板ともいえます。それゆえ、この建物はオークヴィルのランド・マークであり、また29号線のベンチ・マークともなっています。ほかにも、この地の古い名をとった**ケイモス・ランチョ**（Caymus Rancho）というインがあり、名前のとおり中庭や建物の作りもスペイン風で味わいのあるものです。

❖ Oakville Groceryの昔い店舗と壁面に描かれたレトロな広告看板。ナパヴァレーの動脈路29号線を見守る、灯台守のようなにくい奴

❖ ラザフォード Beaulieu Vineyards辺りの秋。道の反対側には、"ナパヴァレー鉄道"の面影を残す寂れた駅舎とプラット・フォーム。これも町を彩る風景かも

❂セントヘレナ……ヨーロッパ的な町並みと小粋な佇まい　（地図→P37）

ナパヴァレーで一番人気のある町が**セントヘレナ**（St.Helena）です。

セントヘレナには素晴らしい名門のワイナリーがたくさんありますが、何といってもこの町の町並みや建物の雰囲気が古いヨーロッパ的なこと、またここに住む人々のマナーと風情が知的なことが町を一層素敵にしています。

そして、メイン・ストリートにある商店街の建物も古く、瀟洒で落ち着いていますが、路地を少し入った所にある一見小ぶりに見える民家も、可愛い草木を上手にあしらったイングリッシュ・ガーデン風のもので、とても印象的です。町を初めて訪れた人で感嘆し

❖セントヘレナ、メイン・ストリートにあるMarketという名のレストラン。新鮮なカキや、野菜が豊富。店のロゴやインテリアも都会的で、洗練されています

❖セントヘレナのメイン・ストリート。気品と落ち着きのある町には、ここに住む人々の笑顔と親切がよく似合います

ない人はいないでしょう。

しかし、実は、もっとリッチな人々はこの町なかには住んでおらず、さらに離れた山の頂とか、せせらぎのある山の谷間にひっそりと隠れるかのような住まいを構えており、これもナパヴァレーの人々が愛する生活スタイルと価値観といえます。

そして町の商店やレストランは、特に高級感を前面に打ち出してはいませんが、何となく気品がありセンスもよく、町の粋さと大人っぽさに寄与しています。

✪カリストガ……一躍脚光を浴びた町 (地図→P38)

ナパヴァレー最北端の町が**カリストガ**(Calistoga)です。

ここは三方に高い山が迫った山麓の小さな村といった感じですが、セントヘレナのヨーロッパ的な雰囲気とは趣を異にしていて、アーリー・アメリカン時代の素朴さを感じさせる風情です。

それは、町のメイン・ストリート**リンカーン・アヴェニュ**(Lincoln Ave.)沿いの店々からせり出したテラス横に、馬に水をやる木の桶さえあれば、西部劇に登場するあの駅馬車が着く町の構造だからです。実際ここは、"ゴールド・ラッシュ"で賑わった町の一つでもあります。

またここには、**オールド・フェイスフル**(Old Faithful)という有名な間欠泉があって、古くはアメリカ・インディアンの湯治場となっていた地でもあります。その後、**サム・ブラナン**(Sam Brannan)によって温泉リゾート地として開発され、サンフランシスコの富裕層から脚光を浴びた町です。

このような経緯から、この地とサンフランシスコ湾奥の港ヴァレホとをつなぐ鉄道が敷かれますが、鉄道が廃止された現在でも、隣のソノマ郡サンタローザとをつなぐバスが運行されていますし、さらにはレイク郡との交通の中継地としても重要な役割を果たしています。

またカリストガは、町の様々な物語と歴史を保存し展示している**シャープスティーン博物館**(Sharpsteen Museum)があることでも有名です。

この博物館は、地元の出身であり、ウォルト・ディズニーの下で"ミッキーマウス"や"ダンボ"等のアニメの元祖的な映画づくりをしたシャープス

❖カリストガの目抜き通り、リンカーン・アベニュ。店先につながれた馬のような車たち。「駅馬車」？「真昼の決闘」？　そんなことをイメージさせる町並み

ティーンが、ディズニー社をリタイアした後につくったものです。

彼のディズニー時代の作品から始まって、アメリカ原住民の生活、鉱山の採掘、幌馬車隊、温泉リゾートの模型、町の名付け親ブラナンのこと、それに作家スチーヴンソンがナパヴァレーに滞在して残したカリストガにまつわる遺物等が展示されています。ヨントヴィルの**ナパヴァレー博物館**とセントヘレナの**シルヴァラード博物館**（Silverado Museum）とともにナパヴァレーの歴史をわかりやすく知る上で貴重な施設です。

さらに、カリストガはミネラル・ウオーターや炭酸水が採れる地としても有名で（現在、ネスレにより"Calistoga"ブランドで売られている）、温泉やミネラル水を利用したSPAや宿泊施設も多くあります。

このように、ナパヴァレーは、主な街町だけを取り上げても、テイストと趣の違いがあり、私たちに様々な楽しみを色々な角度から与えてくれます。

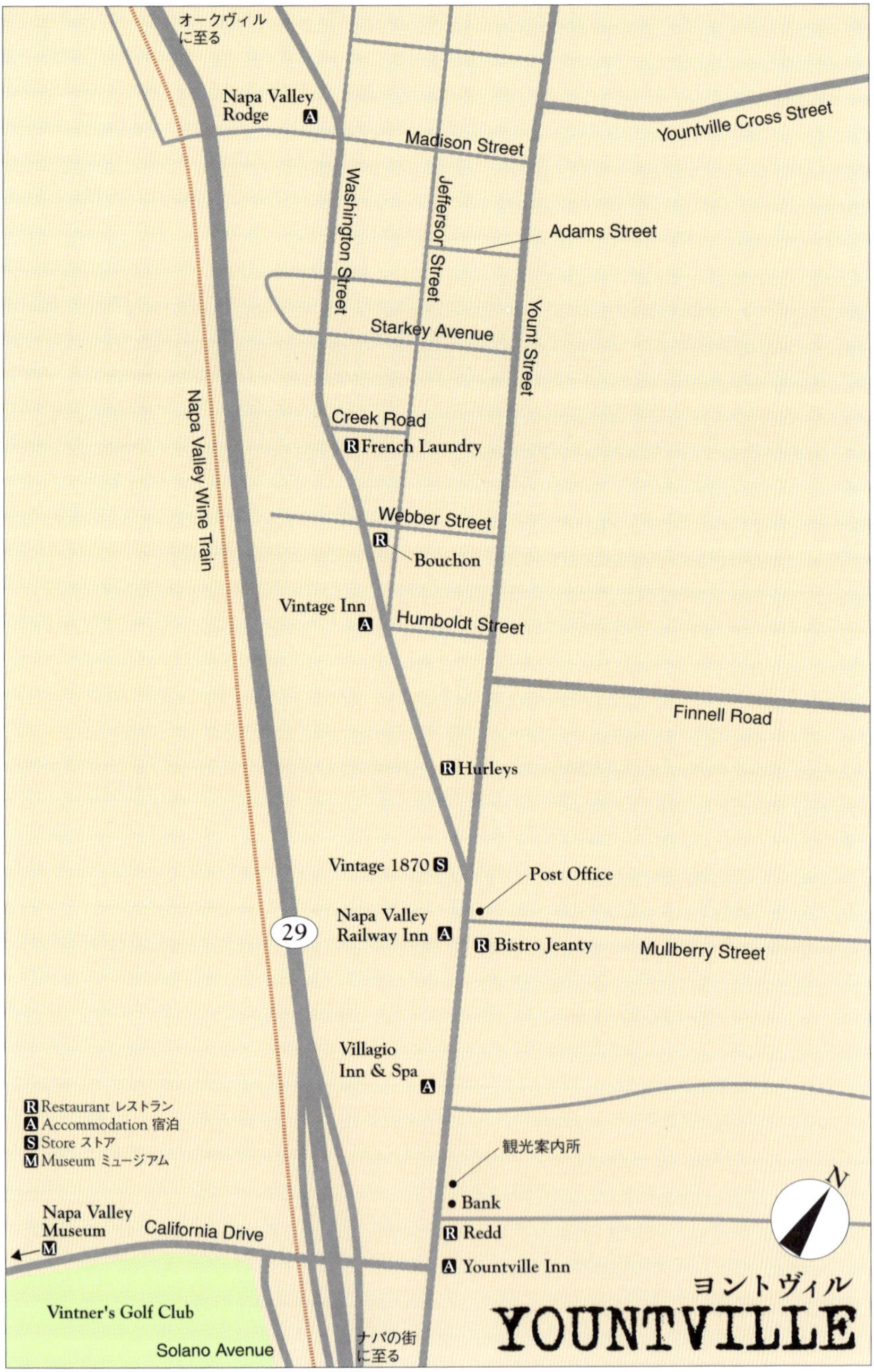

オークヴィル
に至る
Napa Valley
Rodge
Madison Street
Yountville Cross Street
Washington Street
Jefferson Street
Adams Street
Starkey Avenue
Yount Street
Napa Valley Wine Train
Creek Road
French Laundry
Webber Street
Bouchon
Vintage Inn
Humboldt Street
Finnell Road
Hurleys
Vintage 1870
Post Office
29
Napa Valley
Railway Inn
Bistro Jeanty
Mullberry Street
Villagio
Inn & Spa
Restaurant レストラン
Accommodation 宿泊
Store ストア
Museum ミュージアム
観光案内所
Bank
Napa Valley
Museum
California Drive
Redd
Yountville Inn
N
ヨントヴィル
YOUNTVILLE
Vintner's Golf Club
Solano Avenue
ナパの街
に至る

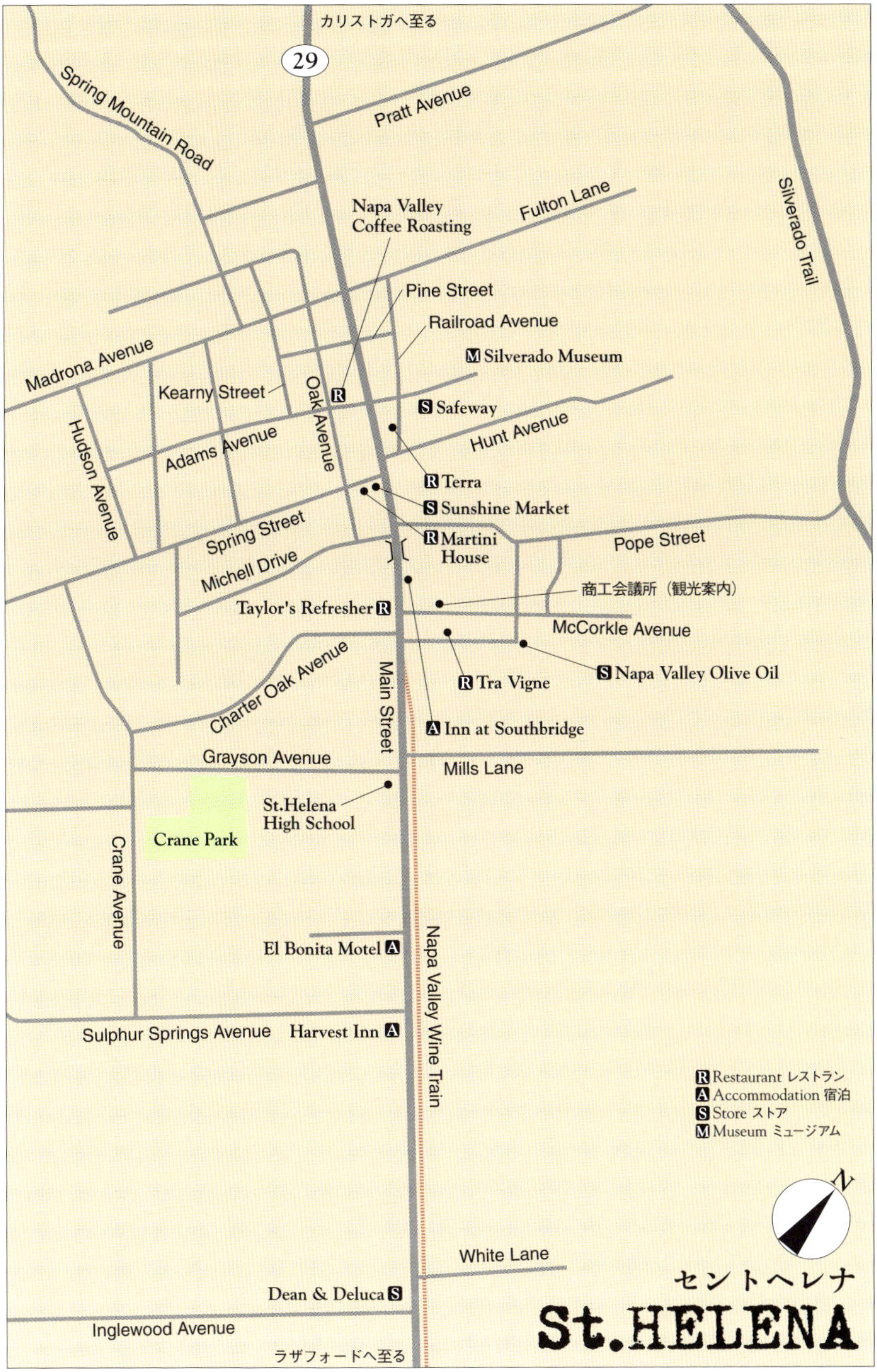

カリストガへ至る
29
Spring Mountain Road
Pratt Avenue
Fulton Lane
Silverado Trail
Napa Valley Coffee Roasting
Pine Street
Railroad Avenue
M Silverado Museum
Madrona Avenue
Kearny Street
Oak Avenue
R
S Safeway
Hunt Avenue
Hudson Avenue
Adams Avenue
R Terra
S Sunshine Market
Spring Street
R Martini House
Pope Street
Michell Drive
商工会議所（観光案内）
Taylor's Refresher R
McCorkle Avenue
Charter Oak Avenue
Main Street
R Tra Vigne
S Napa Valley Olive Oil
A Inn at Southbridge
Grayson Avenue
Mills Lane
St.Helena High School
Crane Park
Crane Avenue
El Bonita Motel A
Napa Valley Wine Train
Sulphur Springs Avenue
Harvest Inn A
R Restaurant レストラン
A Accommodation 宿泊
S Store ストア
M Museum ミュージアム
N
White Lane
Dean & Deluca S
Inglewood Avenue
ラザフォードへ至る
セントヘレナ
St.HELENA

ヒルスバーグへ至る
128
Old Faithful Geyser
Bennet Lane
レイク郡へ至る
29
Chateau Montelena
Tubbs Lane
Myrtledale Road
Greenwood Avenue
ソノマ郡
サンタローザへ
White Lane
Grant Street
Lake Country Highway
Petrified Forest Road
Mora Avenue
Mount St.Helena
Golf Course
Money Street
Foothill Boulevard
Ceder Street
Oak Street
Lake Street
Fairway
Berry Street
Sharpsteen
Museum
Wappo
Kortum Canyon Road
Calistoga Depot
観光案内所
（商工会議所）
Lincoln
Avenue
Wasington Street
Brannan's Grill
Silverado Trail
29
R Restaurant レストラン
A Accommodation 宿泊
S Store ストア
M Museum ミュージアム
W Winery ワイナリー
N
Clos Pegase
Dunaweal Road
Sterling Vineyards
カリストガ
CALISTOGA
セントヘレナへ至る
セントヘレナへ至る

第2章 ナパヴァレーの四季

サンフランシスコ国際空港から出発してベイ・ブリッジを渡る頃までは、どんよりとした曇りがちの空が特徴ですが、車で約１時間走った昼前の時間のナパヴァレーは、真っ青な空から降り注ぐ陽の光は強く、サングラスなしでは目を開けていられないほどの眩しさです。

ヴァレホの大きなインター・ジャンクションを過ぎ、少し走るとナパ郡に入りますが、29号線沿いの丘の上に葡萄を搾る銅像が見えたら、そこはもうナパヴァレーです。

ナパヴァレー最初の街ナパを通り抜ける29号線沿いには、その道路脇のコンクリートの味気なさや騒音を和らげるためのものなのでしょうか、数種類の樹木が植えられており、季節によって白・ピンク・赤等違う色の花を咲かせて私たちを出迎えてくれます。

そしてトランカス通りと交差するジャンクションを過ぎると、辺りの視界が急に開けてきます。太陽に照らされエッジが青空にくっきり浮き上がる山々、左右一面に広がり始める葡萄畑、さらには道路脇に大きく育ったユーカリの木が、我々にWelcomeと微笑んでくれるかのようで、今までの交通量の多い味気ない風景から、一転して潤いと開放感ある田園風景へと変わり始めます。

ナパヴァレーには日本と同じく、四つの季節があります。それは、私たちに異なる感動的なシーンを見せてくれるだけではなく、日本人が忘れてしまった、季節によってやるべきことが異なり、その季節に沿った生活を楽しめばいいということを思い出させてくれます。

高度経済成長と生活の近代化の見返りに、私たちが置き忘れてきたものです。

今日本では、多くの人々がサラリーマンという勤務形態に就いているせいでしょうか、一年中同じパターンで仕事をして、同じような生活をしています。しかも、夜は遅くまで働き、遊び、季節にあまり左右されない生活を送っています。

私自身、30年間広告代理店に勤務していて、深夜までの打合せやスタジオ入り、それに夜遅い食事やカラオケ、そして朝の遅い出勤は日常茶飯事でした。でも、ナパヴァレーの人々が、朝早く起きて、ゆったりとした毎日の生活を楽しむ姿を見て以来、充実した朝を過ごすことが一日をこんなに贅沢なものにするのかと気づいた次第です。

1 活気に溢れるゆとりの夏

熱気球で始まる朝

私がナパヴァレーを初めて訪れたのは夏のことで、すぐにこの地の魅力の虜となってしまいました。

ナパヴァレーでは、サンパブロ湾から入り込む冷気で、南のナパの街から盆地の葡萄畑にかけては、朝靄が辺りを覆う日や曇りがちな朝がよくあります。

しかし日中になると、ここは北カリフォルニアに位置していながら、かつて**アルバート・ハモンド**（Albert Hammond）が『カリフォルニアの青い空』で♪It never rains in southern California♪と歌った南カリフォルニアのように、夏は雨がほとんど降らず太陽が燦々と降り注ぐ天気の良い日が続きます。そして、朝夕はキリッと冷えるのが特徴で、この朝夕の寒暖の差が美味しいワインづくりのための葡萄育成に役立っているのです。

朝の空気は澄み渡り、辺り一面に咲き乱れるミント、ローズマリーの香り、そして紫色の数珠（じゅず）をつないだラベンダーの花も、スプリンクラーの水を浴びて嬉しそうに水滴を垂らしています。

何気なく顔を上げると、目の前には赤白青緑色の幾何学模様に縫い合わされた、小さな家くらいの大きさの風船が、木々や建物の間からもくもくと湧き上がってくるのが見えます。

これらは繁殖するかのように続々と現れて、次々と空に舞い上がってゆきます。朝の冷気の中を、バーナーで熱した大気により膨らみ、空に舞い上がる巨大熱気球です。その数は大小約20基でしょうか。これらの熱気球はヨントヴィルの町などから空中に舞い上がり、朝日に照らされながら風に乗って飛んで行きます。夏の朝の、心地よい冷たい空気の中で、刻一刻と明るくなる空の下での出来事です。

これらのシーンは、ナパヴァレーの一日が始まる合図のようなものであり、この地の季節性を示すバロメーターともいえます。(その訳は後ほど)

❖つぎつぎと湧き上がってくる熱気球たち。山から太陽が顔を出すのが先？　それとも空に気球が舞い上がるのが先？　やっぱり、人々が起きるのが一番早いのでは……

❖まばゆく美しい葡萄の果実。澄み切った空気と、燦々と降り注ぐ太陽、そして逞しく大地に育つ、宝石のような天の恵み

そして、東の山から太陽が顔を出し、真っ青な空をバックにナパヴァレー一帯を照らし始めると、温度もぐんぐんと上り、羽織っていた上着を脱ぎたくなる衝動にかられます。そして、通りにはジョギングする人や犬を連れて散歩する人の姿が多くなってきます。

湿度が低いせいか、暑い日中でも木陰に入ると急に涼しくなり、時々微風が身体をくすぐるように通り過ぎて、とても気持ち良く爽快になります。それゆえナパヴァレーでは、場所によっては夏の日中でもクーラーを必要としない家も多いのです。

特に、大木のそばにある家や天井の高い家などでは、窓を開けておくだけで十分で、それどころかコットン・セーターを羽織りたくなることさえあります。夏の除湿機と冬の加湿器はナパヴァレーでは不要です。

この季節、枝にまとわりつくようにぶら下がっていた緑色の葡萄の房も、淡い紫色の大きなキャビアのようになります。太陽と大地の恵みから出来た、その果実の美しさは何ともいい難いものです。

❂カリタルな夕食はオープン・エアーで

夏のナパヴァレーは、夜８時過ぎまで明るいのですが、それでも太陽が西の山々に寄り添う頃になると気温が急激に下がり始めます。

その、暑さが落ち着きはじめた頃の時間帯、これが私たちに素晴らしい楽しみを提供してくれます。レストランの建物の外にあるオープン・エアー席で夕食をすることです。

薄暮の大空を天井にして、庭の木々に囲まれ、葡萄畑を眺めながらの晩餐が始まります。

ナパヴァレーの空は、遠くにある山以外には視界を遮るものはなく、とても広くて大きいせいでしょうか、薄明るい空には月や星も見え始め、暗くなるにつれてその存在感がじわりじわりと増してきて、ついには私たちに覆い被さってくるような気にさえさせます。

地元でつくられたワインを手にして乾杯すると、あちこちのテーブルからその日一日の出来事を楽しく笑いながら語らう声が聞こえますが、その話しぶりはマナーを心得た大人のものですから、むしろ適度の賑やかさとなります。

それどころか、自分たちの写真を撮ろうとすると、そのシャッターボタンを押してあげようと申し出てくれたりする親切な人たちですから、これをきっかけに互いに会話が交されとても楽しいディナーとなります。

食事も進み、少し肌寒さを感じる頃になると、テーブル上のローソクに灯がともされ、見上げる空は360度が満天の星空で、北極星、北斗七星、天の川……、もうザクザクの星がシャンデリア代わりをしてくれます。

あまりの星の存在感に、ウォルト・ディズニー映画『ピノキオ』の主題歌『星に願いを』（When you wish upon a star）を思い出さずにはいられません。

実はこのシーンは、オーク・ノールにある**ビストロ・ドン・ジョヴァンニ**（Bistro Don Giovanni）での夕食を再現したものです。

ここは地元の住民はもちろん、観光客にも圧倒的人気のあるイタリアン・レストランで、ここで葡萄畑を眺めてする食事は、私がかつてイタリアで経験した食事シーンであり、ナパヴァレーでもよくある“カリタル”な光景なのです。この**カリタル**とは、イタリア品種の葡萄を使ったカリフォルニア産

❖私は“華やぎ”という言葉が好きです。さりげない中にお洒落な輝きと、気品があるものです。Bistro Don Giovanniには、これがあります

ワインのことで、CaliforniaとItalyの２文字の頭を合わせた“Cal-Ital”から来ています。

いい気分になって宿に帰ると、楽しかったことを話す部屋の暖炉の火がとても心地よく、私たちの気持ちをリラックスさせてくれます。そして、その素晴らしい一日をもう一度思い出すとともに、「よし、また頑張ろう」という新しいエネルギーが湧いてきます。

❂イベントやコンサートが目白押し

夏は、ワイン関係者にとって、今まで入念に手入れをして育ててきた葡萄の実が収穫期に向ってどんどん熟していく季節です。収穫の繁忙期を目前にした最も充実してゆとりある時期ともいえます。それゆえ、この季節のナパヴァレーは活気に満ちていて、イベントも目白押しです。

7～8月にかけて、ロバート・モンダヴィの中庭では有名アーチストによる本格的なコンサートが開催されますし、COPIAやその他様々な会場で催されるショーは、地元の無料情報誌やインターネットでチェックしておきましょう。誰もが知っている有名なミュージシャンを、ワイン片手に野外でゆったりとした気分で楽しめるのです。

その一方でワイン関係者は、この季節の雨や、逆に水涸れ等に最大限の注意を配り、慎重に葡萄の実の成長を見守り、日照時間や糖度、病気等、様々なチェックをしています。

❖ゆったりと、のんびり楽しめる有名アーチストのコンサート。Robert Mondavi の薄暮風景

もしこの季節に急な冷気が襲った場合、彼らは葡萄畑に備えてあるバーナーに点火し、必死にファンで温かい空気を送ったりします。葡萄畑にあるファンは、このような時のために備えられているのです。

この様子は、1999年のキアヌ・スリーブ主演映画『雲の中の散歩』（A Walking in the cloud）で観られますのでご参考に。

夏の植物

同じ夏でも、ナパヴァレーと日本とでは異なる事情があります。これは何も夏だけに限ったことではありませんが、ナパヴァレーでは民家の庭先をはじめ、商業施設、それに公共の至る所にきれいな花が咲き、町を一層お洒落に仕上げています。

これに比べ、いわゆる雑草と呼ばれる類のものは、さほど目にしません。

ナパヴァレーの夏は雨がほとんど降らず陽が強いために、人間が育てようとしている草花にはきちんと水が与えられ、花壇にはきれいな花が咲き誇りますが、雑草は水不足と強い太陽に照らされてはびこる余地が少ないのが一因と考えられます。

一方、日本の夏は高温多湿で、きれいな花々以上に雑草が道端など様々な所ではびこります。もちろん、当地でも雑草が生える余地がないわけではなく、また、雑草を取り除く作業も怠ってはいませんが、夏にここで植物が育つためには、人間の意思とメンテナンスが日本以上に重要な意味を持つことは確かです。

2 ワインの香りが谷間を覆い尽くす秋

この季節は、葡萄の収穫とワイン仕込みをする“ハーベスト”がピークを迎え、ナパヴァレー全体が忙しい時季となります。

29号線やシルヴァラードを車で走っていると、窓からワインの匂いがプンプンします。

葡萄の収穫は、メキシコ人労働者が中心となってスタッフ総動員で行われますが、葡萄畑からは時々ラジオなどの音楽が聞こえてきます。この季節にもっともピッタリとした音楽の一つが、♪レッド、レッド・ワイン、お前は私の頭にまでしみわたり、嫌なことすべてを忘れてさせてくれる……♪という歌詞で始まる『レッド、レッド・ワイン』（Red, Red Wine）で、レゲェ・グループのUB40やオリジナルの**ニール・ダイアモンド**（Neil Diamond）によるものです。

この季節は、昼間の気温も快適で過ごしやすいものになりますが、やはりこの時期のナパヴァレーで一番の魅力は、葡萄の葉や街の木々が赤や黄色で演出される、美しくロマンチックなところにあります。

ライブな芸術の季節

秋になると、見渡す限り辺り一面すべての景色が変わります。

私が初めてナパヴァレーを訪れたのは夏のことで、これが最高の季節と思っていたのですが、秋にナパヴァレーを訪れてさらに感嘆した覚えがあります。

緑・黄・赤・茶色の葉が入り交じる風景に、陽が正面から照らす鮮やかな色紙のような景色もとても綺麗ですが、朝は東から、夕方には西からの陽が、葉の裏側から逆光で照らし出すその美しさは、自然のセルロイド（こんなものはありませんが）を通り抜ける光の美しさで、何ともいい難い素晴らしいものです。

夏の木々は葉が一斉に生い茂っていたせいか、あまりその形に気づかなかったのですが、この季節になりまばらに取り残された葉が、その形状・輪郭をくっきりさせ、さらには異なる種類の葉と色のバラツキが余計にその存在感を演出します。葡萄樹やモミジ等の手のひら状の葉が中心となり、そこに所々に見えるワイナリー横の木の丸みを帯びた黄色い葉がアクセントをつけ、これらの風景は芸術家が創った立体絵画のようにも見えます。そして、それは自分があたかもミレーの“落穂拾い”の絵の中にいるかのような気にさえさせてくれます。

この風景はまさしくトスカーナ、プロヴァンス、東欧諸国等のヨーロッパ的シーンであり、ナパヴァレーは私たちが抱くアメリカのイメージと違った

❖陽の光とその角度、葉の色とバラツキ具合、そして見守る人の心、これらが上手く合わさった時だけ、女神が見せてくれる自然のショー

一面を一層強調します。

これらの美しい景色は、朝夕の一層の寒さと、11月に入ると雨の日も増え始めるせいで、どんどん景色が変わっていきますので、毎日眺めていても飽きることはありません。

旅行のハイシーズン

この自然が織り成す風景が、ナパヴァレーをとてもロマンチックな土地柄に仕上げるとともに、観光の一番のハイシーズンを到来させます。早い時期から宿泊施設が一杯になりますし、レストランなどもさらに込み合います。

また、田園や町並みの美しさは、日ごとではなく、一日の朝と夕方でも刻々と変わり続けますので、是非カメラを持ってドライブに出かけ、この自然の織り成すショーを堪能するのが最高の贅沢でしょう。

そして日が短くなり、11月頃になると、1時間早い冬時間へ移行することも手伝って、もう午後6時頃には暗くなり、雨の日の多い雨季へと移行し始めます。

一方、葡萄畑では、畑の場所やその品種、さらにはその年の気候によって

❖夕陽をこれほど黄色く感じたことはありません。それは遅くまで収穫されない葡萄たちに贈る温かいスポット・ライトかもしれません。今年最高のフィナーレだからです

も房を刈り取る時期が異なりますが、それでも11月まで取り残されたレイト・ハーヴェストの葡萄を見ると、何となく哀愁を感じてしまいます。そして、どこからか、アルバート・ハモンド『落ち葉のコンチェルト』（For the peace of all mankind）のピアノのイントロが聞こえてくるような気がします。

3 冬だからこそのナパヴァレー

冬のナパヴァレーは、雨季に入り、４月までは雨がちな日が多くなりますが、最低気温が０℃以下になることはほとんどなく、雪もめったに降りません。

夏場は南部東側の山は枯れて薄茶色でしたが、冬はこれらの山々も水分を十分含んだ濃い茶色の地肌になり、その上に萌黄色の草が不精髭のようにうっすらと生え始め、春にかけて徐々に濃い緑へと変身してゆきます。

不思議ですね、冬に新緑が見られるなんて。

これは、ナパヴァレーが温暖な気候の地である上に、冬が雨季ということで草木に水分が十分行き渡るからです。従って、ここで時々起きる洪水も、日本とは違って冬の現象です。

また、身体（からだ）に感じる寒さも、空気が適度に湿っていて、盆地のせいであまり強い風が吹かないので、日本のカラカラに乾燥した強い北風が吹く冬と違い、あまり苦になりません。それゆえ冬の天気の良い日の日中には、半袖シャツやＴシャツ１枚の姿の人を見かけます。

自然で自然を制す

冬の葡萄畑では余分な枝が切り落とされ、その代わりに水分をたっぷり含んだ畑一面に、**マスタード**（カラシ菜、菜の花の仲間）が黄色い花を咲かせ始めます。花は３月頃には満開となり、ナパヴァレーの畑一面が黄色い花畑となります。

この季節、多くの畑でこの花（マスタード以外にも何種類かの草花がある）が育てられるのには理由があります。

葡萄を育てられない季節の副業として？　いや、そんなケチな話ではありません。それは、マスタード等を葡萄畑で育成させることにより、これらの植物が畑から多くの水分を吸いとり、葡萄樹が過度に水分を吸収することを抑制する役目が第一の目的です。

さらに、これらの草花が地中に根を生やすことで、ミミズなどが生息しやすい土壌をつくり、春には、畑を耕してこれらの植物を土中に交ぜ込んで肥料にする等、幾つかの役目と理由があります。これらの植物を**カバー・クロップス**（Cover Crops）と呼びます。しかも、これらの花は美しくチャーミングなのですから一挙両得です。

ちなみに、雨が長引く年などは、５月までこのカバー・クロップスを植えておく畑もありますが、この場合、伸びたカバー・クロップスの背丈以下の葡萄樹には十分な日光と温度がまわらないという問題が起こります。過多な水分を得た水脹れの葡萄は凝縮感がなく、さりとて葡萄樹の成長には一定以

COLUMN

洪水も有益な自然現象？

ナパヴァレーの隣のソノマ郡にある**キャナード・ファーム農園**の主、ボブ・キャナードから聞いた話です。

彼は、カリフォルニア・キュイジーヌで世界的に有名なレストラン、**シェパニーズ**に有機野菜を納めている農園主です。

彼によると、「有機栽培で野菜を育てている畑に、害虫が異常に繁殖するのは、その土地が病んでいるからである。これまでは時々起きる洪水により、土壌が一斉に掻き混ぜられて、自然のバランスで正常な土地が保たれたのだが……」とのことです。

つまり、本来自然は自然現象により正常化され、リセットされていたものなのだが、人間の営みによりそのバランスを失ってしまったという話でした。

人間が自然に手を加えすぎることで、生態系のバランスを壊したのだから、私たちも季節と自然の流れを無視した生活について、もう一度考えてみる必要があると感じざるを得ませんでした。

❖夢のような花畑、でも決して楽な作業ではありません。彼らが愛用するパーカーは、ただ日よけのためだけではなく、蜂や毒蜘蛛を避けるためでもあるのです

上の日照と温度が必要だし、この判断のしどころが葡萄樹を育てる難しさでもあります。

このほかにも、興味ある話があります。

春から秋にかけて、葡萄樹の実や葉、それに根元を荒らす小鳥や害虫に対抗する手段です。

美味しいワインをつくっていることで有名なスタッグスリープ地区の**シェファー・ヴィンヤーズ**（Shafer Vineyards）ほか多くのワイナリーでは、せっかく育った甘い葡萄の実を狙って来る小鳥や、葡萄樹の根をかじるネズミやモグラに対して、猛禽類の“フクロウ”や“タカ”が好む環境づくりをしています。

また、葉などにつくダニ等の害虫には、天敵のテントウムシを呼び寄せるための環境を整えることで対抗しています。夏場の整然とした葡萄畑の端に、赤や白のバラが植えられている光景をよく見かけますが、これはこのバラで病気をいち早く察知する役目もありますが、テントウムシなどを呼び寄せて害虫を防ぐ目的もあるのです。だから葡萄畑では、バラの花をよく見かけるのです。

実際、カビ等の病気をいち早く察知するためには、毎週入念に高度な技術で試験やチェックを怠らず、一方において、積極的に多くのテントウムシを畑に放したりしています。このようにして、出来るだけ化学物質に依存しない手法で、葡萄樹を育てているのが、この地の栽培法です。

この、自然を自然で以って生態系のバランスを保つ**バイオ・ダイバシティ**（生命多様性）については、**ワインインスティテュート日本事務所**発行の小冊子、及び立花峰夫氏・訳『ほんとうのワイン』（パトリック・マシューズ著・白水社刊）を参照してください。

✪ナパヴァレーの葡萄は躾の良い娘

ところで皆さんは、美味しいワインをつくるためにどのようにして良質の葡萄を育てているのかご存知でしょうか？

多分、たっぷりと肥料を与え、出来るだけ肥沃でみずみずしい土地にして、丸々と太った葡萄の房を出来るだけ多く育てようとしている、とお考えでしょう。

でも、良質のワインをつくろうとするワイナリーではちょっと違います。

美味しいいワインをつくるために葡萄栽培者がやっていることは、これとは逆の手法です。葡萄樹に出来るだけ余分な水分を与えず、余計な枝や葉を削ぎ落とし、その選ばれた枝に限られた数の葡萄の房を残し、いかに凝縮されたモノに育て上げるか、ということに力を注いでいます。

そして、最後にワインになる選ばれて大切に育てられた葡萄は、贅肉を削ぎ落とされた小粒で凝縮感ある葡萄なのです。この偉大なる大地の、優秀な苗木と接木（つぎき）に育ち、そして選び抜かれて大切に育てられた彼女たちは、まさに葡萄のサラブレッドなのです。ナパヴァレーの葡萄は、「東側の禿山の父と、西側の木々が茂った母なる山に育てられた、育ちと躾（しつけ）の良い令嬢」という気がしてなりません。

「葡萄づくりに適した大地」と「血筋の良い木」、「少数精鋭の枝と房」、「朝夕の寒暖の差」、「余分なものを与えない厳しい躾」のもとで育成される「一糸乱れない整然とした葡萄畑」と考えてみると、コルドン法で２本の枝を伸ばした葡萄樹は、まるで“お下げ髪の少女”に見えませんか。

❖スタッグスリープ地区の山頂に目を凝らしてみて下さい。鹿が跳ねるような所にある最高に贅沢な住まい。辺りが緑がかってくるこの季節だから気付くのです。

✪エネルギーを溜める季節

この季節になると、葡萄樹の葉が落ちて、余計な枝が剪定(せんてい)され、畑の見通しが良くなったせいでしょうか、葡萄畑のあちこちでメキシコ人季節労働者の作業姿をよく目にします。

また、広い田園のあちこちから、切り落とされた枝を燃やす白い煙が、曇りがちなナパヴァレーの空に立ち昇って行くのが見えるのも冬の景色です。

夏には我先にとばかりに生い茂った葡萄畑、秋にはお洒落な装いに変ってロマンチックな雰囲気を演出した木々も、冬にはその役目を果たして静かに休息の季節に入ります。

そして、葡萄樹も畑もワイナリー関係者たちも、それぞれの望むオフ・シーズンに入り、来るべき季節に向けてじっくり気力・体力の仕込みがなされます。

私たちにとっても、日が短く、夜が長くなるこの季節は、ゆっくりと家で過ごす時間を増やし、しかるべきシーズンに向けてエネルギーと知力を溜め込む、そういう季節なのかなと思います。

アメリカの童話作家**ターシャ・テューダー**（Tasha Tudour）の、季節や自然とともに一年を過ごす生活と共通するものがあります。

どんよりとして雨がちな日などには、迷わず家で過ごすことに徹し、**ガゼボ**（Gazebo）の『雨音はショパンの調べ』（I like Chopin）を聴きながら本を読むことも、心地よい充実した一日になるはずです。

✿冬の夜だけのナパヴァレー

冬になると、さすがに人気のあるナパヴァレーのインや、リゾート施設も閑散期となり、料金が安くなったり特別企画が設定されたりします。また、航空会社のチケットも、特定期間を除いては料金が安くなるので、時間を融通出来る人たちにとっては経済的な季節かも知れません。

そして、ヨントヴィルの町から始まり、29号線のワイナリーやレストラン、それにセントヘレナのCIA（シー・アイ・エー）にかけて、ワイナリーや店が独自にライト・アップする夜の景色は、都会のモノとは一味違い、特にお薦めです。

❖ナパヴァレーの冬はとても優しい。主役がオフに入った後はオリーブへ、そしてまた次へ……。温和な気候と十分な水分、それは次の出番への贈り物

日本で話題になるライト・アップは、派手で煌(きら)びやかで若者の縁日的なものですが、ナパヴァレーのそれは所々にポツンポツンとあって、上品で素朴、アットホームな気分にさせ、訪れる人たちに優しい感動を与えてくれます。

こんな時、車で聴く音楽は、フルバンドをバックにしたシナトラなどが歌うクリスマス・ソングもよいのですが、私は**レイ・チャールズ**（Ray Charles）による『愛さずにはいられない』をお薦めします。何といっても、あのイントロなしでいきなり女性コーラスから始まる♪I can't stop loving you♪のフレーズだけで、ゾクッとせずにはいられませんから。

いずれにしても、“冬のナパヴァレー”、それも“夜のナパヴァレー”という意外性は、車で一人ニンマリと出来る（もちろん２人の方が良い）マニアックなナパヴァレーです。

4 あいまいな春

この地を知ってから、あらためて“春”とはどんな季節かを考えさせられました。

オフコースという音楽グループの初期の作品に『僕の贈り物』という曲があります。その歌詞の一部に、♪冬と夏の間に、春をおきました。だから春は少しだけ中途半端なのです♪とありますが、ナパヴァレーにいると、改めてこの曲の作者である小田和正氏に頭が下がる思いです。

そこで日本人にとって“春”という季節は非常に存在感があり、明確に意識されている季節であるのは何故か、と改めて考えてみました。行き着いた結論は、日本には独自の春の文化があるからだということでした。

日本の春とナパヴァレーの春

日本人にとって、明確な“春”をつくっているのは、まずは“桜の花”の存在です。そして日本の春をサポートする要素として、学校や会社の年度の始まりが４月という制度と、５月のゴールデン・ウイークという祝日帯の存在があります。

これらがないと、春はやはり冬と夏の合間の季節で、その季節の特長や期間を特定しづらい時季ではないかと思うのです。

東京では、３月は暦の上では春と呼びますが、服装も冬服だし、４月上旬でも雪が降るくらい寒い日があり、一方、５月に入ると初夏を感じさせる暑い日もあり、他の季節とは違って過渡期で曖昧な季節です。

しかし、“桜”は日本国中にあって、これがほんの限られた短い期間だけピンクや白の花を咲かせ、“桜前線”という名のもとに、日本を一気にウエイブのごとく縦断するのです。国民はこれを春の訪れとして祝い、“花見”と称して公の場で宴会までさせてしまう、凄い存在感があります。

入園・入学・入社のイメージも桜、日本では桜こそが春を明確な季節として意識させているのです。

話を戻しますと、そういう意味では、やはりナパヴァレーの春は中途半端な季節かもしれません。

理由の一つは気温で、ここは冬でもマスタードが咲くほど気候が穏やかですし、逆に夏でも毎朝夕と曇りや雨の日は冷えます。

一方、季節の間にあるもう一つの“秋”に関しては、木々が紅葉して辺り一面がロマンチックな景色に変わるとともに、ナパヴァレー挙げての“ハーベスト”という一大イベントがあり、明確な秋の存在を示しています。

しかし“春”については、雨が多くて温度の低い冬の季節から、乾季で日差しが強い夏の季節への“間の季節”というポジションとしかいえないというのが実感です。

自然の景観においても、ナパヴァレーの畑一面にマスタードが、冬の１月から黄色い花を咲かせ、“マスタード・フェスティバル”という期間イベントもありますが、これも４月には終えてしまいます。梅も、２月から３月末頃にかけてピンクや白い花を咲かせますが、これも春の象徴としてはちょっとタイミングが早い気がします。

また、３月末を以って時計を１時間早めて時間帯を変更しますが、これも“サマー・タイム”への移行ということですから、本当にナパヴァレーの春はどっちつかずで、“冬と夏に居候している”曖昧な季節のような気がします。

第3章 波乱万丈の歴史舞台、その不思議なパワー

アメリカは建国以来まだ250年足らずの新しい国ですが、ナパヴァレーはそれ以前からの長い歴史があり、何故かそれぞれの時代に異なる出来事で注目を浴びる、不思議なパワーと運命を持つ波乱万丈の大地という気がしてなりません。

アメリカ・インディアン、スペイン探検隊、かつてTVや映画でよく観た駅馬車と幌馬車、メキシコ軍の進軍、ゴールド・ラッシュ、西海岸のSPAリゾート地、禁酒法時代とギャング、ワインの世界的な産地、そして今日のITマネーの流入と新しい時代の羨望の地と、いずれの時代もこの辺りが舞台となっています。

これらの時代を通じて、今日のナパヴァレー・ルネサンスと呼ばれる脚光と栄光を得るまでの道程は、人間の叡智と努力の物語といえます。

それゆえ、これらの歴史のあらましを知っておくことが、ナパヴァレーを訪れた時、より多くの感動と楽しさを手にすることとなると思います。

1 アメリカ・インディアンの湯治場

原住民であるアメリカ・インディアンの**ミュチスタル族**（Mutistal）等は、およそ4,000年前にはこの辺り一帯に住み、温かい季節は裸で暮らし、寒い季節は動物の毛皮などを身にまとい、狩をし、ドングリの実等を石でつぶして食べていたそうです。

また、カリストガでは温泉が彼らの湯治場として古くから利用されてきました。

1500年代には、カリフォルニアにスペイン探検隊が入りますが、その後スペイン人たちはミュチスタル族のことを、スペイン語で“カッコいい”という意味の**ワップ族**（Wappo）と呼ぶようになります。

その後不幸なことに、彼らは白人たちによって持ち込まれた天然痘などの病気によってほぼ1837～39年頃にかけて絶滅してしまいます。

2 スペインの進出とワイン

こののどかな気候の地に足を踏み入れていたスペイン人は、1542年、カリフォルニアは自分たちの領土であると主張します。カリフォルニアは気候が良く肥沃な土地である上に、海に面していて町や港づくりに適していると判断したからです。

約200年後の1768年、スペインはフランシスコ会僧侶をこの地に送り込み、翌1769年から数年間隔で各地に教会を建てながらカリフォルニアを北上していきます。原住民に水や食料、それに非常時の避難場所等を与えて懐柔し、キリスト教を広めます。また、教会建設や畑地づくりを手伝わせることで、アメリカ・インディアンの脅威をとり除き、植民地化を推し進めたのです。

そして、これら各地の教会でつくられたミッション種の儀式用ワインが、現在のカリフォルニア・ワインにつながっていきます。

1821年、メキシコは、スペインからの独立を宣言するとともに、カリフォルニア付近の土地は自国だと主張し、メキシコ軍に守られた神父がナパヴァレーのカリストガにも調査探検に訪れています。

彼らは、この地をAgua Calienteと呼んだとのことですが、最終的に1823年、ソノマの街に21番目の教会を建てます。ここに最北端の教会をつくった理由は、当時ロシアからも毛皮猟の人々が来て北西部で活動を続けており、1812年にその最南端の基地として**フォート・ロス**（Fort Ross）をソノマ郡の北西部につくったことへの対応策でした。ソノマ郡にある**ロシアン・リバー**（Russian River）という地域や川の名前もこれに由来するのでしょう。

ヴァレホ将軍による領土分けとワインづくり

ソノマの街までが領土であるとして進軍したメキシコ軍ですが、この時メキシコ政府は、**マリアノ・ヴァレホ**（Mariano G.Vallejo）をこの地の最高司令官の将軍に任命し、彼にナパヴァレーやソノマの土地を与えて統治させます。それは、ここに住む人々をアメリカ・インディアンの襲撃から守るとともに、この地を外国から守るのが目的でした。

もちろん、ソノマでもミッション・ワインがつくられますが、ヴァレホ将軍はこれにあき足りず、1861年、その後姻戚関係となるハンガリー人**アゴスティン・ハラジー伯爵**（Agostin Haraszthy）とともに、伯爵がヨーロッパから持ち帰った葡萄の苗木で本格的なワインづくりを始めます。この苗木が後にカリフォルニアに広がり、ミッション種の葡萄にとってかわることとなります。ちなみに、1858年、ハラジー伯爵がソノマの街に始めた商業ワイナリーが、**ブエナ・ヴィスタ・ワイナリー**（Buena Vista Winery）です。

一方、ヴァレホ将軍は、これを遡ること22年、ノースカロナイナからの開拓者で、アメリカ人としては一番最初にナパ郡に住み着いたといわれる**ジョージ・ヨント**に、彼がメキシコ人となりカトリックに改宗することを条件に、1836年、ナパヴァレーにある**ケイマス・グラント**（Caymus Grant）という土地を与えています。現在のヨントヴィル辺りからラザフォードに至る広大な土地です。

当時メキシコ軍と原住民との間では諍い（いさかい）が絶えず、野山での活動に関しては卓越していて原住民にも一目置かれていたヨントに、ワップ族の集落が点在する真っ只中にあるこの土地を与えたのです。

1838年頃からヨントはこの地に葡萄栽培を始め、1840年代には１万1,800エーカーの土地に葡萄をつくり、小さな集落も出来ていたとのことです。これが、“ナパヴァレーにおける最初のワインづくり”といわれています。

さらに、1839年、ヴァレホ将軍は、メキシコ軍の医者であり彼の主治医でもあったイギリス人**Dr.ベイル**（Edward Turner Bale）にも、ベイルがメキシコ市民になることを条件として将軍の姪と結婚させ、ナパヴァレーの**ランチョ・カルネ・ヒューマナ**（Rancho Carne Humana）という土地を与えています。現在のセントヘレナ辺りからカリストガに広がる広大な土地です。

ベイルは、与えられた土地の一部をさらに他人に分け与えることで、穀物を引く水車小屋をつくらせます。これがナパヴァレーに現存する最も古い建築物とされる**ベイルの水車小屋**（The Bale Grist Mill）で、今でも多くの観光客が訪れています。

ベイルは６人の子供を残して直腸がんで死去しますが、娘のキャロライナは、後のナパヴァレーのワインづくりにつながっていきます。

なお、ヴァレホ将軍はこのほかにも、1840年代にシェラネヴァダ山脈を初めて越えてくることに成功した幌馬車隊の一員**チャイルズ**（Chiles）にも、**ランチョ・カタキュラ**（Rancho Catacula）という土地を与え、将軍のために製粉小屋を建築させています。

3 “ベア・フラッグ革命”とカリフォルニア州

1846年6月14日、カリフォルニアの住民は、既にメキシコとアメリカとの間で戦線布告がされていることを知らずに武装蜂起し、メキシコの最高司令官であったヴァレホ将軍を捕えて収監し、メキシコからの無血独立を勝ち取ります。そして、その後（わずか25日間ですが）、カリフォルニアは独立して**カリフォルニア共和国**となりますが、その時つくった旗がグリズリーをあしらっていたことから、この出来事は**ベア・フラッグ革命**と呼ばれるようになります。

しかし、この後まもなく、ソノマに進軍したアメリカ軍によってこの共和国は崩壊し、1850年の住民投票を受けて、カリフォルニアはアメリカ合衆国の州となります。その後、ヴァレホ将軍はカリフォルニア州の初代上院議員となります。それは、彼の、家族や人々を愛する温厚な人柄が評価されたからともいわれています。

余談ですが、TVや映画でよく知られる『怪傑ゾロ』は、この時代のカリフォルニアを舞台にした物語であることをご存知だったでしょうか。

4 ゴールド・ラッシュと宗教伝道師サム・ブラナンの商才

1849年、現在のカリフォルニア州の都サクラメントを流れるサター川で、砂金が発見され、この辺一帯は**ゴールド・ラッシュ**に沸きます。

そして、多くの人々が殺到するなかで、歴史にその名を残す人物が登場することとなります。**サム・ブラナン**です。

彼は、元々モルモン教布教のために、東海岸から船でサンフランシスコに移って来た人物ですが、ここで布教よりも商売人としての才能を発揮したのです。ブラナンはサンフランシスコで最初の新聞『カリフォルニア・スター』を発行するとともに、砂金が発見されると、「ゴールド・ラッシュ！ゴールド・ラッシュ！」とサンフランシスコの街中を馬車で囃し立ててまわります。これに煽られ一攫千金を夢見る人たちに、スコップ等の採掘道具を売りつけ、サンフランシスコで最初のミリオネヤーとなるのです。

彼はまたそのお金で、**フォーティー・ナイナーズ**（49ers）というゴールド・ラッシュの年号を冠したプロ・フットボール・チームをつくった人物としてもよく知られています。現在も、サンフランシスコをフランチャイズにする49ersには多くの熱狂的なファンがいます。

1857年、当時ヨーロッパの富裕層で人気のあったSPAリゾートを西海岸にもつくろうと、彼は現在のカリストガに土地を購入します。その後彼は、税金未納によるトラブルを乗り越え、1862年、温泉リゾート“ブラナン・ホットスプリング・リゾート”のオープンにこぎつけます。

1866年、ブラナンはこのリゾート施設のある町を、当時東海岸ニューヨーク近郊にあったリゾート温泉地サラトガの西海岸版として、“カリフォルニア（California）のサラトガ（Saratoga）”から、"カリストガ”（Calistoga）と名づけます。

その後彼は、このリゾート地の弱点であった交通手段を解決するためにカリストガまでつながる鉄道を敷くことを推し進め、1868年ナパ市とカリストガをつなぐ**ナパヴァレー鉄道**を開通させます。

1889年には、サンフランシスコとヴァレホ、そしてナパの街まで蒸気船が就航、サンフランシスコからカリストガまでの交通手段が出来上がります。これにより、サンフランシスコの富裕層はより気軽にカリストガに来られるようになり、ナパヴァレーはさらに脚光を浴びることとなります。現在カリストガにある**カリストガ・デポ**（The Calistoga Depot）の建物は、当時の鉄道駅舎跡です。

その後、町の名付け親でもあるブラナンは、**カリストガの父**と呼ばれるよ

COLUMN

作家、ロバート・L・スチーヴンソンが愛した土地

1880年、『ジキルとハイド』や『宝島』等の作家として有名なロバート・ルイス・スチーヴンソンが、新婚旅行でカリストガを訪れています。彼は、瞬く間にこの地に魅了され、2～3日後には近くのシルヴァラード鉱山の廃屋に移り、療養も兼ねてここで新婚時代を過ごしたことは有名です。

彼の著書『Silverado Squatters』はこの時のものであり、さらにはシルヴァラード・ミュージアムやシャープスティーン・ミュージアム、それに観光スポットのラージェスト・ペトリファイド・ツリー（Largest Petrified Trees）等に、彼の足跡が印されています。

うになりますが、その数奇な人生を知るには、カリストガのシャープスティーン博物館を訪れることをお勧めします。

1854年、北部のセントヘレナ山にフェニックス鉱山が開かれ、ナパヴァレーはしばらく**シルヴァー・ラッシュ**に沸きます。ナパヴァレーの二つの幹線道路の一つ、“シルヴァラード・トレイル”の名前はここから来たものです。

また、1860年には水銀の原材料“クイック・シルヴァー”がマヤカマス山で発見され、しばらくの間これらの鉱山は活況を呈します。

5 チャールズ・クルッグによる本格的な商業ワインづくり

ナパヴァレーで最初にワインをつくったのはジョージ・ヨントでしたが、その後本格的な商業ワインづくりがこの地で始まります。

1852年にプロシャから移民してきた**チャールズ・クルッグ**（Charles Krug）は、しばらくの間ソノマでハラジー伯爵に仕えワインづくりに従事していましたが、その後ナパヴァレーに移り、1858年英国人ジョン・パチェットのワインづくりを、1859年にはジョージ・ヨントのワインづくりを手伝います。

そして1860年、ヴァレホ将軍から広大な土地を分与され、町の実力者でもあったDr.ベイルの娘キャロライナと結婚したチャールズ・クルッグは、1863年（1861年説もある）、セントヘレナに540エーカーの商業ワイナリーをつくります。CIAグレイストーン校の前にある**チャールズ・クルッグ・ワイナリー**（Charles Krug Winery）がその当時の建物です（現在はピーター・モンダヴィ・ファミリーの傘下に入っています）。

本格的な商業ワイナリーづくりに関しては、前述したハラジー伯爵が1858年にソノマにおいて、またクルッグと同じ1863年にジョン・パチェットがナパヴァレーで始めたともいわれますが、一般的には、C・クルッグがナパヴァレーで最初の本格的商業ワイナリーをつくったとされ、現在彼は**カリフォルニア・ワインの父**と呼ばれています。

❖晩秋のCharles Krug。ナパヴァレーで最初の商業ワイナリーとしてつくられて約１世紀半、光と影のコントラストがよく似合います

❖ Beringer 。今は歴史的建物として指定されています

✪ワイナリーの黎明期

C・クルッグに続いて、ナパヴァレーの黎明期を支えるワイナリーが続々と現れます。

1862年、ドイツ人**ヤコブ・シュラム**（Jacob Schram）は、カリストガ手前の東側丘陵地に**シュラムズバーグ・ヴィンヤーズ**（Schramsberg Vineyards）をつくります。

一方、もともとドイツでワインのつくり手をしていた家族の一人**ヤコブ・ベリンジャー**（Jacob Beringer）も、1868年にナパヴァレーに移り、しばらくの間はC・クルッグのワイン・セラー責任者を務めますが、その後1876年に彼の兄弟のフレデリックが加わり、自分たちのワイナリーを始めます。現在の**ベリンジャー**（Beringer）の始まりです。

セントヘレナにあるこの建物は、ドイツ・ラインガウの建築様式で、今は建物前の並木道とともに、ナパヴァレーを代表する名所の一つとなっています。ちなみにこの建築物は、建築家**シュロファー**（Schröpfer）によるものですが、彼は、TV番組『ファルコン・クレスト』（Falcon Crest）の舞台となった**スプリング・マウンテン・ヴィンヤード**（Spring Mountain Vineyard）の建物も手がけています。

1876年、セントヘレナが町となります。

1879年、**グスタブ・ニーバウム**（Gustave Niebaum）によりラザフォードに**イングルヌック**（Inglenook）がつくられます。

フィンランド人のニーバウムは、元々船長ですが、アラスカの毛皮を取り扱う会社を始めて成功し、その後このワイナリーをつくった人物です。

1885年、カリストガが町となります。

COLUMN

連続TV番組の舞台に

連続TV映画『ファルコン・クレスト』がアメリカ全土で放映されることにより、ナパヴァレーは一般の人々から注目を浴びます。

パリのブラインド・テイスティング事件で、白ワイン部門で第４位の評価を得たワイナリー、**スプリング・マウンテン・ヴィンヤード**を舞台とした、優雅なファミリーの愛憎ドラマだったと聞きます。日本でも放映されたTV番組『ダラス』が石油長者の家が舞台だったのに対して、ファルコン・クレストはその舞台をワイナリーに置き換えただけのドラマだったのですが、番組放映とともに多くの観光客がナパヴァレーとこのワイナリーを訪れたとのことです。

ちなみに、このワイナリーのオーナーであったマイク・ロビンズは、若い学生の頃はグレース・ケリー（モナコの王妃となった元女優）と交際していた人物としても有名です。

現在のスプリング・マウンテンは、よく手入れされた美しいワイナリーとして、また充実したスタッフとブライアン・ホーキンスのテイスティング客への説明でも定評があります。

かつてパリのブラインド・テイスティングで選ばれたシャルドネや、TVドラマ・ブランドのワインは今はつくられてはいませんが、一新してとても美味しい質の高いワインが生まれています。

❁フィロキセラによる葡萄畑の壊滅的被害

やっと始まったナパヴァレーのワインづくりに、大きな試練が待ち受けていました。

ソノマを皮切りに始まった葡萄樹の根を食う害虫フィロキセラの猛威は、1880年代前半からナパヴァレー全域を襲い、当時約140以上にもなっていたワイナリーの大半は壊滅的な被害を受けます。多くの栽培農家は葡萄樹を根っこから引き抜き、プルーンやウォルナッツ等の作物を栽培したとのことです。

一方、C・クルッグのワイナリーのゼネラル・マネジャーである**ビスマルク・ブルック**（Bismarck Bruck）らは、フィロキセラに強い地元の葡萄樹に

❖華麗なる建築のワイナリー Spring Mountain。美しい建物と庭園、谷川のせせらぎ。その栄華はTV番組となったのです

また、現在ゲスト・ハウスとして利用されているスプリング・マウンテンの建物は、かつてドラマの舞台に使用されたもので、優雅で美しく、一度テイスティングを兼ねて訪れてみることをお勧めします。

着目して、この木を台木にヨーロッパ種の葡萄を接木する方法で、この苦難を乗り切っていきます。

6 禁酒法時代とそのからくり

フィロキセラによる深刻なダメージから、何とか立ち直ろうとするナパヴァレーのワイン関係者に次の試練が待ち受けています。

1920年に施行された**禁酒法**（The Volstead Act）です。

当初アルコール産業の関係者の間では、酒類の醸造・販売を禁止するこの法律は、せいぜい２～３年で終わるであろうと思われていたのですが、結果的にはその後1933年まで続くこととなります。その理由は、意外にもこの法律を歓迎し、その恩恵を被る人たちがいたからです。密造酒に絡むギャングのシンジケートは、この法律を悪用したのです。

当時ナパ郡で最も若い検事、セントヘレナに住む**セオドア・ベル**（Theodore Bell）は、この法律を廃止させるために下院議員に立候補し当選するのですが、ギャングから様々な嫌がらせを受けた挙句、決して普通の交通事故とは認定出来ない状況で死んでしまいます。

この法律が長引いたことにより、一部のワイナリーは礼拝用のワインをつくることで生きのびますが、多くのワイン関係者はグレープ・ジュースをつくったり、他の作物に切り替えたり、あるいは酪農を営むことを余儀なくされます。また、一部のワイナリーは闇の“酒盛り小屋”と化します。

さらに、1929年からアメリカは大不況に見舞われ、それまで観光と称してワインをスーツケースやズボンの下に隠して持ち帰った観光客の足さえも、ピッタリと止まることとなります。観光客としてナパヴァレーに金を落としていた人々が来なくなり、1868年から走りつづけてきたナパヴァレー鉄道は、その後**サザン・パシフィック鉄道**に経営権が移り何とかやってきましたが、この鉄道もその運行を終えることになります。

悪名高かった禁酒法が廃止になり、その後の第２次世界大戦を経て、何とか再開出来たワイナリーは、礼拝用ワインを細々とつくってきたチャールズ・クルッグ、クリスチャン・ブラザーズ、フリーマーク・アビー、ベリンジャー・ブラザース、マティーニ・ワイナリー、イングルヌックほかの数えるほどのワイナリーだったとのことです。

しかし彼らは結束し、互いに機材の貸借をしたり情報交換をし、再びワインづくりに邁進します。

7 困難な時代からの転換期

アメリカの経済にも落ち着きが出始めてきて、ナパヴァレーへの風向きも変ってきます。

厳しい時代を耐え抜いた幾つかのワイナリーは、同業者間の親睦と情報交換を兼ねてプライベートな食事会を楽しんでいましたが、1943年に始めたこのプライベートな会は、ワインづくりの近代化に向けて大きな組織へと変化して行きます。NVVA（Napa Valley Vintners Association）の発足です。

また、政治の世界においても、このナパヴァレーのワイン関係者にとって、大きく前に一歩踏み出すきっかけとなる法律が制定されます。1968年に制定された**ウイリアムソン法**（The Williamson Act）です。これは農地保全を目的とした法律で、農業指定区域では40エーカー以下の土地の売り買いを禁じ、さらには農地に建てる建築物に関しても厳しい規制を課すものでした。

ナパヴァレーのワイン関係者にとって、私有地の使用を束縛するものだと不満が出る一方、葡萄栽培には評価出来るとする意見が出ますが、結果としてナパヴァレーのワイン産業に新しい流れが生まれてきます。

そして1975年には、葡萄栽培家の**ナパヴァレー・グレープ・グロワーズ・アソシエーション**（Napa Valley Grape Growers Association）が結成され、フランスのアペラシオンに当るAVAが、**BATF**（アルコール・タバコ・銃火機等取締局）の管轄のもとで制定されます（現在AVAは、9・11ワールド・トレード・センターの出来事以来、BATFの管轄下から離れているとのことです）。

❖波打つ畝は、繰り返す季節と栄枯盛衰の歴史を語りかけてきます。葡萄樹の間隔、畝の方向などすべてが栽培者の腕の見せどころ。鉄のＴバーはその屋台骨

8 ワインづくりに新風

1970年代、当時のフランスは保守的で伝統的なワインづくりが中心でしたが、ナパヴァレーではこれとは対照的に、ステンレス・タンクを使用して温度管理をする等、近代醸造技術を駆使し、さらに商品や販売に新しいマーケティング手法を取り入れるニュー・リーダーが登場してきます。

フランスも、こうしたナパヴァレーの存在を無視出来なくなります。1975年、フランスの高級シャンペン“ドン・ペリニヨン”でお馴染みのモエ・エ・シャンドン社が、ヨントヴィルの西側丘陵に**ドメイン・シャンドン**（Domaine Chandon）をつくり、ナパヴァレーに進出してきます。

1978年、ナパヴァレーの新しい旗手**ロバート・モンダヴィ**（Robert Mondavi）は、フランスの**シャトー・ムートン・ロートシルト**（Château Mouton-Rothschild）でお馴染みの**バロン・フィリップ・ドゥ・ロートシルト**（Baron Philippe de Rothschild）と合弁で**オーパス・ワン**（Opus One）をつくることに合意し、フランス名門の血筋とアメリカのマーケティング&新技術で、業界に新風を送ります。

この活気づくナパヴァレーの商機を、大手企業も見過ごすわけがありません。ハード・リカー企業ヒューブライン社による名門イングルヌックの買収に始まり、スイスのネスレ社によるベリンジャーやコカ・コーラ社による**スターリン・ヴィンヤーズ**（Sterling Vineyards）の買収、そしてヒルズ・コーヒー社による**ガーギッチ・ヒルズ・セラー**（Grgich Hills Cellar）へのワイナリー投資等が続々となされます。

また、その後イングルヌックは映画監督フランシス・フォード・コッポラによって買い取られ、**ニーバウム・コッポラ・エステート・ワイナリー**（Niebaum-Coppola Estate Winery）が誕生しますが、現在は、世界的ソムリエのラリー・ストーン（Larry Stone）をワイナリーの総責任者として迎え、ルビコン・エステートとして高級ワインづくりに特化しています。

9 パリの“目隠しテイスティング”

幾多の試練を耐え抜いてきたナパヴァレーのワイン関係者に女神が微笑みます。きっかけは1976年にフランスで起きた**パリのブラインド・テイスティング事件**と呼ばれる出来事です。

当時、このイベントに立ち会ったジャーナリストは**ジョージ・テイバー**（George M.Taber）ただ一人でした。彼はこれに関する出来事を『Judgement of Paris』（『パリスの審判』日経BP社／葉山考太郎・山本侑貴子訳）という１冊の本にまとめています。当時の様子を同書をベースにご紹介しましょう。

アメリカ建国200年に当たるこの年、当時パリで、ワイン店**カーヴ・ド・ラ・マドレーヌ**（Caves de la Madeleine）とワイン・スクール**アカデミー・デュ・ヴァン**（Académie du Vin）を経営するイギリス人**スティーヴン・スパリア**（Steven Spurrier）が、お店と学校のPRを目的としたイベントを企画します。ボルドー等のフランスのトップ・クラス・ワインと、カリフォルニア・ワインとを取り混ぜて、ワイン・ラベルを隠しての飲み比べ、いわゆる“ブラインド・テイスティング”を開催したのです。

この審査にあたったフランスのワイン専門家たちにとっては、カリフォルニア・ワインと一緒に飲み比べること自体が馬鹿げたことと、単なるお遊びとして高(たか)をくくって臨んだイベントでした。

しかし、その結果は、白ワイン部門では**シャトー・モンテリーナ**（Chateau Montelena）のシャルドネが、赤ワイン部門では**スタッグスリープ・ワイン・セラーズ**（Stag's leap Wine Cellars）のカベルネソービニオンがそれぞれ何とNo.1に選ばれたのです。このほか、赤ワインの**リッジ・モンテ・ベロ**（Ridge Monte Bello）、白ワインの**シャローン**（Shalone）、**スプリング・マウンテン**（Spring Mountain）、**フリーマーク・アビー**（Freemark Abbey）等のカリフォルニア・ワインも上位に選ばれます。その評価を下したフランスのワイン専門家たちが慌てふためいたのはいうまでもなく、世界のワイン関係者の間に衝撃が走りました。

シャトー・モンテリーナのオーナー、**ジム・バレット**（Jim Barrett）は温厚でユーモアがある人物で、私がワイナリーを訪れる際にはいつも優しい笑顔で出迎えてくれます。また、彼には他人（ひと）をたちどころに魅了してしまう不思議なオーラがあります。もともとロサンゼルス近郊で弁護士事務所を経営していたのですが、ナパヴァレーとこのシャトーに魅せられ、1972年に買い取って移り住みます。森と湖に囲まれた優雅なシャトーは、1880年、創業者

❖ フランスのワイナリーを夢みてつくった優雅な館、シャトー・モンテリーナ。いつしかこのワイナリーはカリフォルニア・ワインを世界に知らしめたのです。左は同ワイナリーの Gilberto Garcia

タブスがボルドーの名門シャトー・ラフットに憧れ、模してつくったワイナリーですが、孫の代になって禁酒法に耐え切れず破産したものです。

ジムがパリのテイスティング結果の知らせを聞いたのは、カリフォルニア・ワイン生産者たちがフランスのワインづくりを見学するためにフランスのシャトーを訪れていた旅先でのことでした。訪れたワイナリーにかかってきた電話に呼び出されたジムは、留守宅に何か問題が起こったのではないかと不安な気持ちで受話器をとったのですが、それはタイム誌記者ジョージ・テイバーからの電話でした。前日のパリの試飲会で、赤・白ワインとも、シャトー・モンテリーナを含むカリフォルニア・ワインが首位になったことへの感想を求めるものでした。

一方、もう一人の雄、スタッグスリープ・ワイン・セラーズの**ワレン・ウイニアルスキー**（Warren Winiarski）は、元々シカゴで大学講師をしていた人物で、運命の糸に導かれるようにしてナパヴァレーに移り住みます。ちなみに彼の名字は、ポーランド語で“ワイン生産者”を意味します。彼はモンダヴィなど幾つかのワイナリーで働き、ワインのつくり手として高い評価を得た後、1970年に同ワイナリーを創業します。

ワレンは、パリの出来事の２日後の夜にその知らせを聞きます。帰国した旅行団の一人からテイスティングの結果を聞いたワレンの妻が、シカゴの実家にいた彼に電話をかけたのです。

この出来事はジョージ・テイバーにより小さなコラム記事として配信されますが、瞬く間に世界中のワイン関係者やレストラン関係者に伝わることとなります。その結果ナパヴァレーのワインは、ニューヨークなどの一流レストランやワイン・ショップなどでもてはやされるようになり、永年苦闘してきたナパヴァレーの人々の努力が一気に報われることとなります。

また、この小さな出来事の小さなコラム記事は、世界のワイン事情を変え、オーストラリアやチリなどの新世界のワインを世に送り出すきっかけともなります。これらの経緯は『パリスの審判』に詳述されていますので、お知りになりたい方は是非ご一読ください。同書はハリウッドで『The Bottle Shock』として映画化され、2008年アメリカで上映が予定されています。

ちなみに2006年5月24日、その30周年記念イベントとして、当時と同じ月日に、同内容のイベントがロンドンとナパヴァレーのCOPIAに分かれて同時開催されました。

10 カルト・ワイン

ナパヴァレーのワイン産業は、1970年代から輝く時代を走り始めますが、1980年代からは新しい文化とビジネスも育ってきます。

メドウッドなどのリゾート施設、ワイン・トレインや熱気球等のアミューズメント、カリスマ・シェフによるレストラン、CIA料理学校やCOPIA等の文化施設、アウトレット等様々なビジネスの参入です。

そして今、ナパヴァレーはそのすべてが旬で、大きな花を咲かせています。

ワイン事情にも、変化が起こっています。ワインづくりの技術が進歩し、その評価が高まる一方、パソコンやインターネットの普及による、**カリスマ・ワイン・メーカー**と**カルト・ワイン**の出現です。

少量の生産しか出来ず、販売ルートが弱いワイナリーがつくるワインでも、評論家が述べる一言のコメントで、１本数十万円もの値段がつきます。そうしたカルト・ワインがあちこちで登場してきているのです。

私の親しい友人のダニエルがいる**ヴィンヤード29**（Vineyard 29）は、かの有名な**グレース・ファミリー**が立ち上げたワイナリーとして知られていますが、その後も**ハイジー・バレット**、そして現在は**フィリップ・メルカ**というそうそうたるワイン・メーカーたちが、代々ここでワインづくりをしています。しかし、一ブランド商品当たり年間わずか300ケースしか製造しないとのことです。あの著名なワイン評論家**ロバート・パーカー**が、その商品“ヴィンヤード29”に95点、同ワイナリーの畑違いの**アディーダ**には96点という高得点をつけたことで、これらは一般にはなかなか入手出来ないカルト・ワインとなっています。

このように、近年のナパヴァレーは、刻々と変わる世の流れに翻弄されながらも、見事に空に舞い上がった不死鳥に思えてなりません。

キリスト教伝道の書の一節に、フォーク歌手**ピート・シーガー**が曲をつけ、

ザ・バーズ（The Byrds）が歌った『ターン！ ターン！ ターン！』（Turn! Turn! Turn! To everything there is a season）は、まさにこのナパヴァレーとその人々の営みを歌った曲であるような気がします。

❖カリスマ・ワイン・メーカーたちがつくったカルト・ワインのVineyard 29。それは、29号線沿いの2929番地にあります。不思議な運命的な数字との出会い。右は同醸造現場。正面うえの赤い鉄の枠は、マストを上段に移動するためのエレベーター。美味しいワインは、葡萄を大切なレディとして扱うことから始まります

11 ナパヴァレーのこれから

パリのブラインド・テイスティング事件をきっかけとして、カリフォルニア・ワインのみならず、オーストラリアやチリ等の新世界ワインが世界の市場に進出するきっかけを得ました。

一方、ITなどで成功したニュー・リッチ層や、韓国・中国といった今までワインをそれほど飲まなかった国でも、高級ワインがもてはやされ、その市場は拡大しています。

さらには、ワインが他のアルコール類とは一線を画した形で受け入れられているのも特徴です。

ワインのもつその文化面とファッション性から、女性が恥らうことなく、むしろ積極的に楽しむようになり、さらに、赤ワインに含まれるポリフェノールが身体にとって有益であることがマスコミで報じられて以来、健康を気にするアルコール好きな人々にも愛飲されるようになりました。

そして、スローなワイナリー風景のあるナパヴァレーは、夫婦や友達と行く旅ともつながり、新しいタイプの観光スポットとなったのです。

『パリスの審判』によると、カリフォルニアのワインの産地を訪れる人の数は年間約1,500万人、ナパヴァレーへは約500万人が行き、今や、ナパヴァレーはディズニー・ランドに次ぐ第２の人気観光スポットになったといわれます。

ナパヴァレーの醸造家の協会であるNVVは、この流れを利用して、ナパヴァレー・ワインをさらに世に広めようとしています。ワインはその品質の高さと同等に、ワインを取り巻く情報や物語と、そのワインへの思い入れがマーケティング上重要だからです。

そういう意味でも、ナパヴァレーは新しい時代のワイナリーのあり方を世に示したのみならず、新しいタイプのリゾート地“ワイナリー・リゾート”として、観光客はもちろん、トレンド・ビジネスをする人々も含めて加速度的に注目を浴びているのです。

第4章 楽しさあふれる大人の世界

1 優雅な朝を

皆さんがナパヴァレーを訪れる際には、ゆったりとしたスケジュールで、最低何泊かされることが大切です。

何故ならば、ここで迎えるゆったりとした朝こそが、とっておきのスローで優雅な時であり、心を休め、この地の素晴らしい一日への入り口となるからです。

それゆえ滞在も、ナパヴァレー内にある一定レベルの宿泊施設にすることをお勧めします。この一定レベルというのは、施設の大きさや、有名チェーン施設を指すのではありません。

現在ナパヴァレーには、リゾート、ホテル、イン等の宿泊施設は100くらいありますが、大規模な施設は少なく、客室数が50室以上あるもので24施設、100室以上のものになると9施設しかなく、最大の収容規模であるシルヴァラード・リゾートでも280室です。

そのほとんどが小規模のイン（B&B）形式のもので、ダブルかツイン・ベッドルームが中心です。なかにはスイーツ・タイプ（リビング付き）の施設もあります。

ナパヴァレーの宿泊施設は、ラスベガスやハワイなどの超高層で大規模なホテルとは違いますし、日本の（ビジネス）インとも形態が全く違いますから、むしろインを経験するのも楽しいのではないかと思います。高級リゾート施設も他の観光地とは違って小ぶりで、素晴らしいロケーションといろいろな付帯施設がありますので、それぞれの楽しみ方にあわせて選ぶのがよいでしょう。

小規模が中心で、限られた宿泊施設しかない理由は、古くからあるシルヴァラード・リゾートのような所を除いて、畑地などを転用して大規模な開発をすることが厳しく制限されているからです。従って、これらの宿泊施設のほとんどは、ナパの街と観光施設の多いヨントヴィル、そしてセントヘレナとカリストガのエリアにあります。

もちろん、1カ月単位で家具付きの家を借りて、ロング・ステイでよりゆっくりとこの地を堪能するのも良いと思います。

● 宿泊予約の注意

ナパヴァレーには多くのビジターが訪れますが、同じ西海岸のロサンゼルスやその他エリアのホテルと比べて料金は安くはありません。

季節によって変わりますが、B&Bのインで1泊ツインかダブルの部屋で＄200以上、高級リゾート施設は＄450以上するとお考え下さい。

これら宿泊施設は、早い時期から予約で埋まりますので、早目の手続きをお勧めしますが、日本の旅行代理店と契約しているものはほとんどなく、インターネットか電話で予約する必要があります。

そして、予約時には、クレジット・カードに記載されている幾つかの情報を告げる必要があり、さらには予約した時点で、1泊分が前金で引き落とされたり、且つキャンセルする場合にも、予約日までの日数によりそれなりのキャンセル料が生じますので、適当に予約だけをしておくとの考えは禁物です。

最高のリゾート施設

まず、高級リゾート施設についてご説明しましょう。

その主なものは、**シルヴァラード・リゾート**（Silverado Resort）、**オーベルジュ・デュ・ソレイユ**（Auberge du Soleil）、**メドウッド**（Meadowood）、**カリストガ・ランチ**（Calistoga Ranch）等です。

これらは、ナパヴァレーの素晴らしい自然の環境に位置しながら、本格的リゾート施設として、それぞれが異なった気候と土地柄の、マイクロ・クライメットの特徴が反映された所にあるといえます。

いずれの施設も、レセプション＆ロビー等のある棟と、ゲストが寝泊りするロッジとは離れていて、チェック・イン時にはスタッフがカートで送迎してくれます。

また、夕食が出来る自慢のレストランはもちろんのこと、様々な素晴らしい設備がありますので、リゾート内のレストランやゴルフ場、プール、SPA

等の施設を利用してみたいし、町の有名レストランにも行ってみたいと贅沢な迷いが生じること間違いありません。

ナパヴァレー最大のアメリカン・リゾート
シルヴァラード・リゾート

ナパの街にあるシルヴァラード・リゾートは、宿泊するロッジの目の前がゴルフ・コースで、朝はこの芝生や草花のためのスプリンクラーの散水で出来る虹が、目覚ましのご挨拶となります。ここをあえて一言で表現すれば、ビバリーヒルズやマイアミ等にあるアメリカン・タイプのリゾートといえましょう。寝起きするそれぞれのロッジは、本格的台所やリビングもある間取りなので、自分たちで簡単な食事をつくったり、買ってきた料理とワインで楽しむことも出来ます。

爽快な見晴らしを誇る山岳リゾート
オーベルジュ・デュ・ソレイユ

ラザフォードのオーベルジュ・デュ・ソレイユは、急傾斜の山の中腹にある施設で、特に受付棟のテラスから見下ろす眺めは抜群です。朝、ここから眺める下界には時として雲海が広がり、その所々に顔を出す浮島のような小高い丘の風景はとっても幻想的なものです。

そういう意味でここは、山岳リゾートといった感じで、爽快な見晴らしのレストラン＆カフェが自慢の施設ですから、宿泊しない人も食事やお茶を飲みに訪れるのも良いのではないでしょうか。

ヨーロッパテイストの静かな林間リゾート
メドウッド

セントヘレナにあるメドウッドは、一見軽井沢風の林間リゾートで、朝は大きな木が立ち並ぶ間から漏れてくる陽の光の中で目を覚まします。しっとりとした潤いのある、苔も生えている林間にあるせいでしょうか、少しヨーロッパ風の格調を感じさせます。

それもそのはず、ここには公式のクリケット・トーナメントが出来る施設や、静かな林間ゴルフ・コース、それにテニス・コートも充実しています。また、毎年６月には地元NVV主催によるチャリティー“オークション・ナパヴァレー”が開催され、世界の富裕層や著名人が集まる華やかなパーティ

❖山の斜面を利用したAuberge du Soleil。ここから下界を眺めての食事は爽快です

❖Silverado Resort。明るい典型的なアメリカン高級リゾート施設。パーム・ツリーは“永遠”を意味し、人々はこの木を愛してやみません

一会場となることでも有名です。

人里離れた究極のお忍びリゾート
カリストガ・ランチ

カリストガ・ランチは、2004年春に出来た新しいリゾート施設で、カリストガからセントヘレナに向うシルヴァラード・トレイルから少し山を登った所にある、オーベルジュ・デュ・ソレイユと同系列の施設です。この施設は、前述のリゾート以上に人里離れた所に位置するだけでなく、より目立たない隠れ家のような施設ゆえ、ナパヴァレーの住民でさえほとんど行ったことがないようです。

このリゾートのコンセプトは、自然と触れ合う究極の“お忍びプライベート・リゾート”を意図しているのでしょうか。スタッフは丁寧ですがすべてに対してチェックが厳しく、滞在客の姿を見かけない時でさえ、使用中のロッジにカメラを向けることは許されません。ここにたどり着くのに、“偶然”ということは決してあり得ません。

❖冷んやりと、しっとりとしたリゾートMeadowood。木々の間から見えるプールは、まるで“白鳥の湖”のよう

❖ オーベルジュのCalistoga Ranch。自然の木々やアメリカン・オークを大切に残した、ツリー・ハウスのようなレストラン棟（上）。下はミネラル水のジャグジーやプールが人気のSPA棟

最近、ある旅行雑誌で、読者が選ぶ人気SPAでここが全米で４位に選ばれ、朝から予約で一杯です。このリゾートが位置するカリストガはミネラル水が採れることで有名ですし、この自然環境からも納得出来ることですが、お忍びの隠れ家が有名になってしまっては困る人も……。

これら４つのリゾート施設には、プールやSPAはいずれもありますが、ゴルフ・コースは、シルヴァラード・リゾートにはPGA公認36ホールの本格的なものが、メドウッドには９ホールのものがあり、オーベルジュ・デュ・ソレイユとカリストガ・ランチにはありません。ゴルフ好きでちょっと華やかな賑わいを求めるならばシルヴァラードを、テニスと軽井沢のような山間のしっとりとした雰囲気を求める向きにはメドウッドを、山の上からの爽快な見晴らしを望むならばオーベルジュ・デュ・ソレイユを、自然との触れ合いとお忍びプライベートを徹底するのにはカリストガ・ランチを、といえるかもしれません。

✪様々な“イン”とその楽しさ

ナパヴァレーで宿泊施設の大半を占めるのが、この“イン”です。

インと一口にいっても、ワイナリーにある１室だけのもの、一戸建ての民宿風のアットホームなもの、古い電車車両を改造した珍しいもの、それに客室が100くらいあるホテルとあまり変わらないものと様々です。

ジャグジーやプール付きのインもありますし、**カルネロス・イン**（Carneros Inn）のようにコンベンションや食事の出来る所もありますが、基本的にはB&Bの名のごとく、宿泊と朝食をゆっくりと楽しみ、それ以外の時間は、この素晴らしいナパヴァレーを十分愉しんでください、というスタンスです。

そして、これらインの外観もインテリアもそれぞれ独自の主張や特徴があります。

また、スタッフの宿泊客への関与度も様々で、チェック・イン＆アウト以外は全くスタッフを見かけないインもあれば、逆にスタッフが必ずどこかにいて、レストランの相談やリザベーションまでしてくれる所もあります。このそれぞれが異なる環境と建物、サービス・スタイルなどがそのインの売物であり、訪れる人の楽しみでもあります。

✿朝の散歩でエネルギーを

ナパヴァレーの朝は、早くから木漏れ日が窓をノックし、静けさの中でお洒落な一日の幕が上がります。そして、うっすらとかかった朝靄の中を艶やかな色の気球が続々と空に揚がり始め、この光景と冷たい空気が、寝ぼけた私たちを目覚めさせてくれ、身体にエネルギーが湧いてきます。そして厳かでもあるこの朝は、これから様々なことが展開される一日のイントロなのです。こんな時、爽やかで潤いのある音楽があると最高なのですが、モーツァルトとかショパン、または**キャット・スティーヴンス**（Cat Stevens）の『雨にぬれた朝』（Morning has broken）はいかがでしょうか。この曲は、私が学生時代にイギリスにホームステイしていた時、毎朝ラジオから流れてきたほど、清々しい朝にはピッタリです。

朝の散歩は、ナパヴァレーでの大切な楽しみの一つであり、優雅な一日の始まりです。ナパヴァレーの人々は、あまり夜更かしはせず、朝は早くから

❖スローな輝く朝には、ヘルシーな朝食が欠かせません

❖ニートで可愛いインCandlelight Inn。同インのコース朝食。爽やかで優雅な時間を過ごせること間違いありません。食後はプール・サイドで。人懐っこい猫フロフィーが近寄ってきます

起きていますので、犬を散歩させている人、ジョギングする人、車で仕事に向かう人などと様々な出会いがあります。彼らは必ず目や手で合図をするか、または声を掛けてきます。

また、あちこちの家の庭ではスプリンクラーが回り、草花の葉から落ちるその水滴が朝の風景をより美しく潤いのあるものに仕上げています。

適当に散歩を切り上げて宿に戻ると、普段日本ではとらない朝食が何故か食べたくなってきます。朝の清々しいエネルギーで、身も心もすべてが活発になるからだと思います。

✿インの朝食、そのスタイルとシステム

B&Bの一つの"B" Bedでよく眠り、朝の散歩を楽しんだ後は、もう一つの"B"のBreakfastですが、これもそれぞれのインによりその内容やスタイルが異なります。

一番簡単なものは、コーヒーやティー・バッグと数種類のパン、それにリンゴなどの果物が籠に積まれているスタイル。もう少し手を加えた朝食では、これに絞りたてのジュースとかヨーグルトが加わり、さらに果物がミックス・カットされたものと数種のパンも用意され、自分でトーストして食べるといったものです。

キャンドルライト・イン（Candlelight Inn）では、まずは生ジュースと温かい飲み物、そして何種類ものカット・フルーツが詰め込まれたヨーグルト・パフェが出され、続いてオーブンされたリンゴをシナモンとメイプル・シロップで絡めてフレンチ・トーストに載せたもの、さらにトマトとパプリカのタルサ・ソースがかかったキッシュのベーコンポテト添え等の、素晴らしい朝食のコースが用意されます。

よくアメリカの料理は大味という人がいますが、ここに宿泊するとこの言葉を撤回させたい気持ちになります。

このほか、日本にはない面白い朝食システムに、インが契約した近くのレストランやカフェから好きな店を選んで、散歩がてら出かけて食べる方法があります。**ナパ・リバー・イン**（Napa River Inn）は、すぐ隣の二つのカフェと契約していて、食券を持って店に食べに行くのも良し、ルーム・サービ

ナパヴァレーの主な宿泊施設

名称	住所	電話
Arbor Guest House	1436 G st., Napa	(707) 252-8144
Adagio Inn	1417 Kearney St., Napa	(707) 963-2238
Ambrose Bierce House	1515 Main St., St.Helena	(707) 963-2238
Auberge du Soleil	180 Rutherford Hill Rd., Rutherford	(707) 963-1211
Bartels Ranch & Country Inn	1200 Conn Valley Rd., St.Helena	(707) 963-4001
Beazley House	1910 First St., Napa	(707) 257-1649
Bel Abri-Boutique Resort	837 California Blvd., Napa	(707) 226-5825
Best Western Elm House Inn	800 Califonia Blvd., Napa	(707) 255-1831
Best Western Inn atVine	100 Soscol, Napa	(707) 257-1930
Best Western Stevenson Inn	1830 Lincoln Ave., Calistoga	(707) 942-1112
Blackbird Inn	1755 First St., Napa	(707) 226-2450
Blue Violet Mansion	443 Brown St., Napa	(707) 253-2583
Brannan Cottage Inn	109 Wappo Ave., Calistoga	(707) 942-4200
Brookside Inn	3194 Redwood St., Napa	(707) 252-6690
Burgundy House Inn	6711 Wshington St., Yountville	(707) 944-0889
Calistoga Inn	1250 Lincoln Ave., Calistoga	(707) 942-4101
Calistoga Spa Hot Springs	1006 Washington St., Calistoga	(707) 942-6269
Calistoga Ranch	580 Lommel Rd., Calistoga	(707) 254-2800
Calistoga Village Inn & Spa	1880 Lincoln Ave., Calistoga	(707) 942-0991
Candlelight Inn	1045 Easum Dr., Napa	(707) 257-3717
Carneros Inn	4048 Sonoma Hwy, Napa	(707) 299-4900
Castle In the Clouds	7400 St.Helena Hwy, Napa	(707) 944-2785
Cedar Gables Inn	486 Coombs St., Napa	(707) 224-7969
Chablis Inn	3360 Solano Ave., Napa	(707) 257-1944
Chanric Inn	1805 Foothill Blvd., Calistoga	(707) 942-4535
Chardonnay Lodge	2640 Jefferson St., Napa	(707) 224-0789
Chateau de Vie	3250 Hyw128, Calistoga	(707) 942-6446
Chateau Hotel	4195 Solano Ave., Napa	(707) 253-9300
Chelsea Garden Inn	1443 Second St., Calistoga	(707) 942-0948
Christian Bros Retreat	4401 Redwood Rd., Napa	(707) 252-3810
Christopher's Inn	1010 Foothill Blvd., Calistoga	(707) 942-5755
Cottage Grove Inn	1711 Lincoln Ave., Calistoga	(707) 942-8400
Churchill Manor	485 Brown St., Napa	(707) 253-7733
Daughter's Inn	1938 First St., Napa	(707) 253-1331
Discovery Inn	500 Silverado Trail, Napa	(707) 253-0892
Dr.Wilkinsons Hot Springs	1507 Lincoln Ave., Calistoga	(707) 942-4102
Eagle & Rose Hotel	1431 Railroad Ave., St.Helena	(707) 963-1532
El Bonita Motel	195 Main St., St.Helena	(707) 963-3216
Embassy Suites Hotel	1075 California Blvd., Napa	(707) 253-9540
Fairway Condominiums	1600 Silverado Resort, Napa	(707) 255-0199
Golden Haven Hot Spring	1713 Lake St., Calistoga	(707) 942-6793
Harvest Inn	One Main St., St.Helena	(707) 963-9463
Hawthorn Inn & Suites	314 Soscol Avenue, Napa	(707) 226-1878
Hennessey House	1727 Main St., Napa	(707) 226-3774
Hilton Garden Inn Napa	3585 Solano Avenue, Napa	(707) 252-0444

名称	住所	電話
Hillview Country Inn	1205 Hillview Lane, Napa	(707) 224-5004
Hotel d'Amici	1436 Lincoln Ave., Calistoga	(707) 942-1007
Hotel St.Helena	1309 Main St., St.Helena	(707) 963-4388
Indian Springs Resort & Spa	1712 Lincoln Ave., Calistoga	(707) 942-4913
Ink House Inn	1575 Main St., St.Helena	(707) 963-3890
Inn at Southbridge	1020 Main St., St.Helena	(707) 967-9400
Inn on Randolph	441 Randolph Street, Napa	(707) 257-2886
John Muir Inn	1998 Trower Ave., Napa	(707) 257-7220
La Belle Epoque	1386 Calistoga Ave., Napa	(707) 257-2161
La Residence Country Inn	4066 St.Helena Hwy., Napa	(707) 253-0337
Lavender	2020 Webber Ave., Yountville	(707) 944-1388
Lodge at Calistoga	1865 Lincoln Ave., Calistoga	(707) 942-9400
Marriott Napa Valley Hotel & Spa	3425 Solano Ave., Napa	(707) 253-8600
Mayacamas Conference & Ranch	3975 Mountain Home Ranch Rd., Calistoga	(707) 942-5127
McClelland-Priest	569 Randolph St., Napa	(707) 224-6875
Meadowood	900 Meadowood Lane, St.Helena	(707) 963-3646
Meritage & Vino Bello	875 Bordeaux Way, Napa	(866) 370-6272
Mount View Hotel & Spa	1457 Lincoln Ave., Calistoga	(707) 942-6877
Milliken Creek Inn & Spa	1815 Silverado Tr,. Napa	(707) 255-1197
Napa Inn	1137 Warren, Napa	(707) 257-1444
Napa River Inn	500 Main Street, Napa	(707) 251-8500
Napa Valley Lodge	2230 Madison St., Yountville	(707) 944-2468
Napa Valley Redwood Inn	3380 Soscol ave., Napa	(707) 257-6111
Napa Valley Travelodge	853 Coombs St., Napa	(707) 226-1871
Oak Knoll Inn	2200 E. Oak Knoll Ave., Napa	(707) 255-2200
Oleander House	7433 St.Helena Hwy., Yountville	(707) 944-8315
Old World Inn	1301 Jefferson St., Napa	(707) 257-0112
Petit Logis	6527 Yount St., Yountville	(707) 944-2332
Pink Mansion	1415 Foothill Blvd., Calistoga	(707) 942-0558
Rancho Caymus	1140 Rutherford Cross Rd., Rutherford	(707) 963-1777
Roman Spa	1300 Washington St., Calistoga	(707) 942-4441
River Terrace Inn	1600 Soscol Ave., Napa	(707) 258-1236
Rustridge Ranch	2910 Lower Chiles Valley Rd., St.Helena	(707) 965-9353
Safari West Preserve Resort	3115 Porter Creek, Calistoga	(707) 579-2551
Scarlett's Country Inn	3918 Silverado Trail, Calistoga	(707) 942-6669
Shady Oaks Country Inn	399 Zinfandel Lane, St.Helena	(707) 963-1190
Silverado Resort	1600 Atlas Peak Rd., Napa	(707) 257-0200
Silver Rose Inn & Spa	351 Rosedale Rd., Calistoga	(707) 942-9581
Solage Calistoga	755 Silverado Trail, Calistoga	(707) 226-0800
Villagio Inn & Spa	6481 Washington St., Yountville	(707) 944-8877
Vintage Inn	6541 Washington St., Yountville	(707) 944-1112
Yountville Inn	6462 Washington St., Yountville	(707) 944-5600
Wine Country Inn	1152 Lodi Lane, St.Helena	(707) 963-7077
White Sulphur Springs Resort & Spa	3100 White Sulphur Springs Rd., St.Helena	(707) 963-8588
Wine Valley Lodge	200 South Coombs, Napa	(707) 224-7911
Zinfandel Inn	800 Zinfandel Lane, St.Helena	(707) 963-3512

＊Accommodation、Lodging、Inn、Napa Valley等の言葉をキーワードにしてインターネットで調べてみてください。

スで届けさせてベッド・サイドやナパ川に面したテラスで食べることもOKのシステムです。この契約店での朝食は、店の多いダウンタウンやヨントヴィル周辺のインでよく見かけますが、これはこれで楽しいものです。

いずれも一定の時間帯であれば、その日の自分の調子や気分に合わせて、ゆっくり喋りながら過ごせ、今まで経験したホテルでの朝食とは一味違います。

一方、リゾート施設では、自慢の朝食メニュー以外に、サラダや果物、それにホット・プレート料理を取り揃えたブッフェ・スタイルをよく見かけますが、これらは宿泊料金には含まれていません。

❂インでの朝食こそ優雅で大切な時間

いつも思うのですが、何故このナパヴァレーのインでの朝食は、今まで経験したホテルと違ってこんなにくつろげ、心が癒されるのかなと。それは、「すべてが違うから」ですが、あえて考えてみると次のような理由ではないのかと思います。

一つは、食事をする部屋の壁・天井・家具などが、都会のホテルのダイニングやカフェのような商業的なつくりではなく、温かい個人宅風なものが多く、外の眺めや雰囲気もゆったりとした風景であること。

二つ目は、客と従業員を隔てる制服などが少なく、また料理をテーブルにサーブするウエイターがいないので、まわりを慌しく動き回られることなく自分たちのペースで食事が出来ること。

３つ目は、まわりの人々もビジネス・モードではなく、それゆえ温和な表情とスローなしぐさ、ゆったりした会話が雰囲気を和ませてくれ、互いに譲り合いながら料理を楽しむトーン＆マナーがあること。

４つ目は、夏は冷房が入ることなく、また冬は暖炉等がついていて、心地よい柔らかな空気の中で食事が出来ること。

そして、サービスする側がすべてにおいてあえて立ち入らない心づかいが、ゲストをあたかも自分たちの別荘にいるような気分にさせるからでしょう。このゆったりとしたスローな朝食のひとときが、夫婦・家族、そして恋人同士をより和ませることは請け合いです。

そういう意味で、小ぶりのインに宿泊して、朝早く起きての散歩、そしてゆったりした朝食をとることは、ナパヴァレーの優雅な朝を楽しむ3点セットといえるかもしれません。

2 食文化が花咲くナパヴァレー

近年のナパヴァレーの特徴であり大きな楽しみの一つは、やはり食文化にあるのではないでしょうか。

もともと、近くの大都会サンフランシスコは、新鮮な海の幸と様々な食文化が集まる街として知られていましたが、近年のナパヴァレーは、美味しい料理を創ろうとする人々と、この美味しい料理を求めるグルメが集まり、全米でも屈指のレストランが軒を連ねる街となりました。

そしてアメリカ全土のみならず、世界各国からも多くの人々が訪れ、ワインに負けない食文化が生れることになったのです。

日本の有名なレストランのシェフも、結構ここを訪れています。それゆえか、日本では一度廃れかけていたカリフォルニア料理店も、私が総合プロデューサーとして加わった**セントヘレナ・キッチン**をはじめ、**カリフォルニア・ワイン・ガーデン**など、新たな人気店が誕生し、新しいブームを迎えつつある気がします。

話をもとに戻しますと、ナパヴァレーでは、皆さんが利用するレストランのみならず、ワイナリーには、特定顧客（ワイン業者・ホテル・レストラン業者・評論家等）をもてなすための、**ワイナリー・シェフ**として働く料理人も集まって来ます。

誤解してはならないのは、彼らが一般のレストラン・シェフよりも技量が劣っているからワイナリー・シェフになったのではないということです。自分の料理哲学と意思を持って、ワイナリー・シェフとなっている人も多いのです。

私が東京でカリフォルニア料理を教える学校の立ち上げを依頼された際に協力してくれた、小枝絵麻さんの友人の一人イリエ氏も、元リッツ・カールトンのシェフをしていましたが、彼も好んでソノマのチョーク・ヒル・ワイナリーのワイナリー・シェフを選んだとのことです。その理由は、ホテルやレストランでは料理の素材原価やメニューに制約が多い一方、ワイナリー・シェフはそのワインを引き立たせる料理をつくることが最大の目的なので、毎日エンジョイしながら料理をつくれるからということでした。

このように、ナパヴァレーでは、これら料理人と、後ほど説明するCIA料理学校、それに地元や近隣の良質の食材によって、美味しさを求めるグルメが集まるという連鎖反応が起こり、この街を全米屈指の食の街へと押し上げてきたのです。

✪軒を連ねるアメリカ屈指のレストラン

アメリカNo.1レストラン
フレンチ・ランドリー

ミシュラン、ザガットといったレストラン評価誌で、アメリカNo. 1 と評された**フレンチ・ランドリー**（French Laundry）は、**トーマス・ケラー**（Thomas Keller）がシェフを務めるレストランです。

ここは、コース・メニューのみで、その代金も料理だけで＄230（2007年現在）とアメリカでも格別の値段ながら、3カ月先まで予約は一杯という状態です。一戸建ての約40～50席の小さなレストランですが、ちょっと裏の厨房を覗いてみると、約20人の料理人が小気味よく働いている姿に納得してしまいます。ここで働いたことのある松尾康子さんに聞くと、ウエイターやそのほかのスタッフも入れて計算すると、お客一人に対して同じ人数かそれ以上の人が働いているとのことでした。

この店は、ワイナリー関係者などが出資してつくった店だけに、一見（いちげん）の客が普通に予約を取ることはかなり難しく、キャンセル待ちかランチ時を狙うのがせめてものチャンスです。

建物も木や蔦に囲まれた普通の一軒家風で、わかりやすい看板や電光表示もなく、何度かこの店を訪れたことのある私も、夜の予約時間に店の前を車で通り過ぎてしまったくらいに目立たないものです。それでも最近は、店を覆っていた蔦や木の枝等をかなり切り落とし、ずいぶんとわかりやすくなり

❖話題のアメリカNo.1レストラン、French Laundry。予約の困難さゆえか、ここから出てくる人々の顔は満足感で溢れています

❖ナパヴァレーに来て、このレストランに寄らずに帰るのは、手落ちです。日本人オーナー・シェフのヒロさんのTerra。感動の料理が私たちを待っています

ました。

曽根シェフの最高の料理
テラ

フレンチ・ランドリーと肩を並べる人気の店は、ロサンゼルスの**スパーゴ**でウルフギャング・パックとかつて一緒に仕事をしていた日本人オーナー・シェフ**曽根廣喜**氏による**テラ**（Terra）です。曽根さんの料理は、フレンチやイタリアンの西洋料理に、日頃私たちが何気なく食べている日本料理の美味しいエッセンスを上手く取り入れてアレンジしたものです。ゆえに、松久信幸氏が世界に展開する“Nobu”の、“Matsuhisa”という和食寿司店からスタートしてこれに洋食のテクニックを取り入れたものとは、根本的に違います。店づくりや運営も本格的な洋式レストランで、和食店のシステムやマナーではありません。

ご両人とは何度もお会いしていますが、彼ら同士も年齢が近く、同じアメリカ西海岸をベースに活躍している同業者として親しく情報交換をしているようです。また、曽根シェフの夫人も同じくスパーゴでパティシエ・シェフをしていたので、料理を締めくくるデザートはとても美味です。

曽根さんは、料理はもちろん、人柄も一押しの店です。曽根さんは以前TBS系列の『情熱大陸』で取り上げられたこともありますが、是非行って頂きたい店です。最近サンフランシスコのホテル内に、ameという同様の店を出しました。

カリタルなレストラン
ドン・ジョヴァンニ

この店ほど、ナパヴァレーの住民のみならず、多くの人々に愛されているレストランはないといえるのが、夏のシーンでもご紹介したビストロ・ドン・ジョヴァンニです。（44、45ページ参照）

いつ行っても味は安定して美味しく、料理のメニューもピザ等からきちんとした魚料理まで取り揃えられて、店の雰囲気もカジュアルでありながらお洒落で華やぎがあり、さらに料金も納得出来るものです。

この店に行くと必ず食べる料理はフライド・カラマリで、簡単にいうとこれはイカのフライです。アメリカにはよくあるメニューですが、この店のも

❖イタリアン・レストランTra Vigne。ここにはとてもロマンチックなイタリアがあります。まるで、オードリー・ヘップバーンの映画のセットのよう

のは野菜も一緒にカラッと揚がっていて、ハーブの香りも程よく、前菜として最高です。

そして、カリフォルニアでイタリアンをいただく“カリタル”な夕食には、やはりワインもカリタルに、**ルナ・ヴィンヤーズ**（Luna Vineyards）のサンジョ・ベーゼなどはいかが？

この店は、かなりの収容能力があるにもかかわらずいつもいっぱいで、予約をしていても店で待たされるのは覚悟しましょう。

お洒落なイタリアンの兄弟店
トラビーニ & トラビーニ・ピッザテリア

お洒落が似合い、甘いムードが必要な二人のためのイタリアン・レストランが**トラビーニ**（Tra Vigne）です。この建物は、まるでイタリア映画に登場するような造りです。

さらに、ランチ・タイムなど、庭先でカジュアルにイタリアンを望む向き

には、**トラビーニ・ピッザテリア**（Tra Vigne Pizzateria）をお薦めします。ここは、以前トマティナという店名でしたが、現在はこのようにトラビーニの系列店となっています。名前のごとくピッザが美味しい店ですが、シーザー・サラダをトッピングしたピッザもあり、オープン・エアーの木陰で昼食するのにはとてもグッドな店です。

地元のワイン関係者が集う店
マティーニ・ハウス

セントヘレナの町の中にあるレストランが、**マティーニ・ハウス**（Martini House）です。小さなガーデン席があるカリフォルニア・キュイジーヌの店ですが、数年前にシェフが代わってから味も良くなり再び評価もあがっているようです。値段と雰囲気も少し大人向けで、地元ワイナリーの経営者がよく集まる店の一つです。

料理とワインとのマリアージュ、何種類ものワインを楽しめる店
ラ・トーク

スペイン風インの**ランチョ・ケイモス**（Rancho Caymus Inn）に併設されているレストランが、**ラ・トーク**（La Toque）です。

ここはコース料理だけのメニューですが、前菜やメイン・ディッシュそれぞれに、肉や魚等幾つかの料理から好きなものが選べます。

何といってもこの店のお勧めは、一品ごとにそれぞれの料理に合うワインがグラスで飲め、約５～７種類の紅白ワインが味わえるセット・メニューがあることです。いわゆる、料理とワインのマリアージュです。従って、二人で行って全部違うものを選び、それぞれの料理にあったワインを選ぶと、合計十数種の料理とワインを楽しむことが出来ます。料理のベースはフレンチですが、前菜などはカリフォルニア料理の要素が加わっています。

ここでディナーをする時は、ランチョ・ケイモスに泊まると、とてもゆったりとして贅沢な気分を味わえます。部屋へは中庭を歩いて１分ですから。

ちょっとスノブな雰囲気の店
プレス

ディーン＆デルーカがつくったレストランが、**プレス**（Press）です。

最近出来たレストランですが、さすがディーン＆デルーカがつくっただけ

あって、カジュアルそうに見える外観とは一変して、店内はゴージャスな雰囲気です。スタッフも他店からヴェテランを引き抜いており、料理&サービスともに充実したレストランです。

ここでは、ロッテセリーの肉料理がお薦めですが、ワインもさすがというものを取り揃えています。掘り出し物は、何と“スクリーミング・イーグル”が約＄600でメニューに載っていることです。このカルト・ワインは、ナパヴァレーでもなかなか入手し難いもので、決してこの値段では手に入りません。日本では、ワイン・ショップで1本20万円は下らないものです。

店内の雰囲気がセレブですから、ちょっとお洒落をして行くのも良いかもしれません。

料理学校が面子をかけた店
ワイン・スペクテイター・グレイストーン

ワイン・スペクテイター・グレイストーン（Wine Spectator Greystone Restaurant）はナパヴァレーの名物CIAグレイストーン料理学校と同じ建物内にあります。同じ建物といっても、料理学校とこのレストランとは入り口も違いますし、ここで働いているシェフや従業員も、料理学校とは一線を画しているので、生徒がつくった料理が出るわけではありません。

それどころか、CIAの面子をかけた料理とワインの品揃えですので、この元クリスチャン・ブラザーズのシャトーという重厚な建物で食事する雰囲気とあわせて是非一度試してください。

このレストランのお勧めは、色々な前菜を少しずつ盛り合わせた“プランテーション”のあるコースで、ワインとともに味わってみてください。

6種のビールを店内で醸造しているレストラン
シルヴァラード・ブリューイング

本当に面白いですね、アメリカって。**シルヴァラード・ブリューイング**（Silverado Brewing Co.）のことです。

ナパヴァレーで“ビール醸造所”という看板を掲げ、それがレストラン名となっていることだけでもユニークなのですが、何といっても、ラガーや黒ビール等6タイプのビールを、この店内で醸造していて、そのつくりたてのビールが即飲めるのです。

そのせいか、同じ敷地内のフリーマーク・アビーほか、まわりには幾つもワイナリーがありますが、昼食時にはそのワイン関係者が、水代わりにここのビールを飲んでいる姿をよく見かけます。

エラーズ・エステート（Ehlers Estate）のワイン・メーカーの**ルディ**もその一人です。「仕事が忙しい時などは、電話で料理を発注しておいて、店に着くと待つことなくすぐ食べられるので助かるよ」と言いながら、ビールをグビッと飲んでいました。

そのビールの美味さはいうまでもありませんが、店がセントヘレナの外れにあるせいでしょうか、素朴でローカルな雰囲気は、気取りのない地元の人や若者がよく利用します。ここには素朴なアメリカン・レストランの良さがあります。肉類のほか、新鮮な甲羅ごとのカニ、ナマズ（Cat Fish）料理、エビのケイジャン・ソース炒めなどのアメリカ南部料理、フィッシュ&チップス、それにサラダ類も結構いけます。

❖セントヘレナの町外れにあるSilverado Brewing Co.。ワイナリーの敷地内にある“ビール醸造会社”という名のレストラン、地元民がよく利用する所

価格が手頃で量が多いため、何人かで料理をシェアするとさらに嬉しい値段になりますし、ワインを持ちこんでも“コルケージ”（ボトル持ちこみ代）は取りません。一般的には、レストラン案内誌やグルメの推奨店には挙げられていない店ですが、観光客ノーマークの穴場店としてお薦めします。

分厚いドアの金庫が客席のレストラン
アレグリア

面白いレストランとしては、ダウンタウンの元銀行だった建物をイタリアン・レストランに改造した**リストランテ・アレグリア**（Ristorante Allegria）があります。

銀行といえば欠かせないのが金庫ですが、この店には奥に分厚いドアの付いた金庫室も残されており、そのまま客席として利用しています。何人かのグループとなるとここに席を予約することも出来ますが、それ以外の時にはトイレに行きがてら見ることにしましょう。

✿実力派揃いのレストラン

話題性と人気のレストランを幾つか挙げてみましたが、このほかにも実力派の美味しいレストランがたくさんあります。

フレンチではフレンチ・ランドリーの姉妹店**ブション**、それに**ビストロ・ジャンティ**。

カリフォルニア・キュイジーヌでは**セラドン**（Celadon）、**シンディーズ**（Cindy's Backstreet Kitchen）、**フットヒル・カフェ**（Foothill Cafe）、**ジュリアズ・キッチン**（Julia's Kitchen）、**ラザフォード・グリル**（Rutherford Grill）、**ブリ**（Brix）、**レッド**（Redd）、**ソレイジュ**（Solage）それに**ワップ**（Wappo）。

アメリカンなレストランでステーキを売り物にしている**コールズ**（Cole's Chop House）、アメリカン・フードの**マーケット**（Market）。

イタリアンで最近頭角を現してきている**クック**（Cook）、気軽に手頃な料金で食事が出来る**ヴェッチェリ**（Vercelli）、そしてベトナム料理の**アナリアン**（Annalien）も地元住民に評判がよく混んでいます。

また、ダウンタウンにある**ズズ**（ZUZU）は、夫が日本人シェフのアンジェラ・タムラによる多国籍料理店ですが、2005年度の地元ナパヴァレー“マスタード・フェスティバル”で優秀レストラン賞に選ばれた店で、少量ずつ小皿で出るタパス風料理には、スペインと日本の居酒屋エッセンスが感じられます。

これらのレストランは、主にダウンタウンからヨントヴィル、それにセントヘレナにかけての29号線沿いに点在していますが、競争に敗れた不人気店は閉店され、その跡地にはレベルを上げた新しい店が続々と誕生してきています。

✿日本人料理人と和食

今、アメリカでは日本料理がとても人気があり、日本人シェフは引っ張りだこですが、特にリッチでグルメな人々が多いナパヴァレーでは寿司屋さん

❖原住民の名を冠したレストランWappo。やはりこのアウトドア席がとっても気持ちいい

は欠かせません。ちょっとしたスーパーならば握り寿司を実演販売しているほどです。

それゆえ、ダウンタウンに古くからある**寿司マンボー**（Sushi Mambo）は、天ぷらやうどん、それにカツ丼等もメニューに載せて、地元の人々が気軽に利用しています。

ここのオーナーは、早稲田大学に留学した経験のある日本語ぺらぺらのアメリカ人女性で、ホセやフランシスカンといった外国人寿司職人も頑張って日本語を話そうとしますので、ちょっと気軽な寿司をと思えばこの店をお薦めします。

一躍人気店入りした、寿司レストラン ゴー・フィッシュ

しかし、ナパヴァレーでは、もう一つ寿司屋さんの決定打に欠けているというのが私の感想でした。そんな時、セントヘレナにあるフレンチの老舗ピノ・ブランが閉店し、同じ場所に寿司を中心とした**ゴー・フィッシュ**（Go Fish）がオープンしました。

この店は、ナパヴァレーほかで何軒かのレストランを展開しているアメリカ企業と、ソノマ郡ロンナートパークにある日本食レストラン**ハナ**の賢さんとが合弁でつくった店ですが、店内に約100席、庭先にもたっぷり席がある本格的なものです。

現在この店は、有名女性料理人**シンディー**が店舗責任者として切り盛りをしていて、寿司類のほかに、彼女の創作料理も売り物にしています。オープン後１ヵ月を経ずして、夕食時には予約をしなければいけないほどの人気店となっており、ナパヴァレーでの和食人気度が推し測れます。今や、外国人には“味噌スープ”もとても人気があるのですから。

場所も一等地で、しっかりとした資本、それにレストラン経営には実績のある人と企業なので今後の健闘ぶりを楽しみにしています。

✿サラダが美味しい

私はナパヴァレーにいる時や、サンフランシスコに行く時は、いつもどの店でも必ずサラダをチョイスすることにしています。そして不思議なことに、

そのサラダをひとくち口にすると急に内臓の辺りが心地よくなり、頭が軽やかになり始めるのです。これ、本当です。

犬が肉を見ると自然に涎（よだれ）が出るように、この地の野菜は美味しくて身体に良いことを身体が覚えていて、脳や胃腸が一斉に反応するのではないかと思っています。

これらの野菜は、太陽を一杯浴びて、繊維質のしっかりした歯応えと甘味があって、様々なチーズやナッツ、果物、または魚介類や肉類等とうまく絡

COLUMN

カリフォルニア・キュイジーヌの皇帝 “シーザー・サラダ”

最近日本で、居酒屋のメニューにも載っているのがシーザー・サラダですが、正直いってそのほとんどのものはシーザー・サラダと呼ぶにはちょっと？というもので、シーザー・サラダのマニアを自認する私としては複雑な気持ちです。

このサラダは、アメリカでもそれなりのポジションを持つもので、店によってはお客の目の前で調理してサーブするところもあり、味・量・値段とも他のサラダ類とは違って、一つの料理としての存在感があります。

ところで、このシーザー・サラダを、名前から推測してイタリア料理と思われる方が多いのではないでしょうか？

禁酒法時代、ハリウッドの映画関係者が、仕事を終えた後にお酒とともに楽しめる夕食を求めて、国境を越えてメキシコのティワナに行き、行きつけのレストランで出された料理がこのシーザー・サラダの始まりだと聞いたことがあります。

彼らがティワナに着いたのが夜遅かったせいもあり、店にはもうまともな食材がなく、シェフが常連客の彼らのためにあり合わせの材料で急遽つくったまかない料理だったのです。

その後、このシーザー・サラダは、アメリカ全土に広がったといいます。それゆえ、これはもうれっきとしたアメリカの料理で、“カリフォルニア・キュイジーヌ”の代表格と呼んでもよいのではと思うくらいです。

めて味付けしたサラダが最高です。

また、それぞれの店や季節によっても、メニューや味付け、トッピングも変わり、前菜としてはもちろん、メイン料理としても満足出来るものです。

日本のレストランで出されるサラダは、野菜そのものの甘さとしっかりとした繊維質に欠け、量も添え物的で、さらに味付けやトッピングも存在感が薄く、あくまでもメイン料理の格下の域を出ない感があります。

それに比べ当地のものは、メイン料理である主役を脅かす存在感ある実力派ですから、ナパヴァレーに行ったら必ずサラダを食してみてください。

✪バイプレイヤーの人気者、ファストフードとデリ

ナパヴァレーを食文化の街として盛り上げているのは、何も一流レストランだけではなく、ファストフードやデリの店の存在があります。

行列の出来るハンバーガー店
テイラーズ

テイラーズは地元の人にはもちろん、観光客にも人気のお店で、セントヘレナの29号線沿いにありますが、評判を呼んで、最近、サンフランシスコの観光スポット、**フェリー・プラザ**の表テラスにも出店しました。
黄色味を帯びたパン、粗挽きにした指定牧場の肉、ジューシーなハンバーガーは、誰からも支持されています。

❖Taylor's（右）とその人気メニュー

また、ニンニクを強烈に効かしたバジル・ソースを絡ませたポテト・フライは、とてもエキセントリックな味付けでありながら、妙に美味しく、ファストフードというジャンク分野だからこそ出来る刺激の強い個性的なメニューです。

さらには、評判のブルーチーズを加えたハンバーガー、グリルしたマグロに山葵（わさび）をつけたバーガー、キノコのサンドイッチ等も人気があります。

私の一押しは**トマト・スパイシー・スープ**で、味は一流レストランに負けないものですから是非ご賞味を。抜群です。なお最近この店は、観光バスが乗りつけることを禁止しました。凄いですね。

ほかにも、29号線の1stの出口を西に出た脇にある、洗車場横の**アンディーズ**（Andie's）のハンバーガーもかなりの常連ファンがいます。

いずれの店も、肉の焼き具合や中に入れる具などオーダーを受けてから調理し始めるので、出来上がるまでに15分くらいかかり、フライド・ポテト等も熱々のモノが食べられます。店構えなどの形態こそファストフード店ですが、味は日本の一流ホテルにあるレストランのハンバーガー以上です。

メキシコ人が行くメキシカン
ヴィラ・コロナ

ヴィラ・コロナ（Villa Corona）はセントヘレナとナパのトランカス通り沿いにもあり、持ち帰りも出来る店です。

ブイトーニ等の日本でも馴染みのメキシコ料理ももちろんありますが、私は揚げたてのシェル・ボウル状のタコスに入ったサラダが好きです。種類もヴェジタリアン向けと、鶏肉、豚肉の入ったものがあります。ボリュームがありますので、お昼はこれだけで十分ですし、旅などで疲れた時の夕食にはワインとぴったりです。

整理券で順番を待つデリの店
ジェノヴァ

お薦めしたいイタリアン・デリの店が**ジェノヴァ**（Genova Delicatessen）です。ナパのトランカス通り沿いのショピング街にあるデリ＆ケータリングの店ですが、簡単なテーブルとイスもあり多くの人が利用しています。昼食時には若いお巡りさんがここで食事をしている姿を見かけますが、日本では見

COLUMN

必ず出会う英語 “To go？ For here？"

ファストフードやデリなどを利用するに当り、一つ大切な英会話を知っておく必要があります。

それは、“To go？ For here？” です。

このような店は、店内外に簡単なテーブルとイスを備え付けていることが多く、食べものをオーダーした時点で店員が、持ち帰りかここで食べるのかを必ず尋ねてくるのです。私たちはそれに対して返事をしなければなりません（日本では食べ物の持ち帰りとして“テイク・アウト”という言葉を使用しますが、この言葉もこちらから話しかけるのには全く問題はありません）。この質問をされた場合、その店で食べる時は、親指を下に向けて（そうしなくてもよいのですが、わかりやすくするために）「Here!」と答えましょう。持ち帰りの場合には、「To go!」と言えばよいのです。これが彼らの日常言葉です。

だから、持ち帰り専門の店では、“To Go!” と書いた看板をよく目にします。もちろん、レストランで食べ残したものを持ち帰りたい時にもこの言葉が有効ですし、「Doggy Bag」（犬のエサ用）と言ってもOKです。

また、サンドイッチ等のパン類のオーダーの場合は、パンが何種類もあって選べる場合が多いのですが、White BreadでもWhole Wheat BreadでもRye Bread（ライ麦パン）でも、バゲット（Baguette）やベーグル（Bagel）でも、店で聞かれた場合は自分の好みのパンを指定しましょう。

また、肉等の食べものを頼むと、「What would you like?」（お好みの焼き具合は？）と聞かれますよ。

られない光景に思わずシャッターを切ってしまいました。

大勢の従業員がフル稼働で働いているにもかかわらず、いつも多くの客が待っているので、デリをオーダーする時には、カウンター側にぶら下がっているチケット配布機から整理券をもぎ取り、その整理番号が呼び出された時点で注文し、レジで会計するシステムです。ここはラザニアや日替わりスープのようなホット・メニューもありますが、何種類もあるサラダやサンドイッチがお薦めです。

私はピクニックに行く時はいつも、ホール・フィート・ブレッド（胚芽入りパン）でツナ・サンドイッチをつくってもらい、それにオリーブの塩漬けをサイドディッシュとして選びます。

イタリア系の家族経営の店で、バークレーにも店があり手広く営業しています。

29号線のベンチ・マーク店
オークヴィル・グロッサリー

1881年から営業している地元の食品＆デリの店が**オークヴィル・グロッサリー**（Oakville Grocery）で、ナパヴァレーに来た人は必ず目に止めるランド・マーク的な店であることは前述したとおりです。立地上29号線を走る車の客が多く、オーダーしてから目の前でつくってくれるサンドイッチやサラダを求めて、いつも多くの客で賑わっています。また、スパイスや調味料、ジャムやお茶、ワイン等の食品が所狭しと壁際に天井近くまで積み上げられています。なおこの店は、隣の街ソノマにもカフェを出すほどデリに実績がある店です。

ニューヨークのステイタス店
ディーン＆デルーカ

29号線を北上したセントヘレナの外れにある、ニューヨークのマンハッタンから進出した高級食品スーパーが**ディーン＆デルーカ**（Dean & Deluca）です。アメリカ全土でも限られた所にしか店を出していないにもかかわらず、他の大都市はさておいて、このナパヴァレーに出店を決意したそのマーケティング力には感心します。ナパヴァレーは人口の少ない所ですが、裕福で味にうるさい人が住んでいるので高級食材店が成り立つ、というマーケティングがなされているのです。ちなみに、ナパヴァレーは銀行の数も非常に多い所です。

この店では、様々なチーズと世界の食材が販売されている一方、正面入り口から真っすぐ突き当たりまで行くと、サンドイッチなどが調理販売されているので、他の食品と一緒に買うのには便利です。さらに、この店の商品プレゼンテーションは美しく、見るだけで楽しいのですが、ここでは日本の調

❖ Dean & Delucaの店内

味料も大体のものが入手出来ます。

また、右側のワイン棟では高級ワインを取り揃えていて、係員が親切に相談に乗ってくれます。

ワイナリーのデリ店
サッツイ

前記D&Dの29号線を隔てた反対側にあるワイナリーが**サッツイ**（V.Sattui Winery）ですが、ここの売店では様々な食べ物と飲み物が販売されていて、それはちょっとしたデリ店のようなもので本業のワインにも負けない品揃えです。

そして何よりも有難いのは、このワイナリーの広い芝生の庭には、切り出し木材でつくられたテーブルとイスが設置されていて、ランチをするのにはとても手軽なピクニック・スペースとなることです。

また、ケーキなどのスイーツに関しては、ダウンタウンのナパ・リヴァー・イン横にあるカフェ、**スイーティー・パイ**（Sweetie Pies）のケーキは、アメリカの有名人気タレントの**オプラ・ウィンフリー**さんの大好物で、よく取り寄せしていることでも知られています。

❂食文化を支える地元人気食料品店

食材に関しては、前述のディーン＆デルーカやオークヴィル・グロッサリー、ナパの街だけで３店舗もあるスーパーの**ヴァラガス**（Vallergas）、それにセントヘレナのスミス・ファミリーが経営する**サンシャイン・マーケット**（Sunshine Market）等が高品質の食材を常備し、食にこだわる人々と町をサポートしています。

特にサンシャイン・マーケットでは、魚介類やチーズ等の生鮮食品セクションが充実していて、特定の魚介類などをリクエストしておくと、商品が届いた時点で係員が電話をくれるなど、地元民に密着したきめ細かいサービスをしています。

これらの店は、地元の新鮮な生鮮食品や、世界の食品を販売しているだけでなく、定評あるメーカーのビタミン等のサプリメントを何種類も取り揃えており、日本でよりも安く販売されているのでついつい買ってしまいます。

なお、私たちに欠かせない醤油はもちろん、豆腐、山葵、ポン酢、寿司生姜などは、大体どこの店にもありますが、意外と見つからないのが麺つゆで、これはサンフランシスコの日本人街に行けば入手出来ます。

マグロやエビ等の握り寿司、カリフォルニア・ロールの類は、中級クラス以上の食品スーパーに行けば実演販売していますし、豆腐などは絹（Silken）から木綿（Firm）、そして極硬（Extra Firm）と日本並みに種類があります。

❂町の人気コーヒー店

地元の食品供給で、もう一つ無視出来ない存在があります。それはコーヒー屋さんです。ナパヴァレーはコーヒー豆の産地ではありませんが、食の一環を成すコーヒーについてもこだわりがあり、これをサポートする存在があります。

この地の有名レストランでは、コーヒーまでがその店のオリジナル・ブレンドで出される一方、そのレストラン・ブレンドのコーヒー豆が、街のコーヒー店で手に入るのです。

ダウンタウンに本店がある**ナパヴァレー・コーヒー・ロースティング**（Napa Valley Coffee Roasting Co.）がそれで、この店には朝から地元の人々が集い、コーヒーを飲んでいます。

特にセントヘレナ店は、ここが町全体のロビー兼待合わせ所の役目を果たしていて、人々が自由に出入りし、住民に愛される店となっています。

友達同士で話に花を咲かせている人や、勉強しながら長居している学生、そして外のテラスで犬を横にはべらせて新聞を読んでいる人など、町の様々な生活風景がここにあり、この町の雰囲気をよく反映しています。

また、店の奥には、コーヒー豆やそれを焙煎する機械が置いてあり、焙煎したての新鮮な豆が販売されているのですが、そのブレンド・コーヒーのメニューが面白いのです。

販売するブレンド豆のリストに、“ハウス・ブレンド”や“ファーマーズ・マーケット・ブレンド”といったこの店のブレンド・ミックス豆のほかに、“フレンチ・ランドリー”や“トラビーニ”等の有名レストランのオリジナル・ブレンド豆が販売されているのです。

これらは、決して気取った特別のパッケージでではなく、この店のオリジナル・ブレンドと同様にその場でブレンドされ、この店の袋で販売されているのです。

それは、これら有名レストランのコーヒーは、このコーヒー店とそのレストランとが一緒に開発したオリジナル・ブレンド・レシピであるゆえに、この店でそれが販売されているとのことです。

ちなみにフレンチ・ランドリーのブレンドの豆は、深くローストをしたエスプレッソ豆が効いた味です。

✪カリフォルニア料理の母アリス・ウオーターズと“シェ・パニーズ”

カリフォルニア・キュイジーヌと呼ばれる料理が登場して久しくなります。これは、“美味しい物は美味しい”と、偏見なく異国の料理の要素を取り入れた、西海岸らしい料理のことです。

これらをいち早く実践し、つくり上げたのが**スパーゴ**（Spago）等のロサンゼルスの料理界でした。

今でも、**アイビー**などロサンゼルスで健闘するレストランはたくさんありますが、最近では、ナパヴァレーからバークレー、そしてサンフランシスコの18th Streetにかけてのエリアの方が、食に関する話題が豊富なような気がします。これは西海岸の経済が、IT産業の勃興とともに、ロサンゼルスよりサンフランシスコ・エリアの比重が大きくなってきたことが一つの要因とも思われます。

このようなことを反映してか、最近日本からアメリカ西海岸へ行く便では、ロサンゼルスよりもサンフランシスコに行く飛行機の方が込んでいると感じるのは気のせいでしょうか。ちなみに、最近のこれらの便には、かつては日本人、その後は韓国人、中国人、そして現在はインド人の姿を多く見かけますが、世界の経済状況が乗客の特徴として現れています。

このサンフランシスコ・エリア経済の膨らみが、サンフランシスコからナパヴァレーにかけての、ワインと食ビジネスを盛り上げているということが出来ます。

その話題の中心人物の一人が、"カリフォルニア・キュイジーヌの母"とも呼ばれる**アリス・ウオーターズ**（Alice Waters）の存在で、彼女が主宰するバークレーの**シェ・パニーズ**（Chez Panisse）を説明せずには済みません。

彼女は、今までのカリフォルニア・キュイジーヌの概念を変えた人ともいえるからです。

彼女の料理哲学は、本当に美味しい料理とは、地元でとれる新鮮な食材を使って、その食材本来の美味さを引き出すことにあるというもので、季節に逆らわず、その折々の食材を料理することが大切であると提唱し、有機野菜を中心とした、今までと一味違うカリフォルニア・キュイジーヌを確立したのです。

今流行の、食材の産地名を明記したメニューも、彼女が初めと言われています。彼女の下で働いたことのある勝田梨恵さんは、「アリス・ウオーターズの料理は、特別の調味料や複雑な手を加えるものではなく、ただ食材の力を信じて大切にし、その食材に合った料理法を実践するだけの料理」と話してくれました。

皆さんは、そんな料理はどこでも食べられると思われるでしょうが、不思

COLUMN

“ナチュラル・タイプ”と“メルティング・ポット”、“フュージョン”、それに“グローヴァル”

アリス・ウオーターズの提唱した料理は、カリフォルニア・キュイジーヌの概念を大きく変え、この考え方と流れが“ナチュナル・タイプ”と呼ばれるようになりました。

一方、これまでの流れ、すなわち“異国の料理でも、良いところは偏見なく取り入れる”料理は“メルティング・ポット”（Melting Pot：一つの鍋に色々な国の料理がとけ合った物の意味）、あるいは“フュージョン”と呼ばれ、カリフォルニア・キュイジーヌに二つの流れが出来ました。

ナパヴァレーの料理関係者の間では、後者のメルティング・ポットと呼ぶ料理と、単に多国籍の料理が混在しているだけのフュージョン料理とを、あえて区別して呼んでいる場合があるとのことです。

このほか、世界の国々の料理という意味で、“グローヴァル”と呼ばれる場合もあります。

議なのは、この店の料理を食べると皆が感動するのです。

このバークレーのシェ・パニーズには、毎日、アメリカのみならず世界各国から食通が訪れており、料理を志す若い人々にとっても、ここで働けることが夢であり、この店のスタッフはいきいきと楽しそうに働いています。

スタッフが食べる食事は、残った材料でつくるいわゆる“まかない食”ではなく、お客に出す料理と同じものを準備するとのことで、「私たち従業員は、お客様より良いものを食べているのよ」と勝田さんは言っていました。

このレストランは、今やバークレーの誇りであり、メニューを変更すると、多くの市民から要望や意見が寄せられるとのことです。

いずれにしても、ナパヴァレーからバークレー、そしてサンフランシスコとつながる新しい食文化のベルトはとても活況を呈しています。

食事の値段と物価

今、世界中でホテルの宿泊代が高騰し、海外出張をよくする人の不満の声

ナパヴァレーの主なレストラン／デリ／ファストフード

店名	住所	電話	料理
NAPA			
Andie's	1042 Freeway Drive	(707) 259-1107	Fast Food
Angele Restaurant & Bar	540 Main St.	(707) 252-8115	French
Annalien	1142 Main St.	(707) 224-8319	Vetnamese
Bistro Don Giovanni	4110 St.Helena Hwy.	(707) 224-3300	Italian
Boon Fly Cafe	4048 Sonoma Hyw.	(707) 299-4870	American
Buckhorn Grill	1201 Napa Town Center	(707) 265-9508	American
Celadon	500 Main St. Ste. G	(707) 254-9690	Global
Cole's Chop House	1122 Main St.	(707) 224-6328	Steak House
Downtown joe's	902 Main St.	(707) 258-2337	American
Farm ar Carneros Inn	4048 Sonoma Hyw.	(707) 299-4882	Californian
First Squeeze	1126 First St.	(707) 224-6762	Deli
Foothill Cafe	2766 Old Sonoma Road	(707) 252-6178	Californian
Genova Delicatessen	1550 Trancas	(707) 253-8686	Italian Deli
Gillwoods Bakery & Cafe	1320 Napa Town Center	(707) 253-0709	American
Grill at Silverado Resort	1600 Atlas Peak Rd.	(707) 257-5400	Asian Flare
Julia's Kitchen at COPIA	500 First St.	(707) 265-5700	Global
Napa General Store	500 Main St.	(707) 259-0762	Deli/Cafe Bar
Napa Valley Wine Train	1275 McKinstry	(800) 427-4124	Wine Country
Nation's	1441 Third St.	(707) 252-8500	Burger/Pie
Piccolino's	1385 Napa Town Center	(707) 251-0100	Italian
Red Hen Cantina	4I75 Solano	(707) 255-8125	Mexican
Restaurant Cuvee	1650 Soscol Ave.	(707) 224-2330	Italian
Restaurant n.v.	1106 First St.	(707) 265-6400	Global
Rings (at Embassy Suites)	1075 California Blvd.	(707) 253-9540	American
Ristorante Allegria	1026 First St.	(707) 254-8006	Italian
Royal Oak at Silverado Resort	1600 Atlas Peak Rd.	(707) 257-8006	Wine Country
Siena at The Meritage	875 Bordeaux way	(866) 370-6272	Wine Country
Silverado Resort Royal Oak	1600 Atlas Peak Rd.	(707) 257-0200	Californian
Sushi Mambo	1202 First St.	(707) 257-6604	Japanease
Tuscany	1005 First St.	(707) 258-1000	N. Italian
Uva Trattoria	1040 Clinton St.	(707) 255-6646	S. Italian
Vallergas Markets	426 First St.	(707) 253-2620	Market/Deli
Zuzu	829 Main St.	(707) 224-8555	Global
YOUNTVILLE			
Bistro Jeanty	6510 Washington St.	(707) 944-2749	French
Brix	7377 St.Helena Hwy.	(707) 944-2749	Californian
Buchon	6534 Washington St.	(707) 944-8037	French

店名	住所	電話	料理
Cafe Kinyon	Vintage 1870	(707) 944-2788	Californian
Compadres	6539 Washington St.	(707) 944-2406	Mexican
Domaine Chandon	1 California Drive	(707) 944-2892	CA/French
French Laundry	6640 Washington St.	(707) 944-2380	French
Napa Valley Grill	6795 Washington St.	(707) 944-8506	Wine Country
Pacific Blues	6525 Washington St.	(707) 944-4455	American
Redd Restaurant	6480 Washington St.	(707) 944-2222	Californian
OAKVILLE & RUTHERFORD			
Auberge du Soleil	180 Rutherford Hill Rd.	(707) 967-3111	Wine Country
La Toque	1140 Rutherford Rd.	(707) 963-9770	Modern French
Oakville Grocery	7856 St.Helena Hwy.	(707) 944-1844	Gourmet Deli
Rutherford Grill	1180 Rutherford Road	(707) 963-1792	Californian
Taqueria La Vaca	7787 St.Helena Hyw.	(707) 945-0957	Mexican
ST.HELENA			
Cindy's	1327 Railroad Ave.	(707) 963-1200	Californian
Cook	1310 Main St.	(707) 963-7088	Italian
Gillwoods Bakery & Cafe	1313 Kain St.	(707) 963-1788	American
Go Fish	641 Main St.	(707) 963-6191	Japanease
Market	1347 Main St.	(707) 963-3799	American
Martini House	1245 Spring St.	(707) 963-2233	Californian
Meadowood, The Grill	900 Meadowood Ln.	(707) 963-3646	Californian
Meadowood, The Restaurant	900 Meadowood Ln.	(707) 967-1205	Californian
Press	587 St.Helena Hyw.	(707) 967-0550	American
Silverado Brewing Co.	3020 N. St.Helena Hwy.	(707) 967-9876	American
Taylor's Automatic Refreshers	933 Main St.	(707) 963-3486	Fast Food
Terra	1345 Railroad Ave.	(707) 963-8931	CA/Italian
Tra Vigne	1050 Charter Oak	(707) 963-4444	Italian
Vercelli	2555 Main St.Helena	(707) 963-3771	Italian
Villa Corona	1138 Main St.Helena	(707) 963-7812	Mexican
Wine Spectator Greystone Restaurant	2555 St.Helena Hwy.	(707) 967-1010	Global
CALISTOGA			
All Seasons	1400 Lincoln Ave.	(707) 942-0890	Californian
Brannan's Grill	1374 Lincoln Ave.	(707) 942-2233	American
Calistoga Inn & Brewing Co.	1250 Lincoln Ave.	(707) 942-4101	American
Solage	755 Silverado Trail	(707) 226-0852	Californian
Stomp Restaurant & Bar	1457 Lincoln Ave.	(707) 942-8272	Californian
Wappo	1226 Washington	(707) 942-4741	Global

を聞きます。

ナパヴァレーは需要が急激に増えているにもかかわらず、土地利用法の制限で、宿泊施設の数は限られおり、＄150以下の安いものは少く、早い時期から中級の宿泊施設のほとんどは満室になるというのが実情です。また、1泊＄450以上の高級施設に関しても、内容・価格とも世界レベルにありながら同様の状況です。ちなみに、オーベルジュのカリストガ・ランチには、1泊＄3,500の室もあります。

食事に関しては、昼食時に地元人たちが行く安い店でもチップを含めると＄10は下らず、普通のレストランでも＄15～20くらいで、そういう意味では日本より高い昼食代となります。ただ、夕食時に2～4人で行く場合、一品の料理の量が多いので、メイン料理を人数より少なくし、前菜を人数分かプラスαオーダーしてシェアすると、一人約＄50で十分な料理と美味しいワインを堪能出来ます。あまり多くワイン等を飲まない人の場合には、メイン料理だけにすると、もっと安くなり、それで十分満足するでしょう。

また、宿泊施設は、ほとんどがツインかダブルの二人分設定ですので、料金は一人でも二人でも同じです。(2007年現在)

❖Bistro Don Giovanniのオーナー（左）とスタッフ。オープン・エアー席にて

3 芸術の谷、文化の町

約1世紀半前に建造されたヨーロッパの香りがする荘重なシャトーと、近年建築されたモダンで洗練されたデザインのワイナリーが並存する、この谷間の田園風景そのものが、素晴らしいモダニズムの世界といえます。

これらのワイナリーには様々な芸術作品が展示されていますが、普通の店の、さり気なくディスプレイされたオブジェや看板にもセンスとユーモアが感じられ、ナパヴァレーの人々の芸術に対する造詣の深さと感性の高さが伝わってきます。

さらには、本格的なミュージアムや町のアート・ギャラリー、それに丘陵や池までもキャンパスになった途方もないミュージアム等も加わって、ナパヴァレーはアートが溢れる街となっています。

昔から、芸術にはパトロンといわれるサポーターがいて、さらにはその作品を展示する場所や空間を提供する存在も必要だったのですが、ナパヴァレーではそのパトロンや画廊役を、ワイナリーとリゾート施設、それにレストラン等が果たしているのだと思います。

また、オペラ・ハウスや様々な公演が催される会場もたくさんあって、ナパヴァレーは、田園風景に芸術のスパイスがたっぷりかかった新たな田園世界をつくっています。

規模と発想の違うミュージアム

ナパヴァレーの多様なミュージアムやアート作品は、古い保守的なものではなく近代アートを中心としていて、既成概念を打ち破った自由で奔放なものが中心です。

ワイン、食、芸術との融合ミュージアム
コピア

COPIAは、ロバート・モンダヴィなどナパヴァレーのワイン関係者が中心になってつくったミュージアムで、正式には“COPIA、The American Center for Wine, Food & The Arts”と名づけられており、まさに“ワイン、食、芸術”のミュージアムです。食のミュージアムと謳っているだけあって、色々なワインの香りを再現する匂いのブース、箸やフォーク等、世界のカトラリーの展示、映画の食事シーンだけを編集して映写するブースなど、目で観て、耳で聞き、鼻で嗅ぎ、手と口で試して体験出来る楽しいミュージアムです。館内では随時ワインの試飲&レクチャー会も開催されており、お腹が空いた時

❖COPIAの入り口にあるアート・モニュメント。この壺はすべてボトル・キャップの栓を組み合わせて出来たもの

❖壁面上は、この地で葡萄畑を守る益鳥とされるミミズクの作り物

には本格的なレストランのジュリアス・キッチンもあります。

2階の展示会場では、時季折々で異なる催事が企画され、食材の野菜を中心としたボタニカル・アートや、世界各国の食卓風景など色々な催しが開催されています。

さらに、COPIAには館内ホールと野外ステージがあり、音楽や様々な公演が催されるのみならず、庭では生活の潤いに必要なガーデニングが様式ごとにブースを区切って造園されています。また道を隔てた駐車場では、夏から秋に掛けての土曜の朝に、ファーマーズ・マーケットが開催されます。

けた違いのミュージアム
ディ・ロサ・プリザーブ

ナパヴァレーの気候と地形を活かしたけた違いにスケールの大きいミュージアムが**ディ・ロサ・プリザーブ**（di Rosa Preserve）です。

ダウンタウンから車で約10分、ナパ郡とソノマ郡にまたがるロス・カルネロスという葡萄畑がある所に丘陵・池・山のすべてがキャンパスとなっているものです。

ミュージアムのサブタイトルには“ART & NATURE”とあって、広さ460エーカー（約1,861km^2）と東京ドームの約40倍もの広大な敷地におよそ800名のアーチストの作品が展示されています。これで大体の概要はご想像いただけるでしょうか。

このミュージアムは、予約制で、鑑賞時間は約2時間半、係員の説明付きで、オープン・エアーの車に乗って大きな池や大地に生息する（？）作品を鑑賞します。それはサファリ・パークのようなアート・パーク・ツアーです。ゴルフ場のロング・ホールくらいある大きな丘陵に様々な作品が展示レイアウトされているセクションや、オバケ屋敷のような気味の悪い館など、あとは観てからのお楽しみです。

ワイナリー・アートとそのギャラリー

シャトー・モンテリーナやベリンジャー、それにルビコンは、建物そのものが歴史を感じさせます。ルビコンには、イングルヌック時代からの歴史とともに、コッポラ監督の映画『タッカー』に登場した車など、ちょっとした映画関連展示コーナーもあり、一味違った楽しさを提供してくれます。また、ワイナリー全体が芸術空間とも呼べる**クロス・ペガス**（Clos Pegase）をはじめ、**ヘス・コレクション**（Hess Collection Winery）、**マム**（Mumm Napa Valley）、**マーカム**（Markham Family Vineyards）、**アルテサ**（Artesa Vineyards & Winery）、**ドメイン・シャンドン**（Domaine Chandon）、**ホール**（Hall）、**ヴァイン・クリフ**（Vine Cliff Winery）、最近出来たところでは、ロバート・モンダヴィの長男**マイケル・モンダヴィ**（Michael Mondavi）が中心となってつくった**フォリオ**（Folio Winemaker's Studio）などがあります。これらは、規模や内容こそ違っても、あちこちにオブジェアートを施したり、専用のアート・ギャラリーを設けたりしています。

これらはすべて入場無料ですが、最近ルビコンは有料になりました。

クロス・ペガスでは、普段一般の人々が勝手に出入り出来ないワイン・セラーにも、多くの彫刻が置かれ、それは、バッカス神が美味しいワインが出来るようにと見守っているかのようです。

❖マイケル・モンダヴィご夫妻と筆者。そのワインは、奥様の名Isabel Mondaviのイニシャルを組み合わせた“I'm”

醸造場にも、古代の貴重な、ワインやお酒を飲む食器がさり気なく展示され、オーナーの**ヤン・シュレム**（Jan Shrem）の執務室には素晴らしい絵が幾つも飾られていて、アート魂はとどまることを知りません。

彼は、大の日本びいきで、日本食はもちろん大好きですが、日本語もとても上手です。実は、かつて彼は、学生時代ヴァカンスで日本に来て、現在の奥様を見初め、結婚するために洋書の輸入の仕事をして大成功を収めた人物なのです。夫人の名前“Mitsuko”を冠したワインさえ出している

❖同オーナーのヤンさんと愛妻ミツコさん。ヤンさんの執務室にて

❖Clos Pegaseのモニュメント。このワイナリーは、まさにアート・ワイナリーと呼べるほど芸術作品で溢れています

のです。白のソーヴィニオン・ブランは、エレガントで美味でした。

なお、**ダラ・ヴァレ**（Dalla Valle Vineyards）のオーナーも、ナオコさんという日本人女性であることで有名です。

ドメイン・シャンドンのアプローチは木立に囲まれた噴水や池のある瑞々しい庭園で、潤いがあってほっとする所ですが、よく注意して見るとそこには、大小様々な可愛いマッシュルームが“生息”していることに気付きます。

これらは石で出来たオブジェですが、ここを過ぎてさらにワイナリーに向うと、おとぎばなしやディズニーのアニメに出て来そうな不思議な形のオブジェが私たちを出迎えてくれます。

ワイナリーの建物にはテイスティング・ルームがあって、このカウンターで、様々なオブジェを眺めながら飲むスパークリング・ワインは格別の味がします。また、ここには本格的フランス料理のレストランもあり、時々クラシック・コンサートも開催されますので、音楽を聴きながら食事という優雅な時を過ごせます。

ヘス・コレクションは、本格的なアート・ギャラリーをもつワイナリーで、観光案内誌で数多く取り上げられています。また、マーカムやマムでも、季節毎に様々なアーチストの展示会が開催されており、いずれも、テイスティング・ワイン片手に、写真展やその折々に催されるアート作品が鑑賞出来ます。

また、最近出来たワイナリー、ホールには、可愛いオブジェのガーデニング・アートがありますし、ヴァン・クリフにもさり気なくアートが散りばめられています。

❂モダン・ワイナリー建築とそのデザイン

近年建築されたモダンな外観のワイナリーについて少しお話ししましょう。

オーパス・ワンやアルテサ、それに**クインテッサ**（Quintessa）等のワイナリーは、斬新で近代的な建築物なのですが、ただ単にデザイン上の目的だけでこのような建築物になったわけではなく、ワイナリーにとって必要な基本要素と、今日の“時代の要求”を盛り込んだ結果出来た建築物ともいえます。

その理由について、まず、ワイナリーにとって“必要な要素”からご説明

❖Domaine Chandon。庭の木陰に育った（？）石のキノコたち。このワイナリーの様々なオブジェは、まるで語りかけてくるかのような愛嬌者

❖Hallという、赤を基調としたすべて女性好みの可愛いワイナリー。だからテイスティング・ルームのスタッフも女性ばかり。下は同ワイナリーの夕陽に映えるガーデン・アート

しましょう。

ワイナリーでは、ワインをつくるためには、収穫した葡萄を処理し、醸造し、熟成させる工程が必要です。

赤ワインをつくる工程を例にとって大まかに説明すると、①畑で葡萄の実を収穫し、②ワイナリーに集積した果実を破砕して果皮と種を含むジュース状の“マスト”にし、③巨大なタンクや樽に入れて発酵させ、④果皮や種などのない液体のみを取り出し、⑤樽でしかるべき期間熟成し、⑥沈殿物を取り除き、ブレンドして、壜詰めし、⑦壜内熟成させる、という工程をとります。

①②から③への工程では速やかな作業が必要ですが、電動ポンプの使用は良いとされません。

収穫した葡萄は、時間とともに果汁が出始め、発酵が始まるので、速やかな作業が必要ですが、破砕されたマストを大きくて背の高いタンクや樽に仕込む時、電動ポンプでは強引な圧力とメカニカルな要因から葡萄の種に傷をつけたりして、ワインの味を悪化させます。

それゆえ、わざわざエレベーターやクレーンで樽やタンクの上までマストを運び、そこから下の醸造樽やタンクに流し込むワイナリーもあります。

⑤～⑦の過程では、一年中温度と湿度が一定に保たれ、陽射しを遮断する、いわゆる洞窟（ケイブ）の環境が必要であることは、ご家庭のワイン・セラーでおわかりのとおりです。

そこで、①～④の工程を効率的にこなし、⑤～⑦でその環境を得るためには、高低差を利用して上から下へ順次葡萄を処理し、醸造し、その後で熟成させるのが、作業的・時間的・経済的、それに品質的にも良いとされます。それゆえ、ワイナリーは山腹か裾野、あるいは丘の斜面に設けるのが得策なのです。

この環境にない場合は、次善の策が講じられます。

平地にワイナリーがあるオーパス・ワンなどは、建物の周りに土を盛り上げ、人工の小さい丘陵をつくり出しています。

ここでは、収穫した葡萄を、ワイナリー裏の２階搬入口へフォークリフトで上げ、ここで②の工程をこなした後、そのまま床に空けられた穴から１階

❖お馴染みOpus One。“作品番号第１”を意味するワイナリーの名。間違いなく、この地のワインをブレイクさせる一章を奏で、役目を果たしました

❖同ワイナリーのうえにあるテラス。陽の影まで計算されたデザインと眺望。心地よい風が吹いています

❖ Artesa。山頂にある水と緑の要塞のようなワイナリー。ワインづくりの合理性と自然環境に配慮した究極の醸造所。上は同ワイナリーから眺めたロス・カルネロス一帯

❖ オーナーのふるさとペルシャの建築をモチーフとしたDarioush。建物の中も、ペルシャ風の華麗な雰囲気が漂っています

の醸造タンクに落とし込み、ここで③④の工程をこなし、その後、建物に沿ったドーナツ型の地下で⑤～⑦の工程をこなす、とても効率的な手順をふんでいます。

一方、"時代の要求"とは、消費電力・排気ガス・騒音・廃棄物等に代表されるサステナビリティ（持続可能社会）の問題と、景観等にかかわる社会的問題があるからです。

ニュースなどで聞いたことがあると思いますが、今カリフォルニア州は人口の増加に電力供給がついていけず、たえず停電の危機と直面しています。ワイナリーでも、出来るだけサスティナビリティとエコロジーに配慮した構造が必要とされているのです。

これらのことが、アルテサのように山の斜面と草・土・水等の自然を活用したものや、オーパス・ワンのように人工の丘陵の中につくった、省エネで自然と調和したデザイン建築へとつながってゆくのです。またこれらの建物には、一番高い所に開放されたテラスを設けているものが多く、ここでは降り注ぐ陽を浴びて、まわりの田園風景を眺めながらてテイスティングが楽しめます。

❂映画のセット？

ナパヴァレーのワイナリーは、イタリア、フランス、ドイツ、スペイン等、様々な国の建築物をラインナップした、建築のアミューズメント・パークともいえます。

映画のシーンを思わせる華麗な**ペジュー・プロヴァンス**（Peju Province）やルビコン、重厚な中にも優雅さを兼ね備えたドイツのラインガウ建築のベリンジャーやスプリング・マウンテン、秋の夕暮れが良く似合う情緒的なたたずまいのチャールズ・クルッグ、堂々としたシャトー風の**クリスチャン・ブラザーズ**（現CIAグレイストーン）やシャトー・モンテリーナ、気品と優雅さのある牧場風**ニッケル&ニッケル**（Nickel & Nickel）等、語り始めるときりがありませんが、これらの建物を観てまわるだけでも色々なイメージが湧き楽しいものです。

ほかにも、ペルシャ建築をモチーフにした**ダリアウシュ**（Darioush Winery）、

❖ Nickel & Nickel。牧場をモチーフにした気品漂うワイナリー。ここのグリーティング・カードには、私が撮ったこの写真が使用されています

❖ Pejuのロマンチックな建物。その優雅さに惹かれて、連日多くの旅行者が訪れます

近代美術館を思わせるクロス・ペガス、昔スペイン人が硬い岩盤を掘ってつくったケイヴのあるスタッグスリープ・ワイン・セラーズなど、ナパヴァレー一帯が建造物ミュージアムを思わせます。実際、『Images of America, Napa ～An Architectural Walking Tour』という本も出版されているくらいです。

❖ Stag's Leap Wine Cellarsのケイヴ入り口。スペイン人建築家によるこのケイヴは、岩盤を掘るため多くの火薬が使用されました。右は同ケイヴに眠る樽。これが銘品CASK23となるのでしょうか？

✿街のカフェやリゾートまでがアート・ギャラリー

ダウンタウン、ヨントヴィル、カリストガの町には、幾つものアート・ギャラリーがあり、様々な芸術作品を売っています。

また、街なかのカフェでも、何気なくインテリア風に飾ってある絵やポスター、それに小物までもが販売品である店を見かけます。

先程紹介した、有名なカフェ、スイーティー・パイでは、店内に飾られた絵やポスターだけでなく、机に置かれた花瓶の裏側をちょっと見ると値札がついています。

同じダウンタウンにある多国籍料理店ズズには、正面の壁に大きないかにも"酒場の絵"が掲げられていますが、これはウエイトレスとして働いている若い女性、ケナ・カレンさんの作品です。さすがにこの大きな絵は、店のイメージ画となっているだけに売り物ではないのですが、彼女は、客のオーダーメイドなどの相談にのってくれるとのことでした。

また、イタリア料理店ドン・ジョヴァンニの店の内外には、ジャスパ・ジョーンズ風に新聞紙に描いたイタリア国旗の絵や、様々なオブジェがレイア

❖メキシコ料理のTaqueria La Vaca。そのユーモラスさで人の目を引くモニュメント看板。"ヴァカ"はスペイン語で牛のこと

❖暮らしのありようが、そのまま洒落たインテリアに。ギフト・ショップで見かけた商品ディスプレイ

❖ Auberge du Soleil。同レセプション棟はアート&オブジェで溢れ、専用ギャラリーもあります

ウトされています。さらに、リゾートのオーベルジュ・デュ・ソレイユには、ロビーや中庭の至る所にオブジェが置かれているのみならず、小さなアート・ギャラリー・スペースさえ設けられています。

私は、30年間広告代理店に勤務していた関係から、看板やディスプレイ、それに商品パッケージなどにも、それなりのこだわりを持って諸外国を見てきましたが、ナパヴァレーの質の高さとセンスの良さにはいつも感心しています。

おそらく、ここには、都会生活をしていた人や、芸術家、写真家、音楽家など感受性豊かな人が多く住んでおり、これらの人々の感性とこのナパヴァレー本来の文化とが上手く作用し合っているからだと思います。

4 大人が子供に戻る時間と空間

ナパヴァレーには、私たちの心を優しく癒してくれるだけでなく、逆に、私たちをワクワクさせて一瞬子供心に引き戻す、心のリセッター的世界があります。

❂緑日のようなファーマーズ・マーケット

その最もナパヴァレーらしいものの一つが、**ファーマーズ・マーケット**です。

夏から秋にかけて、毎週特定の曜日と場所で開かれる青空朝市で、生産農家が、自慢の野菜や果物、花、酪農製品、蜂蜜、食品等を直接販売します。見るだけでも楽しく、そこには私たちが見たこともない色・形の野菜、ドライフルーツ、オリーブ油やディップ等に加えて、手づくりキルティングや絵画など様々なモノが並べられていてとても感動します。

近年人気のある野菜が、古いトマト品種**エアー・ルーム**（Heire loom）で、トマトだけでも色や形違いで十数種類もあります。ハローウィンの季節になると、樽のような大きなものから小さな茄子のようなもの、それに色や模様の異なる何十種類ものカボチャを販売する農場もあり、これらは家のインテリアになっています。

ファーマーズ・マーケットは、朝早くから開催されているので、ナパヴァレーの朝を満喫しながらの清々しい散歩を兼ねて、まさに一石二鳥です。

そして、空腹を感じたら、買ったばかりの甘い野菜や果物にそのままかぶりつくのも良いですし、温かいいれたてのコーヒーやクロアッサンといっしょに、朝の澄んだオープン・エアーでつまむ朝食も、なかなか経験出来ない格別なものです。

このほか、毎週土曜日の朝は、サンフランシスコの**フェリー・プラザ**でも開催されるので、買い物を兼ねてフェリーで楽しみながら行くのもよいですし、途中のヴァレホでも開かれる市場とダブル・チェック出来ます。これら

❖縁日のように楽しい朝市、ファーマーズ・マーケット。歯ごたえがあって、甘く、そして綺麗な野菜たち。農家自慢の有機野菜が一杯。野菜の美味しさは、育てる人の心の豊かさと比例するのかも

❖テントウムシをイメージした野菜トラックは朝市を彩るユーモラスな存在。日系人農家によるものです

❖自分の手で畑から野菜がもぎ取れる、ファーマーズ・マーケット。ハロウィンの季節、樽ほど大きいものからナスのようなものまで、とても楽しいインテリアです

は年によって変更される場合がありますのご注意ください。

かつて、60年代、ベトナム反戦運動がピークの折り、若者たちはヒッピーとしてこのサンフランシスコに集いました。その賛歌ともいえる曲が、**スコット・マッケンジー**（Scott McKenzie）が♪もしサンフランシスコに行くならば、髪に必ず花をさし……♪と歌った『花のサンフランシスコ』（San Francisco）でした。しかし、今アメリカは政治も経済も安定し潤い、かつてヒッピーだった人々の一部は、現在有機栽培農家となり、健康的で美味しい野菜や美しい花をつくり、この人気のファーマーズ・マーケットを盛り上げる一役をになっていると聞きます。

❂自分の手で畑から野菜をもぎ取る市場

農家が出店して開催されるファーマーズ・マーケット以外にも、私たちが農家に出向き、畑から自分で欲しい野菜をもぎ取れる市場もあります。ナパの街から車で約20分走ったソラノ郡**スイサン・ヴァレー**（SuisanValley）にある**ラリーズ・プロデュース**（Larry's Produce）です。

ここでは新鮮で種類の豊富な野菜と果物、卵等がとても安く手に入りますが、野菜によっては、自分自身で市場の裏の畑に入り、欲しいものを選んでもぎ取ることが出来ます。こんなことは、日本でもめったに出来ませんね。

また、タマネギやジャガイモのような物は、一袋まとめ買いをすると信じられない量が信じられない値段で手に入ります。ここには、大量の野菜を運ぶための工事現場でよく見かける一輪カートが用意されており、いつも多くの人でごった返しています。

❂ピクニックをしよう

朝早くからファーマーズ・マーケットを味見して歩き、その後はワイナリーにあるアート・ギャラリーを楽しむとそろそろ昼食の時間。

雲一つない真っ青な空のもとだし、ゆったりとオープン・エアーでランチが……。こんな時、手軽に楽しめるランチ・ピクニックはいかがでしょう。

私たち日本人にとって、“ピクニック”という言葉自体がもう死語になっていますが、ここでは気軽に楽しんでいます。

家に残っているパンにチーズやハムを挟んで持って行ってもいいし、スーパーやデリでサンドイッチやサラダを買って行くのもよし、これにワインがあればご機嫌なピクニックになります。スーパーなどでは、ピクニック・グッズが販売されていて、籐などで編んだランチ・ボックスには、ワイン・グラスがきちんと入っていて、それがとってもこの地らしく楽しさを掻き立てられます。

もちろん、このようにキチンとした準備をしなくても、デリに行けば15分で用は足ります。

店で、サラダや惣菜を買えば、使い捨てのフォーク、ナイフ、紙ナプキンから、マスタード、ケチャップ、塩、コショウ等の調味料まですべて無料で手に入りますから。

ピクニックをしたい気分になったら、即、出発です。

●ワイナリーもピクニック場

近くて手頃な場所としては、**ラザフォード・ヒル・ワイナリー**（Rutherford Hill Winery）をお薦めします。

リゾート施設のオーベルジュ・デュ・ソレイユから、ほんのわずか山を登って行くと、見晴らしの良い所に、テーブルとイスがあるピクニック・エリアがあります。

小刻みでデリケートな木漏れ陽とそよ風を感じながら、下界を眺めるピクニックは最高です。

このピクニック・スペースは、余程大勢の団体でなければ、事前に許可を得る必要もなく無料ですが、使用する側のマナーとして、このワイナリーでワインを購入しましょう。これが、互いにとって心地良い時間を過ごす基本だからです。

✪熱気球でナパヴァレー縦断

ナパヴァレーを代表するアミューズメントといえば、やはり熱気球に乗って、空から朝日に照らされるヴァレーを眺めることでしょう。これは最高です。

また、気球に乗らない人にとっても、この巨大でカラフルな風船が、朝の光に照らされて目の前で空に舞い上がるシーンは爽快で、最高のモーニング・ショーとなります。

この熱気球フライトは、日の出と共に飛び立ち、約1時間、空の旅の後、シャンペン・ブランチを楽しむツアーですが、大小の気球には、5人から15人くらい乗れ、まるで喜びを運ぶコウノトリのようです。

これは、ナパヴァレーの一日の始まりを知らせるオープニング・ショーであり、ナパヴァレーの季節性と訪れる観光客の多さを示すバロメーターともいえます。一日が長い夏には朝6時前から約15～20基のバルーンが揚がり、一日が短い冬には、7時頃に数基が飛び立ちます。

そして、古いレンガ造りの建物の横にある駐車場広場では、この気球に乗り込む人々の表情が刻々と子供に変わり、これとは対照的にてきぱきと準備をするスタッフたちが動きまわります。観ている私たちの心も興奮させる光景です。

やがて満面に笑みをたたえた人々は熱気球で飛び立ちますが、その多くはヨントヴィルやカリストガからのフライトです。

✪屋形船気分の“ワイン列車”

葡萄畑を列車から眺めながら食事をする、そんな楽しいアミューズメントが**ワイン・トレイン**（Napa Valley Wine Train）です。

これはちょうど、私たちが東京の隅田川で桜を楽しみながら食事に興じる“屋形船”のようなもので、眺めの良いワイナリーのある辺りでは列車は止まり、ナパの街を出発してセントヘレナまでをゆっくりと往復する約3時間のツアーです。

オリエント急行っぽいレトロなインテリアの車両には、ピノ・ノアールやシャルドネといった葡萄の種類や、セントヘレナ、ヨントヴィル等の町の名前がつけられ、多くの観光客が利用しています。

それもそのはず、この鉄道は、1868年に開通した、かつての**ナパヴァレー鉄道**の一部区間を利用した食堂列車で、古い歴史があるのです。

そのせいでしょうか、ゆっくり走るリズムにあわせて浮かんでくる音楽は、♪ラジオから流れてくる古めかしいラブ・ソング……♪の歌詞で始まる曲、

❖ ♪アップ、アップ＆アウェイ、My Beautiful Baloon♪　だからワンちゃんも飛んで行ける

❖気球だけではありません、ナパヴァレー名物Wine Train。みんなの夢を乗せて、列車は走る、はしる、ゆっくりと。車窓から見えるのは葡萄の樹。

スリー・ドッグ・ナイト（Three Dog Night）の『オールド・ファッションド・ラブ・ソング』（An Old Fashioned Love Song）で、このメロディーと列車のリズムが頭の中でオーバー・ラップし、旅をいっそう楽しくさせてくれます。

❂ロープウェーでワイナリーへ

もう一つ、私たちを子供心に引き戻してくれるナパヴァレー名物が、カリストガにある**スターリン・ヴィンヤーズ**（Sterling Vineyards）のロープウェーです。

このワイナリーは、小高い山の頂上にあり、裾野から山頂まで専用のロープウェーで登りますが、ワイン・テイスティングと観光を兼ねた楽しいものです。ロープウェーでの登り下りも、スリリングで遊園地のようですが、山頂から眺める景色は爽快で、ワインを飲めない人も大いに楽しめます。

他のワイナリーとは違い、チケットを購入した後、係員のサポートで４人乗りの小さなゴンドラで山頂まで登る本格的なロープウェー・ツアーです。チケットには、ワイン・テイスティングと工場見学や建物の展望台費用などすべて含まれており、十分納得出来る料金で、頂上で飲むワインは格別です。

ウイークデーと週末等の料金が違いますので、お得な平日に訪れることをお勧めします。

❂山の上の海？

ナパヴァレーは、高い山に囲まれた盆地ですが、民家の庭先横に船が置かれている光景や、街なかで牽引されるボートをよく見かけます。これは、ナパヴァレーから約30分以内に、山の上の“海”とも呼べるほどに大きな湖と、サンフランシスコ湾奥のヴァレホの港、それに地元ナパ川にクルーザー等が停泊する場所があるからです。

山の上の海とは、ナパヴァレーの人々が最も利用する水場で、ラザフォードから128号線で山を登った所にある**バリエッサ湖**です。

山の上にある波打つ湖というだけでもめったに見られない光景ですが、ここには、大きな海とはちょっと違った静けさと、言葉には表せない独特の雰囲気があります。そしてこのような所に一般の民家がお洒落に佇んでいる風景はとても不思議な感じがします。この湖畔周辺には幾つかのリゾート施設と船の貸し出しもありますが、水辺にせり出したロッジは日本ではなかなか味わえないものですから、一度観に行ってみるのも良いのではないでしょうか。

次にヴァレホですが、ここはサンフランシスコ湾奥のサンパブロ湾にあって、海軍ドックもある大きな港ですが、一角には本格的なヨット・マリーナもあります。

ここで私たちが最も手軽にエンジョイ出来るのは、ヴァレホとサンフランシスコの**フェリー・プラザ**（Ferry Plaza）とを結ぶ船、サンフランシスコへ通勤する人々の足ともなっている**ベイリンク**（Baylink）高速フェリーです。

船で約1時間の通勤をするって、私たち日本人にはちょっと映画のような気がしませんか。

フェリー・プラザは、サンフランシスコの金融街に近く、そこで働く人たちがハードな仕事とプライベートな生活を隔離するために、このような通勤をしているのでしょう。最近は、ガソリン代の高騰もあって、朝夕のフェリ

❖山の上にあるBerryessa湖。静かで不思議な世界、ここにも瀟洒な民家が点在します。暮らしを楽しむためには、犠牲を払う人々だから

ーは定員オーバーの状態です。

最後は、ナパ川です。マリーナ地区の民家では、家の裏手にプライベートの船着場を設けています。観光客にとっては、6月から営業するゴンドラ・ツアーが楽しめます。


いずれの水場も、ボート、クルーザー、ヨット等が優雅に走っていますが、若者がひしめき合う日本の雰囲気とは一味違う、大人のシーンです。

5 やっぱり日本人が好きな、楽しいことを

ライブ・ショーとパフォーマンス

ナパヴァレーは、大都市から少し離れた位置にありながら、一流アーチストによる音楽ライブや様々な公演が催され、田園風景を満喫しながら都会の文化も楽しめる所です。

ロバート・モンダヴィのコンサートで聴いたボズ・スキャッグス、フリオ・イグレシアス、ホセ・フェリシアーノ、MJQ、エアー・サプライの歌と演奏が、私の印象に強く残っています。音楽専門チャネルMTVでもオン・エアーされた程の本格的ライブでした。

それを、ワイナリーの中庭や葡萄畑で、ワインを飲みながら楽しめるのです。しかも観客の殆どが、夫婦や友達同士、かつ遊び心をもった大人です。

このほかCOPIA、**オペラ・ハウス**（Napa Valley Opera House）等もチェックしてみてください。但し、オペラ・ハウスは会員制です。

SPAで身体の手入れ

当地では、あちこちでSPA施設を見かけます。

特にカリストガは、温泉が湧き、ミネラル・ウオーターが採取出来る土地ですから、本格的な温泉SPAが楽しめます。

私も、何軒かのSPAを経験しましたが、その一つは、泥風呂で汗を流した後、透き通ったミネラル温泉につかり、その後ゆったりとしたオイル・マッ

サージを受け、最後にレモン・スライス入りのミネラル水が飲める店でした。ヒーリング効果を重視する静かなマッサージで、女性にはお勧めしたいものです。

ほかにも、大きな宿泊施設には、SPAやエステ施設を併設している所も多く見かけますが、詳細はそれぞれお問い合わせください。

ショピングも楽しめる二つのアウトレット

日本人は買い物好きで有名ですが、海外に行くと余計欲しいモノが多くなり、さらにはアウトレットが2カ所もあるとなるともう間違いなく行ってみたくなります。

それは、**ナパ・プレミアム・アウトレット**（Napa Premium Outlets）と**セントヘレナ・プレミア・アウトレット**（St.Helena Premier Outlets）です。

前者は、29号線の1stストリート出口付近にあり、規模や店舗数も大きく、ファッションを中心に、生活雑貨、オーディオ機器までいろいろな専門店があります。カルバンクライン、DKNY、バーニーズ・ニューヨーク、J-Crew、バナナ・リパブリック、リーバイス、セイ、ほか多くのファッション・ブランドと、台所用品、それに音響のBoseほかです。

後者は、古くからナパヴァレーにあるものですが、規模は小さく、セントヘレナからカリストガへ向う29号線沿いにあります。

ここにはアメリカン・トラディショナルのブルックス・ブラザーズ、時計のモヴァード、ほかに美術品やアート・ギャラリーがありますが、最近はナパ・プレミアム・アウトレットに押され気味で、コーチのバッグ店もそちらに移ってしまいました。

軒並み並ぶGMS、専門店とワインのディスカウント店

“電気製品は日本が一番安い”といわれたのは昔の話で、今はアメリカの方がより安い場合が多く、生活関連商品も安くて、ゆっくり探してみると優れモノが見つかります。

これらの生活雑貨や食料、電気製品、大工道具、ビジネス＆事務関連等の品揃えが良くて、安く手に入るのはやはりナパの街です。ここにはウォルマ

❖ヴァレホとサンフランシスコを結ぶフェリー、ベイリンク（上）。ヴァレホのフェリー・ターミナル（右）

ート、セイフェイ、アルバートソンほかのGMSと、オフィス・デポ等の大型専門店があります。

　このほか、家具、ドラッグ・ストア、ファストフード等の専門店が集合している複合ショピング・モールも幾つかあります。

　また、多種類のワインを取り揃えたディスカウント・ショップもあります。

✿サンフランシスコへの買い物はフェリーで

　ヨーロッパのブランド品や新着ブランド品は、やはりサンフランシスコへ行くのがよいでしょう。

　どの交通手段を利用しても１時間ちょっとで行けますが、お薦めしたいコースは、車でヴァレホのフェリー埠頭まで行き、ここからフェリーでサンフランシスコへ行くコースです。ヴァレホのフェリー埠頭前には、広い無料駐車場がありますのでご心配なく。

　海の上を走る高速フェリーは、サンフランシスコ湾を海側から眺めるちょっとした観光で、爽快ですし、交通渋滞もなく、ガソリン代が高騰している昨今には良心的な運賃です。おまけに、フェリーが着くサンフランシスコの埠頭は、今、最もトレンドなスポットになっているフェリー・プラザで、美味しい店やセンスの良い生活専門店で一杯です。

さらにここからは、電車やバスを利用してサンフランシスコの繁華街ユニオン・スクエアーへもすぐですが、運動がてらマーケット・ストリートを歩いてゆくのも楽しいものです。

6 料理とワインを学ぶアメリカの有名料理学校

✿CIAグレイストーンの料理学校

最近、ナパヴァレーのCIA**グレイストーン料理学校**（The Culinary Institute of America at Greystone）で学びたい、という日本人が増えていて、ここを卒業した人が日本でも活躍しています。CIAはアメリカ二大料理学校の一つで、もう一つは同校のニューヨーク校です。

この学校の中心となるカリキュラムは、プロの料理人を目指す人々の本格的なコースで、毎年7月にスタートして翌年3月まで9カ月間みっちり勉強するものです。その授業時間も、午前7時から午後1時までのコースと、午後2時から夜8時までのコースの2部制になっており、1クラス25名で、1日6時間の厳しいものです。

また、Baking & Pastryコースは8カ月完結型ですが、既に現場で活躍しているプロの職人も受講しやすくするために、年4回に分けてスタートしています。

このほかにも、アジア料理コースなど幾つものコースがありますが、最近特に人気があり充実してきたのが、地元ワイン産業を反映したワイン・スタディ・コースです。これは1週間の集中講座ですが、地元のワイナリーがもろもろの面で学校をサポートしています。

CIAに対する寄付は様々な分野でなされ、ナビスコ等の食品メーカーが専門教室を寄付したりしていて、教室にはその名が刻まれています。

ナパヴァレーのCIA入学は大変難しく、一番高いレベルのA-capコースは、CIAニューヨーク校（2年と4年の2部制）を卒業した生徒からも多くの応募があるにもかかわらず、朝夕各1クラスだけの定員という厳しい枠で、ほ

❖CIA Greystone校。風格ある建物とともに、ナパヴァレーの料理&ワインを、アカデミックな分野で支えています

とんどの学生が断念せざるを得ない狭き門だということです。

従って、料理の基礎がない人や、英語も一定のレベルでない人にとってはさらに厳しいものとなります。授業料も約250万円とのことで、このほか滞在する家賃等の生活費と車等の必要性を考えると結構な費用がかかります。

こんな事情から、何とか日本の皆さんに、この料理学校のエッセンスだけでも経験させてあげたいと実現させたのが、私がクライアントの社長と企画・プロデュースしたカリフォルニア料理を教える料理学校でした。

そんな仕事の関係上、私もこのCIAの事務セクションやキッチンを何度か訪れましたが、生徒全員が素晴らしい設備と環境の中で、いきいきと学んでいる姿はうらやましくも思えました。

ちなみにCIAグレイストーンは非営利組織（NPO）の学校です。

前記のカリキュラム・コース以外にも、市民がもっと気軽に楽しめる料理講座もありますが、詳細はインターネットで調べるか直接お問い合わせください。

なお、このほかにも、語学勉強等を含めて様々なカリキュラムのある**ナパヴァレー・カレッジ**（Napa Valley College）や**パシフィック・ユニオン・カレッジ**（Pacific Union College）等、社会人が学べる学校があります。

ナパヴァレー便利帳

ミュージアム

COPIA　(707) 259-1600　www.copia.org

di Rosa Preserve　(707) 226-5991

Napa Valley Museum　(707) 944-0500

Sharpsteen Museum　(707) 942-5911

ファーマーズ・マーケット

ナパ・タウンセンター………………6～8月の間の金曜日　16：00～21：00

COPIAの駐車場………………………3～10月の間の火・土曜日　7：30～お昼まで

ヨントヴィルVintage1870駐車場……3～10月の間の水曜日　16：00～日没まで

セントヘレナCrane パーク…………3～10月の間の金曜日　7：30～11：30

カリストガ……………………………6～10月の間の土曜日　7：30～11：30

Larry's Produce：4606 Suisun Valley Road　(707) 864-8068

観光局

Napa Valley Conference & Visitors Bureau　(707) 226-7459　www.napavalley.org

熱気球

Napa Valley Aloft, Inc.　(800) 627-2759　www.napavalleyaloft.com

Balloons Above The Valley　(800) 464-6824　www.balloonrides.com

Calistoga Ballooning　(800) 359-6272　www.calistogaballooning.com

Calistoga Balloons　(888) 995-7700　www.calistogaballoons.com

ワイン・トレイン

Napa Valley Wine Train　(800) 427-4124　www.winetrain.com

水場

Spanish Flat Resort at Lake Berryessa　(707) 966-7700

Steel Park Resort Lake Berryessa　(707) 966-2123

Gondola Servizio　(866) 737-8494

Napa River Adoventures　(707) 224-9080

Baylink　(877) 643-3779　www.baylinkferry.com

ショー＆パフォーマンス

Robert Mondavi Winery　(707) 968-2213　www.robertmondavi.com

COPIA　(707) 259-1600　www.copia.org

Napa Valley Opera House　(707) 226-7372　www.napavalleyoperahouse.org

ショッピング（アウトレット）

Napa Premium Outlets　(707) 226-9876　www.premiumoutlets.com

St.Helena Premier Outlets　(707) 963-7282　www.sthelenapremieroutlets.com

Discount Beverage Warehouse　(707) 253-2624　www.jvwarehouse.com

学ぶ

CIA（The Culinary Institute of America at Greystone）　(707) 967-1100　www.ciachef.edu

Napa Valley Cooking School　(707) 967-2900　www.napacommunityed.org-cookingschool

第5章 人々の暮らしとその価値観

ナパヴァレーの人々の暮らしぶり、店やそこに置かれた商品などには、何か一貫した価値観と感性が流れているような気がします。この価値観や感性は、これからの私たち日本人の生活トレンドになる、あるいはなりつつあるように思われます。

それは、“素朴な素材と古い物の利用”、“自然との共生と調和”、“目立たない隠れ家”、“ゆったりとした時間と空間”、“大切な朝の時間”等の言葉で表せるものです。

これらはいずれも、むやみに新しく便利なモノを求めるばかりではなく、私たちが過去に経験したことや古い物を見直すこと、すなわち私たちの生活スタイルのギアー・シフトをバックに入れてみることの大切さであり、その素晴らしさを活用しようということではないでしょうか。

1 ナパヴァレーの人々と早い朝

2000年の国勢調査によると、ナパ郡の人口は12万4,279人（４万5,402世帯）で、このうち約80％が白人、ついでヒスパニック系かラテン系の人々が多く、アフリカ系アメリカ人やアジア系は１～２％台とごく僅かです。また、45歳以上の人口に占める割合は40％弱で、一家庭あたりの平均年収は＄６万1,410とのことです。

これをナパヴァレーのエリアに限ると、白人の比率及び45歳以上の構成比、それに年収もぐっと上がることになるでしょう。

『ナパヴァレー・ビジネス・タイム』によると、ナパヴァレーで多くの従業員をかかえている企業や組織の上位５社は下記の通りです。

１位**クイーン・ホスピタル**（Queen of the Valley Hospital）、２位**セントヘレナ・ホスピタル**（St.Helena Hospital）、３位**ベリンジャー**（Beringer）、４位**トリンケロ・ファミリー・エステート**（Trinchero Family Estates）、５位**パシフィック・ユニオン・カレッジ**（Pacific Union College）です。

１位・２位は病院、３位・４位がワイナリー、５位が大学で、規模の大きな病院や大学が上位を占めていますが、多くの人がナパヴァレーの地場産業である中小のワイナリーに就業しており、これにリゾート施設や飲食業の従事者が続いているようです。

私のまわりの友人を見ても、アメリカ全土に展開するビジネス・ビルを管理運営する会社の副社長、CPA（公認会計士）をしながら大学で会計学を教えている人、大手企業のビジネス・コンサルタントをしている人、夫が精神科医で夫人が写真家の夫婦、ハリウッドで活躍し今も現役のコマーシャル・カメラマン、建築設計家、地元の不動産業者、レストランのオーナー・シェフ、地元にある日本航空訓練所のパイロット指導員、日本でご主人が働いている家庭など色々ですが、やはり一番多いのはワイン関係に従事する人です。

また、友人の何人かは月の約半分は出張がちで、その分その他の日は自宅で仕事をしたりオフ・デイを楽しんでいます。これは、電話・ファックスはもちろんですが、やはりパソコンが彼らの今の生活を大きく支えているからです。パソコンが現実にSOHOを可能にしたのです。

彼らの生活スタイルには幾つかの共通点がありますが、ほぼ全員についてもいえるのは朝が早いことです。これは、ナパヴァレーの人々全般についていえることです。

具体的には、地元で働く人々の平均的な勤務時間帯は、午前８時頃から午後５時頃が多いと思います。ワイナリーでは、醸造部門の人々は朝７時かそれよりもっと早い時間から仕事を始めています。また、ナパヴァレーの外で働く人たちは、さらに早い時間から出勤する様子で、朝の暗い時間からヘッド・ランプをつけて出かける車を多く見かけます。

そして秋の収穫時期になると、ワイナリーの製造部門では朝の暗い４時頃から夜遅くまで働きますが、閑期に入ると週休３日制も珍しくなく、出勤日を１日減らす分は平日朝早く出勤して、週に40時間を目途に働いています。

日本の場合、もし週休３日制を導入するとしたら、その分朝ではなく夕方の時間を延長するでしょう。

要は、ナパヴァレーに暮らす人々は、朝の早いことをいとわないということです。

それゆえ、ナパヴァレーの人々は、平日でも夕方早く家に帰り、プライベートな生活を楽しんでいますし、休日もそれなりに早く起きて、ゆったりとした時間を過ごしている様子です。このように、夜更かしよりも朝の時間帯を大切にしているということがいえます。

これは単に、ナパヴァレーにはワイン産業に関わる人が多いからということだけでなく、多分ここに住む人々がこの地の朝の素晴らしさと、その生活を愛しているからなのでしょう。だから趣味や楽しみを聞くと、「家にいること」と答える人が結構いるのです。

そういえば、アメリカのサマー・タイムへの移行日は、通常3月最終土曜日を以ってですが、2007年は3週間繰り上げられました。省エネのためだそうです。アメリカ全土を挙げて、お天道様の時間帯を大切にしようとしているのですね。

2 HiddenでRetreatな暮らし

❂木陰に佇む家と目立たない隠れ家が最高の贅沢

ナパヴァレーについての出版物等で、よくHiddenやRetreatの言葉を見かけます。実はこれが、現在のナパヴァレーの人々の美意識であり、価値観なのかもしれません。

“Hidden”は“隠れた”や“秘密の”の意味があり、“Retreat”には“隠れ家”や“別荘”“引きこもること”の意味がありますが、これらは日本の“侘び”や“寂び“につながるような気がします。

また、家や物の素材にも、木や石それに錆びた鉄などが好まれる一方、アルミやプラスチックは敬遠されます。

いずれにしてもナパヴァレーには、今までのアメリカではあまり感じられなかった“渋さや粋”と“目立たない”等を良しとする価値観があります。

実際、ナパヴァレーでは谷間にひっそりと佇む民家や、“メドー”と呼ばれる水辺や小川沿いの木立の間に建っている家が好まれています。また、“マチュアー”と呼ばれる大きな木の在る土地は財産価値も上がりますし、実際このような大きな木の側には、必ずといってよいほどさり気なく家が佇

❖ 2月末のメルヘンの世界。羊、牛、どこにいるのか探してください

んでいます。

これは一般の家だけに止まらず、前述したフレンチ・ランドリーなどのレストランや日常の商品を売る店さえも、隠れるかのような店づくりをしていて、これを“お洒落で粋”としている感があります。

このようなことから、初めてナパヴァレーを訪れる人には、辺り一面が葡萄畑と山並みばかりが見えて、民家がほとんどないように思われがちですが、よく目を凝らして見ると木の陰や茂みのある窪地に、まわりの環境に溶け込んだ色や素材でつくられた家が意外に多くあることに気づくはずです。

そういう意味では、アメリカでは威厳を放つ大きな目立つ家が、アメリカン・ドリームの象徴として良しとする価値観がありましたが、この地で見る限りは、人々の価値観や住まいのあり方がちょっと変わりつつあるような気がします。

この地で一番贅沢とされるのは、自分のワイナリーのある山の中腹か、人里離れた山頂に自宅を構えることなのでしょう。

❖繰り返すリズムと転調する畝、メロディーを味付けする木々。ジョギングする人間はレコードの針。３月初旬の歓びの歌

✪闇営業の店？

この価値観と感性は、日用品を売る店でも見かけます。

29号線、テイラーズのハンバーガー屋の向かい側の路地を真っすぐ行くと、突き当たりに白いペンキで塗った倉庫のような建物があります。

この建物には営業案内看板も、中の様子を覗けるガラス窓もなく、目につくのは建物に吊るされたイタリアとアメリカの国旗、閉ざされた小さな木のドア、それに外に放置された木製のベンチだけです。

実は、この倉庫みたいな建物の脇の小さなドアが、この"店"の入り口なのです。それはまるで、闇営業をしているような店構えです。白いペンキを塗った建物の壁に、雑な文字で書かれていたNapa Valley Olive Oil MFCが看板代わりなのでしょうか。

小さな古いドアをギーと音を立てながら中に入ると、やはり薄暗い独特の雰囲気の店内の壁一面に、たくさんのビジネス・カードがピンナップされて

❖Napa Valley Olive Oil MFC。蒼い空に真っ白い建物。建物前には黄色いオレンジが鈴なりになっている。　生き、意気、とっても粋

おり、樽や木箱の上にはオリーブ・オイルやサラミ、それにチーズ等が手書きの値札とともに無造作に置かれています。

本当に営業しているのかなと声をかけてみると、「朝８時から営業しているよ」と愛想が良いわけでもなく、かといって無礼でもない声が返ってきました。そしてチーズが欲しいと言うと、大きな丸いチーズの塊を指して「これくらいの量か？」と量を確認するや、細い糸のようなもので一瞬のうちに切り取ります。ここでやっと、“なるほどさすがお店の職人”と納得させられた次第です。

さらに、この店らしいな、と感じさせる商品があります。

この店は、建物に書かれていた文字のごとくオリーブ・オイルの製造販売が本業で、その品質の高さは、曽根シェフのテラで使用していることからもわかりますが、その売り物のオリーブ・オイルさえ、どこでも手に入る市販のガラス壜に、素人がパソコンでつくったような、これ以上シンプルな物はないという一色刷のラベルを貼っただけのもの、しかもそのラベルも少し傾いているのです。

店の前にたどり着いていても、これが店とは思えず、営業をしているかさえわからない、まさにHiddenでRetreatな店と商品ですが、それでも顧客が途絶えることはありません。

3 モダンな生活空間

✪素朴さと感性の良さが人気のオリーブ石鹸

もう一つ、この地の感性をよく現した店が**ナパ・ソープ**（Napa Soap Company）で、ここは地元の葡萄の種油グレープ・シード・オイルやオリーブ・オイルを使い、自然志向の石鹸を製造販売する会社です。

ここの商品企画から製造・販売までを切り盛りしているのは、美人で気品のあるシエラ・ロックウッドさんですが、最近はニューヨークに出荷をしたり、フランスにも輸出し始めているとのことで大変忙しそうです。

以前、カリフォルニア・ワイン・トレーディング社がこの石鹸を日本へ輸入しようとした時に、日本は化粧品関連に関しては世界一厳しい国という事情から私がお手伝いした経緯があり、今でも親しくお付き合いしている店です。

この店もセントヘレナの29号線沿いにあり、何軒か連なる店並みの端から駐車場に入り、その裏側の蔦の絡んだ目立たない店です。看板も小さく、店舗も石鹸づくりの現場を兼ねたものですが、店先も店内もさりげないシンプルさとセンスの良いディスプレイでお洒落に仕上げています。

ここの商品は、地元でとれたグレープ・シード・オイルを原料に、これに赤ワインを入れた“カベルネ・ソーピニオン”（Cabernet Soapinion）というソービニオンをもじった名前のものや、白ワインのシャルドネやビタミンCが入った石鹸等、ユニークでウイットに富んだ品々です。

シエラさん自らもピッチャーに入った石鹸の素材を型に流し込んでつくる手作業のため、出来上がった石鹸にはその型の縁がまだ残っていたりしますが、逆にこれが手づくり感の味わいと素朴な天然素材の魅力を引き出しています。その包装紙も、日本の和紙のような繊維質のある紙の中に木の葉や花びらが押し花風にすき込まれたもので、最後に結ぶ可愛いリボンが贈答商品へと仕上げられています。

また、最近販売し始めた商品の一つに、マグカップの中に髭剃り用石鹸を流し込み、これに泡立てブラシをセットにした男性用の髭剃りグッズがあります。あえて昔風のホーローびき素材のマグカップに入れた石鹸を水とブラシで泡立てて用いるといった、ちょっとレトロでひと手間余分な、男の髭剃りシーンを演出する商品です。何となく、ハンフリー・ボガードが鏡に向って顎を上げて剃っているシーンがイメージされます。

現代の慌しいゆとりのない朝のシーンに、わざと時間と手間をかけ、昔の潤いのある生活を呼び戻させる、そんな発想の商品です。

近年、この店の窓には黄色い日除けテントがつけられ、以前よりは目立つようになりましたが、店のある場所、看板、シンプルな店内とさり気ない商品展示、自然志向の原材料、洗練されたパッケージング、そして優雅な時間とシーンを創りだすレトロ発想が、この店のギフト商品のバック・ボーンといえるでしょう。

❖Napa Soap。29号線から見える小さな看板。この先が店の入り口、おわかりいただけるでしょうか、このセンス？

✪モダン空間と葡萄樹のリース

もう一つ、ナパヴァレーの価値観を売る店を紹介しましょう。

29号線からラザフォード・ロードに入り、シルヴァラード・トレイルに突き当たる手前にある一見ウエスタン風の店、**ナパヴァレー・グレープヴァイン・リース・カンパニー**（Napa Valley Grapevine Wreath Company）です。

リースとは草木を編んだ花輪のことですが、この店では籠、それに星や動物の形をしたデコレーションなど、様々なものが製造販売されています。そして、この店を切り盛りしていているのは熟年の女性サリー・ウッドさんで、彼女のアーチストとしてのこだわりが、商品はもちろん、店作りにも全面に出ています。

辺り一面が葡萄畑で、幹線道路から外れていて交通量が少ないことからも、前述の店以上に商売には不利な立地条件にあります。でも、この店の軒先は彼女のこだわりがプンプンしていて、一旦中に入るとその商品群、いやその作品群にノック・アウトされます。

様々なデザインとデコレーションを施されたこれらの手づくり作品は、素朴ですがセンスが良く、しかも素材はナパヴァレーを代表する葡萄樹の枝をベースとしたものです。この素朴な材料と渋くお洒落な感性が、現代のモダンな住まいや商業施設の空間に深い味わいと温かみを与え、まわりの雰囲気を一層引き立てるのです。

これらの作品は、地元の家庭やワイナリー、レストラン等に販売するのはもちろんのこと、ニューヨーク等でも大変人気があるとのことです。

目抜き通りに店を出すプッシュな営業スタンスではなく、わかる人に来てもらえば良いというプルの立場でこの店を運営しているのでしょうか。

ちなみにリースの素材は、店の裏一面に広がる葡萄畑から、収穫の後に切り落とされた不必要な枝なのです。

❖Napa Valley Grapevine Wreathのギャラリー兼店舗。素朴で、渋くて、そして粋なリースが一杯あります

サリーさんの芸術家としてこだわりはとどまることを知らず、現在は店の横に風車を建設中とのことで、一生懸命私を連れまわして説明してくれる様子は微笑ましくもありました。何でも、風車を建てることで、店の景観をお洒落にし、さらに、発電した電気は電力会社に売るとのことです。

この店で一番品揃えの充実している季節は、やはりクリスマス・シーズンをひかえた頃かもしれません。ベリンジャーほか、様々な所に納める商品がたっぷりスタンバイしていますから。

4 日常の時間を大切に

地元ナパヴァレーに生まれ育ち、この地で建築設計の仕事をしている友人の一人、ロバート・グレゴリーに、依頼主に引き渡し間近の物件を見せてもらう機会がありました。

彼のBMW・SUV車で、セントヘレナからバリエッサ湖を目指して山道を登ること30分弱、やっと着いたのは山の中腹にある私有地のゲートでしたが、ここからさらに車で数分登り、山頂に建っている家に着きました。

そこは、ナパヴァレーを取り囲む高い山の上にあるバリエッサ湖をさらに見下ろせる山上に建つ広い家でしたが、オーナーのご婦人は芸術家で、そこはアトリエ兼自宅とのことでした。

山の頂上にあるので、水や電気はどうなっているのかなと心配するような場所ですが、プールもあります。近くの家といえば山道を車で5～10分走らねばならず、日本人の感覚では、ここは山荘か別荘地と呼ぶべき所であり、私たちにはちょっと寂しく、不便さと不安さえ感じさせる場所です。

毎日凄い人ごみの中を通勤し、何人もの人に会い、買い物も近くのスーパーに行く私たちの日常からすれば、このような住まいは不便で、人恋しく感じるだろうと思ってしまいます。

しかしここの住人は、誰にも会わない日があってもよく、他人に会う必要があったり誰かと会いたい時には、ゆったりと時間をとってその人と楽しい時間を過ごそうとします。

彼らにとっては、日常過ごす住まいと、それを取り巻く自然の環境が最高の贅沢で、朝は日の出とともに起きて、ゆったりとした時間を過ごし、四季折々の何気ない毎日の暮らしを優雅に楽しむことが何よりも大切なのです。食べ物も、大きな冷蔵庫があるから１週間くらいは問題なく、賑やかに人と騒ぎたければパーティを催したり、ちょっと浮世の空気を吸いたい時には、20～30分車を飛ばして町のレストランやカフェに行けばよいのです。この20～30分の距離とは日本と違いかなりの距離です。

もちろん、ナパヴァレーに住む人すべてがこのような考え方を持ち、このような恵まれた環境にあるわけではないのですが、少なくとも日本人のように毎日多くの人と会い、毎日買い物に行く生活とはちょっと違う生活スタイルです。確かに、若い時には仕事や子育てで無理があるにしても、生活を楽しむことに比重をおける年齢になって、はたして毎日そんなに多くの人々と会うことが必要かと、あらためて考えてしまいます。

実はこれ、私の反省事です。私が広告の仕事をしていて忙しい頃、会社から支給される手帳のスケジュール表が大まか過ぎて不満を漏らしたことがあります。当時の私は、30分刻みか、時としては15分刻みで、人と会うスケジュールを調整していたからです。

やはり人間は幾ら努力しても、冷静に丁寧に対応しているつもりでも、せわしく多くの人と会うことで“人と会うありがたさ”が薄れ、“他人への愛情”というガソリンが切れてしまうと思うのです。

このように、スケールの大きい自然の中に暮らし、日々の生活を大切にする彼らを見るにつけ、時々その光景を思い出して聴く音楽は**ポール・アンカ**（Paul Anka）の『Do I love you』です。

歌詞の中に、“Canyons to the sky”、“Meadow”、“Mighty River Flows”、“The Wind on Summer days”等の言葉が多く登場する、スケールの大きいラブ・ソングのせいでしょうか。

自然は何者にも負けない深さと強さをもっています。ちなみに、この曲も『マイ・ウェイ』のごとく、彼がフランスの曲に訳詞を付けた'71年の曲ですが、彼はいまだにこの曲を何度もアレンジしなおして歌っています。

第6章 日本からの交通アクセス

これまでは、ナパヴァレーの魅力とその生活スタイルを紹介してきましたが、皆さんはどのようにお感じになったでしょうか。

この章では、この魅力溢れるナパヴァレーに、具体的にどのようにして行くかのアクセス案内と、現地でより楽しく有意義な時を過ごすための、現地の交通規則の特筆すべき注意事項を説明したいと思います。

この地を楽しむためには必要不可欠な重要な事項ですので、必ずお読みになるようにお願いします。

1 ナパヴァレーはハワイのすぐそば？

それでは、日本からナパヴァレーへの交通手段と、所要時間についてお話ししましょう。

ナパヴァレーは、皆さんが想像するよりも意外に近いといえます。

皆さんは、ナパヴァレーの最寄りの国際空港であるサンフランシスコへは、日本からどれくらい時間がかかるのかご存知でしょうか。

私たちが世界地図を見て抱いているイメージでは、日本人がよく行くハワイのほぼ倍近い距離にあり、それに見合った時間がかかると思いがちです。

季節や飛行コースにより若干違いますが、ハワイまでが約７時間半の飛行時間として、サンフランシスコへは約８時間強～９時間くらいです。

意外でしょう？

そしてナパヴァレーは、このサンフランシスコ空港から車で北へ100km強、１時間あまりで行けます。

さらには、もっと近いといえる要素があります。

✪飛行機の便数も“近さ”の要素

それは、交通のインフラです。

目的地へ就航する航空会社やフライト便数が多いことは、それだけ出発時間や出発場所の選択肢が増え、さらには競争の原理で安い航空券が手に入るということにつながります。

出発日も毎日選べて、大阪や名古屋にいる親戚や友人もそれぞれの空港から搭乗出来て、成田では出発時間や航空会社を選べるということは、まさに気軽に行き来出来る“近い所”の要素です。

下記は日本からサンフランシスコへのフライト便です。(2008年2月現在)

ユナイテッド航空………毎日4便(成田2便、名古屋·関空各1便)
全日空……………………毎日1便(成田)
日本航空…………………毎日1便(成田)
ノースウエスト航空……毎日1便(成田)

このように、ナパヴァレー最寄りの国際空港であるサンフランシスコへは、毎日7便が運行しています。

これは近年のITビジネスの発展に伴い、シリコンヴァレーやスタンフォードに近いこの空港への需要が高まり、空港施設が拡張され、フライト便が増えた結果といえます。

また、スケジュールにゆとりのある人は、出発の季節や月日、航空会社の枠を広げ、ロサンゼルスやシアトル経由便も選択肢に入れると、より安い値段でチケットを入手出来る可能性があります。

2 サンフランシスコ空港からナパヴァレーへ

さあ、サンフランシスコ空港に着きました。

ここからナパヴァレーへ行くには、幾つかの交通手段とコースがありますが、初めて訪れる方には、**エヴァンス**(Evans)の定期運行バスを利用することをお勧めします。とっても快適で、安全だからです。

サンフランシスコ空港からナパヴァレーへの道程は、何車線もあるフリーウェイを走り、幾つかのジャンクションで車線を変更する必要があります。長旅と時差の疲れの中で、アメリカ本土を運転するのは大変です。安全のためにもエヴァンスのバス利用をお勧めします。

もちろん、アメリカ本土での運転に慣れている方には、空港からレンタカーで行き、空港に車を戻すのが一番便利な方法であることは確かです。

✪定期運行バス“エヴァンス”で行く方法

出国手続きを終えて到着ロビーに出ると、まずはインフォメーション・カウンターに行きます。ここで、エヴァンスのバスでナパヴァレーへ行きたい旨を伝えて、時刻表をもらい、バスの乗車場所を聞きましょう。時間帯により違いますが、約1時間半～2時間半間隔で出発しています。

インフォメーション・カウンターがある建物から外に出ると、すぐ目の前に一般乗用車が走る道があります。

この道を渡ると、少し小高い所に定期バスやシャトル・バスの乗り場があります。ここの青く塗られた柱の前か、BusまたはShuttle Busの表示がある所でバスを待ちます。バスには大きくEvansと書かれています。

ちなみにここまでは、空港備え付けカートでトランク等の荷物を載せて来ることが可能です。

バスが止まると運転手が降りて来ますので、ナパヴァレーまで行くことを告げ、荷物を預けます。運転手さんが行き先別に荷物を仕分けして積み込んでくれるので、自分たちは貴重品等の所持品を持ってバスに乗り込みますが、

❖サンフランシスコ空港のEvansの乗り場

夏などは軽いセーターかジャケットを席に持ちこむことが賢明です。クーラーの効き過ぎがよくあるからです。

空港からベイ・ブリッジ経由で行くこのバスは、最終到着地のナパヴァレーまでの間、途中１カ所だけヴァレホのホリデー・インに立ち寄りますが、所要時間は約1時間半かそれ以上です。

朝夕は、空港との道路も、バスの乗客も混み合いがちですので、十分ゆとりを持った行動が必要です。

ナパの街の終着駅で、料金約＄30を現金で支払いますのでご準備ください。

ナパヴァレーに着いてからレンタカーを借りる場合は、ここでタクシーを呼んで貰い、運転手にハーツ等のレンタカー社名を告げれば連れて行ってくれますが、タクシーを降りる時には領収書を貰いましょう。そうすると、ハーツなどのレンタカー会社はこの分（チップ分も含む）を料金から差し引いてくれるはずです。

なお、レンタカーは、あらかじめ各社の日本法人で予約しておくのが賢明です。

●エヴァンスとレンタカー会社の現地連絡先

Evans：(707) 255-1557 www.evanstransportation.com

Hertz：(707) 265-7575 686 Soscol Ave. Napa

Budget Rent A Car：(707) 224-7846 407 Soscol Ave. Napa

❂レンタカーで行く方法

サンフランシスコ空港の到着ロビーにある、インフォメーション・センターで、**エアー・トレイン**（Air Train）という空港内モノレールの乗り場を聞き、４階にあるプラット・ホームの青色側でエアー・トレインに乗ります。このモノレールの終着駅に**レンタカー・センター**があります。ここで手続きをしてレンタカーをピックアップします。

手続きには、パスポート、日本の免許証（国際免許証ではない）、予約の際に告げたクレジット・カード等が必要です。

なお、この後レンタカーに乗るまで、トランク等を載せた空港内カートを使用出来ます。

カリストガ
Lake Berryessa
セントヘレナ
Silverado Trail
Santa Rosa
ヨントヴィル
80
ナパヴァレー
Trancas Street
101
ナパ（ダウンタウン）
Sonoma
Imola Avenue
12
Petaluma
121
29
37
37
37
Vallejo
サンパブロ湾
Baylink Ferry
101
San Rafael
Richmond
101
Berkeley
80
Golden Gate Bridge
Ferry Plaza
Oakland
Bay Bridge
Lombard Street
サンフランシスコ
Van Ness Avenue
N
101
太平洋
サンフランシスコ＆ナパヴァレー
San Francisco
& Napa Valley
サンフランシスコ空港

さあ、サンフランシスコ空港のレンタカー・センターから出発です。

そのコースと道のりは後述しますが、初めての方にはベイ・ブリッジ経由コースの方がわかりやすいでしょう。

✪辺りの風景が急に開けてきたら、もうそこはナパヴァレー

サンフランシスコ空港から出発してから1時間あまり、ベイブリッジ・コースで101号線・80号線経由で来た人も、あるいはまたゴールデンゲイト・ブリッジを渡り101号線・37号線・121号線・12号線を経由して来た人も、29号線に入るとまもなくそこはもうナパヴァレーです。

このナパの街辺りからロス・カルネロスにかけては、午前中、サンパブロ湾からの冷気により霧が発生し、曇りがちな天気が多いのですが、昼頃には空もカラッと晴れ、高い建物などのないことも手伝って強烈な日射しが目に入ります。そのため、この地で車を運転するのには、サングラスは必携品です。

ナパの街には、ImolaやFirst st.そしてLincoln Ave.等の出口がありますが、これらを過ぎTrancasの出口がある大きなジャンクションを通り越すと、辺りの視界が急に開けてきます。この後、皆さんはお泊りになる宿へ向うのですが、ホーム・ページ等であらかじめ調べた道筋に従って行きましょう。

✪コースと道のり

●ベイ・ブリッジを利用するコース

[SF空港からナパヴァレー]

①ハイウェイ101号線North方向に乗る。

②SF市街の高架道路で80号線Eastに移り、(Oakland方向へ) Bay Bridgeを渡る。

③Oaklandを通り抜け、しばらく走ったのち料金所（Toll）で＄4支払う。

④Vallejoの立体ジャンクションで37号線（Napa/Vallejo方面）へ移る。

⑤すぐに29号線への出口があるので、右（North方面）に降りる。

⑥29号線を真っすぐ行くとナパヴァレーに至る。

[ナパヴァレーからSF空港]

①29号線を南に走る。

②37号線の高架道路と出会い、East方面に乗る。

③Vallejoの立体ジャンクションで、80号線West（SF方面）に移る。

④Bay Bridgeを渡り、料金を支払う。

⑤SF市街の高架道路で、101号線のSouth（San Jose方向）を走る。

⑥SF International Airport の手前、San Bruno Ave.で降り（注意：最初のSan Bruno の出口は遠回りになるので、二つ目のSan Bruno Ave.で降りる）、Rental Car Returnの表示に従って進む。

●ゴールデンゲイト・ブリッジを利用するコース

[SF空港からナパヴァレー]

①ハイウェイ101号線North方向に乗る。

②SF市街の高架道路で、Golden Gate Bridge（G.G.Br.）方面への車線に移る。

③G.G.Br./Mission St. Exitで降りる。

④SF市街のVan Ness通り（101号線）を道なりに進む。

⑤SF市街でLombard Street（101号線）へ道なりに左折する。

⑥道なりにGolden Gate Bridgeを渡る。

⑦101号線を走ったのち、37号線（Napa／Vallejo方面）に移る。

⑧37号線から121号線North（Napa／Sonoma）に移る。

⑨121号線（途中から12号線を兼ねる）を表示に従って、Napa（注意：Sonoma方向ではない）に向う。

⑩29号線とぶつかる交差点をNapa（North）方面へ左折する。

[ナパヴァレーからSF空港]

①29号線を南に走る。

②121号線（12号線）との交差点でSonoma方面へ右折し、121号線を走る。

③37号線West（SF方面）に移る。

④101号線South（SF方面）へ移る。

❖コーデュロイかベルベットのような、優しい肌ざわりの繰り返し。この優しさと、厳しい秩序が美味しいワインを生む

⑤Golden Gate Bridgeを渡り、料金を支払い、Lombard Street Exitで降りる。

⑥SF市街でLombard Street（101号線）から、道なりにVan Ness通り（101号線）方面に右折する。

⑦101号線の高架道路入り口表示を見つけて、101号線South（San Jose方面）に乗る。

⑧SF International Airport の手前、San Bruno Ave.で降り（注意：最初のSan Bruno の出口は遠回りになるので、二つ目のSan Bruno Ave.で降りる）、Rental Car Returnの表示に従って進む。

3 知らないと危ない交通ルール

ナパヴァレーでは車が必需品です。

しかし、ほとんどの皆さんは、日本で事務手続きのみで取得した国際免許証を所持するだけで、日本にはないカリフォルニア特有の交通ルールを知りません。慣れない右側通行と相まってとても危険ですし、頻繁に走るパトロール・カーの取り締まりにあったり、住民からも白い目で見られます。

以下に、是非知っておくべき現地交通法規の一部を記載しました。その他詳細については、ご自身でよくお調べになるようにお願いします。

❂"カリフォルニア・ストップ"

カリフォルニアの地元の人々でも、あえて"カリフォルニア・ストップ"と呼ぶくらいに、一時停止に関しては厳しく、STOP表示がある場所では完全に車を停止して左右をチェックし、譲るべき車には道を譲ることが必要です。

これは、どこでもすぐに信号機を設置してしまう日本と違い、信号機を出来るだけ設けない当地の交通政策と関係しています。

❂時計の針と逆方向で、譲り合いする交差点

もう一つ大切なのは、信号機のない交差点か、信号機はあるが赤点滅している三方向以上の道路がある交差点での通過ルールです。

むやみに多くの信号機を設置しない一方、信号機はあっても、交通量が多い時間帯以外は車両に無駄な信号待ちをさせないために点滅信号となる所があるのです。

これらの交差点に差しかかった場合には、各道路に停止し待機している車は、時計の針がまわる逆方向の順番で、1台ずつ譲り合い、自分の行きたい方向へ進みます。

この交差点では、日本の法規のように直進が優先とか、どの車が先に交差

点位置に着いたかは関係ありません。このルールにのっとって、互いに譲り合う信頼関係で成り立っている交差点ですので、守らないと大変危険です。

✿"スイサイド・レーン"(自殺車線)と利用法

ナパヴァレーでは、29号線等で絶えず直面する、日本で見かけないモノがあります。

それは俗称"スイサイド・レーン"(自殺車線)と呼ばれる中央分離帯緩衝道路の存在とその使用方法です。これは、双方向に走る車線がある道路で、進行する車が反対側車線の道を横断して左折したい場合や、道路の反対側にある駐車場に車をつけたい場合に使用します。

この場合に、一旦双方向の真ん中にある中央分離帯緩衝道路に車を入れて待機させ、反対車線の交通が途切れ、横切れるタイミングを待って横断します。

この双方向に進む車が利用出来る中央分離帯緩衝道路ということは、ひとつ間違えば互いに正面衝突してしまうおそれがあり、多分この俗称がつけられたと思います。でもこのレーンに馴れると、やたらと信号機が多い日本と違い、信号待ちのロス・タイムも少なく、左折時(右側走行ですから)に後続車を待たせることがなくて便利です。

最初はとても緊張もしますし、危険ですので、車線を越えられる点線表示をよく見て、慎重に運転しましょう。

✿赤信号でも右折が出来る?

さらにもう一つ知っておくべきことは、進行方向の信号機が赤信号でも、左から来る車を確認のうえ右折が出来る交通ルールです。

ただし、全部の交差点とは限りませんので標識をよく確認し、左から来る車をしっかりチェックのうえ右折しましょう。

✿道路番号で方角を知る

アメリカには、国道、州道、郡道等それぞれの行政が管轄する道路があります。

これらの道は、同じ一つの道路をそれぞれが管轄を兼ねている場合が多く、その場合には一つの道路に幾つもの道路表示がされています。

そして、万一道に迷った場合には、冷静に判断することが重要ですが、道路の番号が偶数の場合は東西に走る幹線道路であり、奇数の場合は南北に走る幹線道路であることを知っておくととても便利です。

もちろんこれは、狭いエリアでの道路が走る方角ではなく、広い範囲で道路が走る方向です。

従って29号線は南北に走る道ということになります。

❂料金所（TOLL）での注意

日本でも最近、高速道路の料金所でETC（自動料金支払）専用車線が出来ましたが、アメリカでも同様のシステムがあり、“Fast”表示がこれに当りますので、レンタカーを使用する際は、料金所にさしかかる前にあらかじめこのレーンは避けましょう。

❂“カープール・レーン”とハイブリッド車

これも日本の交通ルールにはないシステムです。

それは、何車線もあるハイウェイ等で、最もセンター寄り車線に**カープール・レーン**（Car Pool Lane）の文字か、縦型の菱形マークがある場合です。

この表示があるセンター寄り車線の場合、１台の車に２人か３人等、その道路の表示以上の人数が乗っている車やバスだけが利用して走れます。

しかし例外があります。

それは環境適合車とされるハイブリッド車が例外的に走れることです。こういうシステムを設けることで、車の混雑を防ぐとともに、行政としての環境活動を促進しているわけです。

トヨタのハイブリッド車“プリウス”は、あの独特のスタイルで道路が混雑している中をカープール・レーンをスイスイと走りぬけて、とても目立ちますが、これが燃費のよさと相まって圧倒的に売れている理由の一つと考えられます。

第7章 ナパヴァレー・ワインとワイナリー

冒頭で述べたように、本書はナパヴァレーとその生活スタイルの素晴らしさに焦点をあて、様々な角度から紹介してきましたが、ワインについてはあまり深く触れてきませんでした。

その代わり、最後のこの章では、これまでの日本の本や雑誌では見かけなかったナパヴァレーのほとんどのワイナリーと、その所在の大体の位置を記した地図を添付することとしました。

この地では、ワイナリーの位置を基準として行動することが、とても役にたつと思うからです。


一方また、この本を読まれた後、ナパヴァレーのワインに興味をもたれた方も多くおられるでしょう。

本来は、皆さんがワインを実際にお飲みになり、それぞれがナパヴァレー・ワインの魅力をお感じになるのが一番よいと思いますが、概要だけでも知っておきたいという方もおられるはずです。

そこで、私が取材を通じてご協力いただいたワイン関係者へのお礼の気持ちをも含めて、ワインインスティテュート日本事務所の公式コメントを踏まえ、私なりに紹介させていただきたいと思います。

ナパヴァレーのワイン

ワインインスティテュート日本事務所のホームページ『ゴールデン・ステートへようこそ』には、カリフォルニア・ワインについて次のように書かれています。

> ほぼ250年にわたるワイン造りの伝統と経験、近代の技術革新と改善、そして葡萄栽培に理想的な気候の組み合わせが、カリフォルニアを地球上で最高のワインの産地にしています。
> カリフォルニアは、その高い品質、信頼性、多様性という点でよく知られています。カリフォルニアには世界で最も変化に富んだワイン産地が存在し、およそ100種類の葡萄品種が栽培されています。それらの産地は、様々なマイクロ・クライメット（微気候）や土壌タイプ、世界的

❖押し寄せるTsunamiのようなビッグ・ウエイヴ

に経験を積んだワインメーカーに恵まれ、さらにその多様性を深めています。

カリフォルニアワインは、レアなカルトワインから、スーパーマーケットに並ぶデイリーワイン、そしてその中間のワインに至るまで、ワイン１本１本にその品質が認められます。どの価格帯においても、カリフォルニアワインが世界の他のワイン産地に劣らない事実は、疑う余地がありません。（http;//www.calwinej.com ）

私がこの地で色々なワイナリーに行き、大勢のワイン関係者とお会いして感じたのは、皆さんがとてもおおらかで親切だということです。このことが、ワインづくりの現場にも反映されていて、スタッフがのびのびと働き、業界がとても活性化しているのです。

そして、なんと日本人の若いワイン・メーカーが何人も活躍しているのです。これは、オープン・マインドのアメリカだから可能になったことだと思います。このように、何事にも余計な偏見なく取り組み、研鑽とよき競争を続ける限り、ナパヴァレーのワインづくりはさらに素晴らしいものへと向うことでしょう。

ある人はカリフォルニア・ワインについて、新樽の香りがある白のシャルドネが大好きといいますし、またある人は**ヴァラエタル**（Varietal）も**プロプリエタリー**（Proprietary）も好きという人がいます。

また、**バーガンディー**（Burgundy）の**スティル・ワイン**（Still Wine）や、シャンペンぽいニュアンスのある**スパークリング・ワイン**（Sparkling Wine）が好きだという人もいます。

そして、細かい産地まで指定していない、手頃な値段の**ジェネリック**（Generic）のワインで十分美味しいという人もいます。

“メルロー”など葡萄の品種を特定したワインが“ヴァラエタル”であり、“プロプリエタリー”とは、ボルドーのようなブレンド・タイプ（メリテージ）のワインで、ワイナリー独自のブレンドでつくった“オーパス・ワン”のようなものを指します。

また、“バーガンディ”とは、元々ブルゴーニュ（Bourgogne）から来た言葉ですが、レストランのメニューなどでは時としてフランス・ワイン全般をさしている場合があります。

“シャンパン”はフランスのシャンパーニュ地方でつくられたもののみがこれを名乗ることが出来る発泡酒ですが、カリフォルニアではスパークリング・ワインと呼び、泡の立たない普通のワインはスティル・ワインと呼んで区別します。

同じ葡萄の品種を使ったワインでも、つくり手や畑が変わると味もずいぶん異なり、あまり簡単に好みの葡萄の種類を言い切れないという人もいます。カリフォルニア・ワインの代名詞ともいわれる**ジンファンデル**（Zinfandel）を例にとると、一般的にはスパイシーな葡萄といわれますが、ワイナリーによっては非常にスムーズでマイルドなものもあるからです。

このように、ナパヴァレーには色々な**テロワール**（Trroir－土壌・地勢・標高・方位・気候等、畑を取り巻く環境）があり、そこに様々な葡萄が栽培

❖華燭を嫌う、ワイン・グラス。
①テーブルに置かれたグラスに、ワインが注がれる、②手前に円を描くようにスワリングする（右利きは時計の針と逆方向に、左利きははその逆にかき混ぜるのがマナー）、③グラスにまとわり着いたワインの粘度で糖度を知り、④グラスを少し傾け、色で熟成度等を知る。⑤飲み口から鼻を入れて香りを確かめ、⑥ワインを口に含み、舌のあらゆる部分で味を確かめる。チタニュームなどを含む丈夫なグラスは、薄くて唇に優しく、軽くて大きな空間が香りを広げます

され、色々なつくり手によってバラエティに富んだ個性的なワインがつくられています。これが、ナパヴァレーは“葡萄にとってエデン”であるといわ

れるゆえんです。

フランスのアペラシオンのもとでは、特定の畑には特定の葡萄種が決められていますが、アメリカのAVAではその栽培する葡萄種は特定されていません。何の品種の葡萄をどのように育て、どのようなワインをつくるのかは、すべてワイナリー次第であり、それだけ研究と努力の余地が広いということ

です。それゆえ、軽いエレガントな白ワインから、グラマラスで骨太の赤ワイン、レアなカルト・ワインから気軽なデイリー・ワイン、そしてゆっくりとセラーで寝かせるとともに美味しくなるワインから、買ってきてすぐに美味しさを味わえるものまで色々あります。

これらはどれも、燦々と輝く太陽と広々とした大地のエネルギーをたっぷり吸い込んだ、一滴の水も加えずに出来た美味しいワインです。

最近のナパヴァレーのワイン傾向としては、一部を除いて、中級以上から高級ワインに特化されつつあります。

以上、レストランなどでワイン・リストによく見かける用語等の説明を兼ねて、ナパヴァレーのワインについて説明させていただきました。

●ワイン・ボトルのラベル表記について

①・Californiaと記載ある場合は、100%が同州内の葡萄を、
・Napa Valleyと記載ある場合は、75%以上ナパ郡の葡萄を、
・AVA名（25ページ参照）の記載がある場合は、85%以上その葡萄を、
・特定の畑名が記載されていものは、95%以その畑の葡萄を、
使用していることを意味します。

②特定葡萄の品種名が記されているヴァラエタル・ワインの場合、最低75%以上その葡萄が使用されています。

③・Estate Bottledと記載のある場合は、同じAVA内にある、自社あるいは同社が完全管轄する葡萄を100%使用し、醸造したもの。
・Grown, Produced and Bottled by Aは、A社が葡萄の栽培から醸造にわたりすべて自社で行ったもの。
・Produced by A、またはMade by Aと記載ある場合は、75%以上はA社の表記所在地で醸造したものです。
・Bottled by A、Cellared by A、Vinted by A、あるいはPrepared by A等の記載は、A社がそのボトルの中身のワインづくりに関わったことを意味するものではありません。

ナパヴァレーのワイナリー

＊テイスティング……○印は営業中だが曜日・時間は要チェック、△印は予約のみ受付

店名	地図位置	住所	電話	＊
Acacia Vineyard	S-7	2750 Las Amigas Rd., Napa	(707) 226-9991	△
Aetna Springs Cellars	B-9	7227 Pope Valley Rd., Pope Valley	(707) 965-2675	△
Alpha Omega Winery	I-6	1155 Mee Ln., Napa	(707) 963-9999	○
Altamura Winery & Vineyards	Q-12	Wooden Valley Rd., Napa	(707) 253-2000	△
Amizetta Vineyards	G-9	1099 Green field Rd., St.Helena	(707) 963-1460	○
Anderson`s Conn Valley Vineyard	G-8	680 Rossi Rd., St.Helena	(707) 963-8600	
Andretti Winery	O-9	4162 Big Ranch Rd., Napa	(707) 255-3524	○
Anomaly Vineyards	G-5	St.Helena	(707) 967-8448	
Araujo Estate Wines	B-5	2155 Pickett Rd., Calistoga	(707) 942-6061	
Arger-Martucci Vineyards	H-6	1455 Inglewood Ave., St.Helena	(707) 963-4334	○
Artesa Vineyards & Winery	Q-6	1345 Henry Rd., Napa	(707) 224-1668	○
Atalon	A-3	3299 Bennett Ln., Calistoga	(707) 942-6625	△
Atlas Peak Vineyards	M-10	3700 Soda Canyon Rd., Napa	(707) 252-7971	○
August Briggs Wines	C-4	333 Silverado Trail, Calistoga	(707) 967-1143	○
Baldacci	L-9	6236 Silverado Trail, Napa	(707) 944-9261	△
Ballentine	F-6	2820 St.Helena Hwy., St.Helena	(707) 963-7919	△
Barlow	C-5	4411 Silverado Trail, Calistoga	(707) 942-8742	
Barnett	D-3	4070 Spring Mountain Rd., St.Helena	(707) 963-7075	△
Beaulieu Vineyards	E-7	1960 St.Helena Hwy., So., Rutherford	(707) 967-5230	○
Behrens & Hitchcock	D-3	4078 Spring Mountain Rd., St.Helena	(707) 942-4433	
Bell	N-9	6200 Washington St., Yountville	(707) 944-1673	△
Benessere	D-5	1010 Big Tree Rd., St.Helena	(707) 963-5853	○
Bennett Lane	A-3	3340 Hwy.128, Calistoga	(707) 942-6684	○
Beringer	F-5	2000 Main St., St.Helena	(707) 963-7115	○
Black Stallion	N-9	4089 Silverado Trail,Napa	(707) 253-1400	○
Blackbird	N-9	5033 Big Ranch Rd., Napa	(707) 252-4444	
Bouchaine	T-ÇV	1075 Buchli Station Rd., Napa	(707) 252-9065	△
Bravante	G-6	1241 Adams St.#1051,St.Helena	(707) 972-1114	△
Bremer Family	E-7	975 Deer Park Rd., St.Helena	(707) 963-5411	
Brown Estate	J-11	3233 Sage Canyon Rd., St.Helena	(707) 963-2435	△
Bryant Family	J-9	1567 Sage Canyon Rd., St.Helena	(314) 231-8066	
Buehler	G-9	820 Green field Rd., St.Helena	(707) 963-2155	△
Burgess	E-6	1108 Deer Park Rd., St.Helena	(707) 963-4766	○
Cade	D-7	360 Howell Mtn. Rd.South,Angwin	(707) 945-1220	△
Cain	E-4	3800 Langtry Rd., St.Helena	(707) 963-1616	
Cakebread	J-7	8300 St.Helena Hwy., Rutherford	(707) 963-5221	○
Calistoga Cellars	B-4	1170 Tubbs Ln., Calistoga	(888) 393-9463	△
Cardinale	K-7	7600 St.Helena Hwy., Oakville	(707) 945-1391	△
Casa Nuestra	E-6	3451 Silverado Trail No., St.Helena	(707) 963-5783	○
Castello di Amorosa	D-4	4045 St.Helena Hyw.No.,Calistoga	(707) 942-8200	△
Catacula Lake	G-10	4105 Chiles Pope Valley Rd., St.Helena	(707) 965-1104	△
Caymus	I-7	8700 Conn Creek Rd., Rutherford	(707) 967-3010	△
CE2V	D-10	7415 St.Helena Hwy., Yountville	(707) 944-1220	○

店名	地図位置	住所	電話	*
Ceja Vineyards	S-7	1012 Las Amigas Rd., Napa	(707) 255-3954	△
Chappellet V	I-9	1581 Sage Canyon Rd., St.Helena	(707) 963-7136	△
Charles Krug	F-6	2800 St.Helena Hwy.,St.Helena	(707) 967-2200	○
Chateau Boswell	E-6	3468 Silverado Trail, St.Helena	(707) 963-5472	○
Chateau Chevre	M-8	2030 Hoffman Ln., Yountville	(707) 944-2184	
Chateau Montelena	A-4	1429 Tubbs Ln., Calistoga	(707) 942-5105	○
Chateau Potelle	L-5	3875 Mt. Veeder Rd., Napa	(707) 255-9440	○
Chimney Rock Winery	M-9	5350 Silverado Trail, Napa	(707) 257-2641	○
Clark-Claudon Vineyards	B-8	Angwin	(707) 965-9393	
Cliff Lede	B-8	1473 Yountville Crossroad, Yountville	(707) 944-8642	○
Clos du Val	N-9	5330 Silverado Trail, Napa	(707) 259-2225	○
Clos Pegase	C-5	1060 Dunaweal Ln., Calistoga	(707) 942-4981	○
Cloud View	I-9	1677 Sage Canyon Rd., St.Helena	(707) 963-2260	△
Conn Creek Winery	H-7	8711 Silverado Trail, St.Helena	(707) 963-9100	○
Constant-Diamond Mnt.Vineyards	D-3	2121 Diamond Mtn.Rd., Calistoga	(707) 942-0707	△
Corison Winery	H-6	981 St.Helena Hwy. So., St.Helena	(707) 963-0826	△
Cosentino Winery	L-7	7415 St.Helena Hwy., Yountville	(707) 944-1220	○
Crichton Hall	N-8	1150 Darms Ln., Napa	(707) 224-4200	△
Cuvaison	C-5	4550 Silverado Trail, Calistoga	(707) 942-6266	○
D.R.Stephens Estates	G-7	1860 Howell Mtn. Rd., St.Helena	(415) 781-8000	△
Dalla Valle Vineyards	J-8	Oakville	(707) 944-2676	
Darioush Winery	N-9	4240 Silverado Trail, Napa	(707) 257-2345	○
David Arthur Vineyards	I-8	1521 Sage Canyon Rd., St.Helena	(707) 963-5190	△
Del Dotto Caves	O-10	1055 Atlas Peak Rd., Napa	(707) 963-2134	△
Diamond Creek Vineyards	C-4	1500 Diamond Mtn. Rd., Calistoga	(707) 942-6926	
Diamond Oaks	K-6	1595 Oakville Grade, Oakville	(707) 948-3000	○
Diamond Terrace	D-4	1391 Diamond Mtn. Rd., Calistoga	(707) 942-1189	
Domaine Carneros	R-7	1240 Duhig Rd., Napa	(707) 257-0101	○
Domaine Chandon	M-7	One California Dr., Yountville	(707) 944-2280	○
Domaine Charbay Winery & Dist.	E-3	4001 Spring Mtn. Rd., St.Helena	(707) 963-9327	△
Dominus Estate	L-7	2570 Napanook Rd., Yountville	(707) 944-8954	
Duckhorn Vineyards	E-6	1000 Lodi Ln., St.Helena	(707) 963-7108	△
Dunn Vineyards	D-8	805 White Cottage Rd., Angwin	(707) 965-3642	△
Dutch Henry Winery	C-6	4310 Silverado Trail, Calistoga	(707) 942-5771	○
Dyer Vineyards	C-4	1501 Diamond Mtn. Rd., Calistoga	(707) 942-5502	
Eagle & Rose Vineyards & Winery	C-10	1844 Pope Canyon Rd., Pope Valley	(707) 965-9463	△
Ehlers Estate	F-5	3222 Ehlers Ln., St.Helena	(707) 963-5972	○
El Molino winery	E-5	St.Helena	(707) 765-8800	△
Elizabeth Spencer	I-6	1165 Rutherford Road, Rutherford	(707) 963-6067	○
Elyse Wineries	N-7	2100 Hoffman Ln., Napa	(707) 944-2900	△
Emilio's Terrace	J-6	Oakville	(707) 765-8800	
Etude Wines	S-8	1250 Cuttings Wharf Rd., Napa	(707) 257-5300	△
Failla	E-6	3530 Silverado Trail, St.Helena	(707) 963-0530	△
Fantesca	E-4	2920 Spring Mountain Road St.Helena	(707) 968-9229	△
Farella-Park Vineyard	Q-10	2222 Third Ave., Napa	(707) 254-9489	△

店名	地図位置	住所	電話	*
Far Niente	K-7	1350 Acacia Dr., Oakville	(707) 944-2861	
Fleury Winery	H-7	950 Galleeron Rd., Rutherford	(707) 967-8333	△
Flora Springs tasting Room	H-6	677 So. St.Helena Hwy., St.Helena	(707) 963-5711	○
Folio Winemaker's Studio	Q-7	1285 Dealy Ln., Napa	(707) 256-2757	○
Forman Vineyards	F-7	1501 Big Rock Rd., St.Helena	(707) 963-0234	△
Franciscan Oakville Estates	H-7	1178 Galleron Rd./Hwy. 29, Rutherford	(707) 963-7111	○
Frank Family Vineyards	D-5	1091 Larkmead Ln., Calistoga	(707) 942-0859	○
Frazier Winery	P-11	70 Rapp Lane, Napa	(707) 255-1399	○
Freemark Abbey Winery	E-5	3022 St.Helena Hwy. No., St.Helena	(707) 963-9694	○
Frog's Leap Winery	I-7	8815 Conn Creek Rd., Rutherford	(707) 963-4704	△
Gargiulo Vineyards	J-8	575 Oakville Crossroad, Oakville	(707) 944-2770	△
Godspeed Vineyards	M-5	3655 Mt. Veeder Rd., Napa	(707) 245-7766	△
Goosecross Cellars	K-8	1119 State Ln., Yountville	(707) 944-1986	○
Graeser Winery	B-3	255 Petrified Forest Rd., Calistoga	(707) 942-4437	△
Green & Red Vineyard	H-10	3208 Chiles-Pope Valley Rd., St.Helena	(707) 965-2346	△
Grgich Hills Cellar	I-6	1829 St.Helena Hwy., Rutherford	(707) 963-2784	○
Groth Vineyards & Winery	J-8	750 Oakville Cross Rd., Oakville	(707) 944-0290	△
Guilliams Vineyards	E-3	3851 Spring Mtn. Rd., St.Helena	(707) 963-9059	△
Hagafen Cellars	N-9	4160 Silverado Trail, Napa	(707) 252-0781	○
Hall	G-6	401 St.Helena Hwy. So., St.Helena	(707) 967-2620	○
Hans Fahden Vineyards	B-3	5300 Mtn. Home Ranch Rd., Calistoga	(707) 942-6760	△
Harrison Vineyrds	I-9	1527 Sage Canyon Rd., St.Helena	(707) 963-4338	
Hartwell Vineyards	M-9	5795 Silverado Trail, Napa	(707) 255-4269	△
Havens Wine Cellars	N-8	2055 Hoffman Ln., Napa	(707) 261-2000	○
Heitz Cellars	G-6	500 Taplin Road, St.Helena	(707) 963-3542	○
Helena View	A-3	3500 Hwy. 128, Calistoga	(707) 942-4956	
Hendry Ranch Wines	P-8	3104 Redwood Rd., Napa	(707) 266-8320	
Hess Collection Winery	O-6	4411 Redwood Rd., Napa	(707) 255-1144	○
Honig Vineyard & Winery	I-7	850 Rutherford Rd., Rutherford	(707) 963-5618	△
Ilsley Vineyards	L-9	6275 Silverado Trail, Napa	(707) 944-1621	△
Jarvis Winery	O-12	2970 Monticello Rd., Napa	(707) 255-5280	△
Jessup Cellars	L-8	6740 Wshington St.,Yountville	(707) 944-8523	○
Joseph Phelps Vineyards	G-7	200 Taplin Rd., St.Helena	(707) 963-2745	△
Judd's Hill	G-9	St.Helena	(707) 255-2332	△
Keever Vineyard	M-8	26 Vineyard View Drive, Yountville	(707) 944-0910	△
Kelham Vineyards	H-7	360 Zinfandel Ln., St.Helena	(707) 963-2000	△
Kent Rasmussen Winery	G-7	1001 Silverado Trail, St.Helena	(707) 963-5667	△
Kirkland Ranch Winery	T-10	One Kirkland Ranch Rd., Napa	(707) 254-9100	○
Koves-Newlan Vineyards	N-8	5225 Solano Ave., Napa	(707) 257-2399	○
Kuleto Estate Family Vineyards	I-10	2470 Sage Canyon Rd., Rutherford	(707) 963-9750	△
La Jota Vineyards Co.	E-8	1102 Las Posadas Rd., Angwin	(707) 965-3020	
Ladera	D-7	150 White Cottage Rd. So., Angwin	(707) 965-2445	△
Lail	D-7	320 Stoneridge Rd., Angwin	(707) 963-3329	
Laird Family	Q-8	5055 Solano Ave., Napa	(707) 257-0360	△
Lamborn Family	C-7	1973 Summit Lake Dr., Angwin	(925) 254-0511	△

店名	地図位置	住所	電話	*
Larkmead Vineyards	D-5	1100 Larkmead Lane, Calistoga	(707) 942-0167	△
Livingston Moffet Wines	H-6	1895 Cabernet Ln., St.Helena	(707) 963-2120	
Long Meadow Ranch Winery	H-6	1775 Whitehall Ln., St.Helena	(707) 963-4555	△
Long Vineyards	I-9	1535 Sage Canyon Rd., St.Helena	(707) 963-2496	△
Louis M. Martini Winery	G-6	2545 St.Helena Hwy. So., St.Helena	(707) 963-2736	○
Luna Vineyards	O-9	2921 Silverado Trail, Napa	(707) 255-5862	△
Lynch Knoll	D-5	1040 Main St., Napa	(707) 251-8822	△
Madonna Estate/Mont St.John	R-7	5400 Old Sonoma Rd., Napa	(707) 255-8864	○
Markham Family Vineyards	F-6	2812 St.Helena Hwy. No., St.Helena	(707) 963-5292	○
Mayacamas Vineyards	M-5	1155 Lokoya Rd., Napa	(707) 224-4030	△
Merryvale Vineyards	G-6	1000 Main St., St.Helena	(707) 963-7777	○
Milat Vineyards	H-6	1091 St.Helena Hwy. So., St.Helena	(707) 963-0758	○
Miner Family Vineyards	J-8	7850 Silverado Trail, Oakville	(707) 944-9500	○
Monticello Vineyards	O-9	4242 Big Ranch Rd., Napa	(707) 253-2802	○
Mount Veeder Winery	N-6	1999 Mt. Veeder Rd., Napa	(707) 224-4039	
Mumm Napa Valley	I-7	8445 Silverado Trail, Rutherford	(707) 942-3434	○
Napa Cellars	L-7	7481 St.Helena Hwy., Oakville	(707) 944-2565	○
Napa Redwoods Estate	O-6	4723 Redwood Rd., Napa	(707) 224-1800	
Napa Wine Company	K-7	1133 Oakville Cross Rd., Oakville	(707) 944-1710	△
Neal Family Vineyards	D-7	716 Liparita Ave., Angwin	(707) 965-2800	△
Newton Vineyard	F-4	2555 Madrona Ave., St.Helena	(707) 963-9000	△
Neyers	I-9	2153 Sage Canyon Rd., St.Helena	(707) 963-8840	△
Nichelini Winery & Tasting Room	J-10	2950 Sage Canyon Rd., St.Helena	(707) 963-0717	○
Nickel & Nickel	J-7	8164 St.Helena Hwy., Oakville	(707) 967-9600	○
Noah Vineyards	L-8	6204 Washington St., Yountville	(707) 944-0675	△
Opus One	J-7	7900 St.Helena Hwy., Oakville	(707) 944-9442	△
O'Shaughnessy	C-8	Angwin	(707) 965-2898	△
Outpost	C-8	Angwin	(707) 965-1718	△
Palmaz Vineyards	P-10	4029 Hagen Road, Napa	(707) 226-5587	△
Paloma	E-3	4015 Spring Mtn. Rd., St.Helena	(707) 963-7504	
Paoletti	C-5	4501 Silverado Trail, Calistoga	(707) 942-0689	
Paradigm Winery	K-7	1277 Dwyer Rd., Oakville	(707) 944-1683	
Paraduxx	K-7	7257 Silverado Trail, Napa	(707) 945-0890	△
Peju Province	I-7	8466 St.Helena Hwy., Rutherford	(707) 963-3600	○
Pillar Rock	M-9	6110 Silverado Trail, Napa	(707) 945-0101	
Pina	J-8	8060 Silverado Trail, Oakville	(707) 738-9328	△
Pine Ridge Winery	M-9	5901 Silverado Trail, Napa	(707) 252-9777	○
PlumpJack Winery	J-8	620 Oakville Cross Rd., Oakville	(707) 945-1220	○
Prager Winery & Port works	G-6	1281 Lewelling Ln., St.Helena	(707) 963-7678	○
Pride Mountain Vineyards	D-3	4026 Spring Mtn. Rd., St.Helena	(707) 963-4949	△
Provenance	I-6	1695 St.Helena Hwy. So., Napa	(707) 968-3633	○
Quintessa	H-7	1501 Silverado Trail, Rutherford	(707) 967-1601	△
Quixote Winery	L-9	6126 Silverado Trail, Napa	(707) 944-2659	
Random Ridge	M-5	Mt. Veeder	(707) 938-9085	△
Raymond Vineyard &Cellar	H-7	849 Zinfandel Ln., St.Helena	(707) 963-3141	○

店名	地図位置	住所	電話	*
Regusci	M-9	5584 Silverado Trail, Napa	(707) 254-0403	△
Revana	F-6	2930 St.Helena Hwy. No., St.Helena	(707) 967-8814	△
Reverie	C-4	1520 Diamond Mtn. Rd., Calistoga	(707) 942-6800	△
Reynolds Family Winery	O-10	3266 Silverado Trail, Napa	(707) 258-2558	△
Ristow Estate	N-9	5040 Silverado Trail, Napa	(707) 252-8379	
Robert Biale Vineyards	O-9	4038 Big Ranch Road, Napa	(707) 257-7555	△
Robert Craig Wine Cellars	Q-8	625 Imperial Way, Napa	(707) 252-2250	○
Robert Keenan Winery	E-4	3660 Spring Mtn. Rd., St.Helena	(707) 963-9177	△
Robert Mondavi Winery	J-7	7801 St.Helena Hwy., Oakville	(707) 226-1335	○
Robert Sinskey Vineyards	L-9	6320 Silverado Trail, Napa	(707) 944-9090	○
Rocca	K-8	1500 Yountville Cross Rd., Yountville	(707) 257-8467	
Rombauer Vineyards	E-6	3522 Silverado Trail, St.Helena	(800) 622-2206	○
Rubicon Estate	I-6	1991 St.Helena Hwy., Rutherford	(707) 968-1100	○
Rudd Estate	J-8	500 Oakville Cross Rd., Oakville	(707) 944-8577	△
Rustridge Winery	H-10	2910 Lower Chiles Valley Rd., St.Helena	(707) 965-9353	△
Rutherford Grove Winery	H-6	1673 St. Helena Hwy., Rutherford	(707) 963-0544	○
Rutherford Hill Winery	H-8	200 Rutherford Hill Rd., Rutherford	(707) 963-1817	○
Rutherford Ranch	H-7	1680 Silverado Trail, St.Helena	(707) 968-3200	
Saddleback Cellars	J-8	7802 Money Rd., Oakville	(707) 944-1305	△
Saintsbury	S-8	1500 Los Carneros Ave., Napa	(707) 252-0592	△
Sawyer Cellars	J-7	8350 St.Helena Hwy., Rutherford	(707) 963-1980	△
Schramsberg Vineyards	D-5	1400 Schramsberg Rd., Calistoga	(707) 942-2414	○
Schweiger Vineyards	E-3	4015 Spring Mtn. Rd., St.Helena	(707) 963-4882	△
Screaming Eagle Winery	J-8	577 Silverado Trail, Napa	(707) 944-0749	
Seavey Vineyard	H-8	1310 Conn Valley Rd., St.Helena	(707) 963-8339	△
Sequoia Grove Vineyards	J-7	8338 St.Helena Hwy., Rutherford	(707) 944-2945	○
Shafer Vineyards	L-9	6154 Silverado Trail, Napa	(707) 944-2877	△
Sherwin Family Vineyards	D-3	4060 Spring Mtn. Rd., St.Helena	(707) 963-1154	△
Showket Vineyards	J-8	7778 Silverado Trail, Oakville	(707) 944-1101	
Signorello Vineyards	N-9	4500 Silverado Trail, Napa	(707) 255-5990	○
Silver Oak Cellars	K-8	915 Oakville Cross Rd., Oakville	(800) 273-8809	○
Silver Rose Cellars	B-4	400 Silverado Trail, Calistoga	(707) 942-9581	○
Silverado Hill Cellars	O-10	3103 Silverado Trail, Napa	(707) 253-9306	○
Silverado Vineyards	L-8	6121 Silverado Trail, Napa	(707) 257-1770	○
Sky Vineyards	M-5	1500 Lokoya Rd., Napa	(707) 935-1391	△
Sloan	H-8	88 Auberge Rd., Rutherford	(707) 967-8627	
Smith-Madrone Vineyards & Winery	D-4	4022 Spring Mtn. Rd., St.Helena	(707) 963-2283	
Spottswoode Winery	E-5	1902 Madrona Rd., St.Helena	(707) 963-0134	△
Spring Mountain Vineyard	F-5	2805 Spring Mtn. Rd., St.Helena	(707) 967-4188	
St.Clement Vineyards	F-5	2867 St.Helena Hwy. No., St.Helena	(707) 967-3033	○
St.Supery Vineyard & Winery	I-7	8440 St.Helena Hwy., Rutherford	(707) 963-4507	○
Staglin Family Vineyard	J-6	1570 Bella Oaks Ln., Rutherford	(707) 944-0477	△
Stags' Leap Winery	L-9	6150 Silverado Trail, Napa	(707) 944-1303	△
Stag's Leap Wine Cellars	M-9	5766 Silverado Trail, Napa	(707) 944-2020	○
Steltzner Vineyards	M-9	5998 Silverado Trail, Napa	(707) 252-7272	○

店名	地図位置	住所	電話	*
Sterling Vineyards	C-5	1111 Dunaweal Ln., Calistoga	(707) 942-3344	○
Stony Hill Vineyard	E-5	3331 N. St.Helena Hwy., St.Helena	(707) 963-2636	
Storybook Mountain Winery	A-3	3835 Hwy. 128, Calistoga	(707) 942-5310	△
Sullivan Vineyards	I-7	1090 Galleron Rd., Rutherford	(707) 963-9646	○
Summers/Villa Andriana Winery	A-3	1171 Tubbs Ln., Calistoga	(707) 942-5508	○
Summit Lake Vineyards & Winery	C-7	2000 Summit Lake Dr., Angwin	(707) 965-2488	△
Sutter Home	G-6	277 St.Helena Hwy. So., St.Helena	(707) 963-3104	○
Swanson Vineyards	J-6	1271 Manley Ln., Rutherford	(707) 944-0905	△
Terra Valentine	E-4	3787 Spring Mtn. Rd., St.Helena	(707) 967-8340	△
The Terraces	H-7	1450 Silverado Trail, Rutherford	(707) 963-1707	△
Titus	F-6	St.Helena	(707) 963-3235	
Trefethen Vineyards	N-8	1160 Oak Knoll Ave., Napa	(707) 255-7700	○
Tres Sabores	H-6	1620 S. Whitehall Ln., St.Helena	(707) 967-8027	△
Trinchero Family Estates	E-5	3070 N. St.Helena Hwy., St.Helena	(707) 963-1160	○
Truchard Vineyards	R-7	3234 Old Sonoma Rd., Napa	(707) 253-7153	△
Tudal Winery	E-5	1015 Big Tree Rd., St.Helena	(707) 963-3947	△
Tulocay Winery	R-10	1426 Coombsville Rd., Napa	(707) 255-4064	△
Turnbull Wine Cellars	J-7	8210 St.Helena Hwy., Oakville	(707) 963-5839	○
T-Vine	A-4	3120 Old Lawley Toll Rd., Calistoga	(707) 942-8685	△
Twomey Cellars	C-5	1183 Dunaweal Ln., Calistoga	(707) 944-8808	○
V.Sattui Winery	H-6	1111 White Ln., St.Helena	(707) 963-7774	○
Van Der Heyden Vineyards	N-8	4057 Silveradi Trail, Napa	(707) 257-0130	○
Viader Vineyards & Winery	E-7	1120 Deer Park Rd., Angwin	(707) 963-3816	△
Vincent Arroyo Winery	A-4	2361 Greenwood Ave., Calistoga	(707) 942-6995	○
Vine Cliff Winery	J-9	7400 Silverado Trail, Oakville	(707) 944-1364	△
Vineyard 29	F-5	2929 St.Helena Hwy. No., St.Helena	(707) 963-9292	△
Vineyard 7&8	E-3	4028 Spring Mtn. Rd., St.Helena	(415) 433-9463	△
Vinoce	J-5	1100 Wall Rd., Napa	(707) 944-8717	△
Volker Eisele Fmily Estate	H-10	3080 Lower Chiles Valley Rd., St.Helen	(707) 965-2260	
Von Strasser Winery	C-4	1510 Diamond Mtn. Rd., Calistoga	(707) 942-0930	△
Wermuth Winery	D-6	3942 Silverado Trail, Calistoga	(707) 942-5924	○
White Rock	N-10	1115 Loma Vista Dr., Napa	(707) 257-7922	△
Whitehall Lane	H-6	1563 St.Helena Hwy. So., St.Helena	(707) 963-9454	○
William Harrison Vineyards	H-7	1443 Silverado Trail, St.Helena	(707) 963-8310	○
William Hill Winery	O-10	1761 Atlas Peak Rd., Napa	(707) 224-4477	○
Wing Canyon	M-6	3100 Mt.Veeder Rd., Napa	(707) 265-8798	△
Wolf Family	H-5	2125 Inglewood Ave., St.Helena	(707) 963-6042	
Work Vineyards	B-4	3190 Hwy. 128, Calistoga	(707) 942-0251	
Zahtila Vineyards	B-4	2250 Lake County Hwy., Calistoga	(707) 942-9251	○
ZD Wines	I-8	383 Silverado Trail, Napa	(707) 963-5188	○

●参考文献

『カリフォルニアワイン物語　ナパ～モンダヴィからコッポラまで～』
ジェームズ・コナウェイ著／松元寛樹・作田直子訳（JTB）
『カリフォルニアワインasナンバーワン～ソノマワインの魅力のすべて～』飯山ユリ著（東京書籍）
『ゴールデン・ステート―カリフォルニア・ワイン―』
（ワインインスティテュート日本事務所ホームページ）
『世界ワイン大全』（日経BP社）
『ナパ・ワイン～新世界ワインの王者』飯山ユリ著（東京書籍）
『Judgement of Paris』George M.Taber（Scribner）
『パリスの審判』ジョージ・M・テイバー著／葉山考太郎・山本侑貴子訳（日経BP社）
『ほんとうのワイン』パトリック・マシューズ著／立花峰夫訳(白水社)
『Images of America Napa～An Architectural Walking Tour ～』By Anthony Raymond Kilgallin（Arcadia）
『Images of America～Napa Valley Wine Country』
By The Napa Valley Museum and Lin Weber（Arcadia）
『Looking For the Past in Calistoga』By Kent v Domogalla（Sharpsteen Museum Association）
『napavalley.org Napa Valley Guidebook』（napavalleyguidebook.com）
『Napa Valley Tour Guide～A comprehensive tour package to the world -famous Napa Valley』
By Antonia Allegra （Travel Brains）
『Old Napa Valley～The History to 1900～』By Lin Weber（Wine Ventures Publishing）
Sharpsteen Museum 資料
『The Napa Valley Appellation』（napa valley vintners）
『the Food Lover's Companion to the Napa Valley』By Lori Narlock
『Wineries of Napa Valley』（Meadowood）

●Thanks to：

カリフォルニア・ワイン・トレーディング 株式会社
布袋ワイン 株式会社
ワイン・イン・スタイル 株式会社
ワインインスティテュート日本事務所
Candlelight Inn
The Culinary Institute of America at Greystone
Meadowood
NAPA Chamber of Commerce
Napa Valley Conference and Visitors Bureau
Napa Valley Vintners Association
Napa Valley Wine Train
And All of the Wineries, Restaurants, Inn & Resorts

濱本　純　Hamamoto Jun
1949年生まれ。エッセイスト。学習院大学卒業後、大手広告代理店に勤務。アカウント・エグゼクティブの傍ら、TV番組・CM制作、イベント等のプロジェクト・リーダーをつとめる。同社を退社後、NaPa Associatesを主宰。現地にオフィスをかまえ、雑誌の特集企画等に参加するなど、ナパヴァレー文化の紹介に尽力。

ナパヴァレーのワイン休日

ワイナリーが織りなす究極のスローライフ

2008年3月14日　初版第1刷発行

著　者　濱本　純

発行者　林　茂樹

発行所　株式会社 樹立社
〒160-0004　東京都新宿区四谷2-8
電話　03-5368-8434
郵便振替　00150-7-124141
URL　http://www.juritsusha.com

装　丁　高林昭太

ISBN978-4-901769-25-9

樹立社の本

樹立社ライブラリー・スペシャル

知床の四季を歩く

立松和平［文・写真］

知床はただ原始の野性が残っているから尊いのではない。その生態系の中に、人間が見事に位置づけられているからこそ、貴重なのだ。（「あとがきにかえて」より）

四六判／96頁
定価1155円（本体1100円）
ISBN978-4-901769-24-2 C0095

樹立社ライブラリー・ヒューマンドキュメント

カンボジアの赤いブランコ

古舘謙二［文］JHP・学校をつくる会［写真協力］

「内戦で荒れた国に学校を建てよう」と呼びかけていた脚本家、小山内美江子さんの誘いに応じて出かけた若者たち。猛暑、ほこり、荒れ地の中でのブランコづくりが仕事です。

四六判／128頁
定価1260円（本体1200円）
ISBN978-4-901769-23-5 C8095

樹立社ライブラリー・スペシャル

旭山動物園物語

古舘謙二［文］篠塚則明［写真］

ペンギンはペンギンらしく、オランウータンはオランウータンらしく。旭山動物園では人間が人間らしく知恵を絞っているので、みんながいきいきとしている。（立松和平）

四六判／72頁
定価1050円（本体1000円）
ISBN978-4-901769-40-2 C0095

樹立社ライブラリー・スペシャル

メッセージ

都はるみ［著］鬼海弘雄［写真］

日本の音楽シーンを疾走する都はるみさんが、新聞、雑誌などにリリースしてきた"発言"の数々と、土門拳賞のカメラマン、鬼海弘雄さんによる撮り下ろし写真で構成。

四六判／128頁
定価1260円（本体1200円）
ISBN978-4-901769-41-9 C0095

樹立社ライブラリー

四万十川に生きる

立松和平［文・写真］

日本最後の清流といわれる四万十川。その豊かな自然を守り、環境を育む大切さを、世代を継いで語りかける。

B5変型判／64頁／定価1050円（本体1000円）
ISBN978-4-901769-20-4 C8095

樹立社ライブラリー

カブトムシに会える森

岡部優子［文］筒井 学［写真］

大好きなカブトムシの研究をつづけ、ついに一年中いつでも羽化させることに成功！

B5変型判／64頁／定価1050円（本体1000円）
ISBN978-4-901769-21-1 C8045

樹立社ライブラリー

ピンクの空を見てみたい

森岡みのり絵手紙集

森岡みのり／渡辺 淳

小３から４年余、老画家へ一日も欠かさず少女が送った絵手紙1600通！

B5変型判／64頁／定価1050円（本体1000円）
ISBN978-4-901769-19-8 C8071

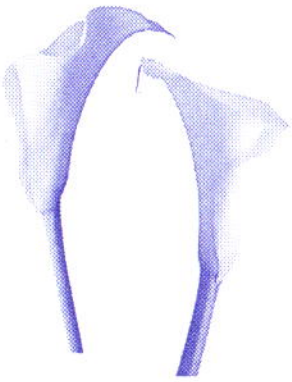

プロカウンセラーが読み解く

女と男の心模様

東山弘子＋東山紘久
Higashiyama Hiroko　Higashiyama Hirohisa

創元社

まえがき

遠くて近くは男女の仲。近くて遠くも男女の仲。

女と男の問題は、人間にとって永遠のテーマです。人間は、女と男がいて子孫が継続し、女と男がいるから、幸せで、苦労で、生きがいがあり、失望があります。

女と男はともに人間ですので、多くの共通点があります。精神分析の創始者であるフロイトは、女と男には、生理学的な相違を除くと、差はないと述べています。たしかに、男もいろいろ、女もいろいろですから、女と男という分け方さえ、生理学的な違いを除くと、意味がないかもしれません。生理学的な違いを除いて女と男の違いを強調しますと、男女差別を助長しないともかぎりませんので注意が必要です。とくに、心のありようの区別は、あるようでなく、ないようであるところがあります。性別（生物学的な性別）とジェンダ

―（社会的・文化的に形成された性別）の両者を考慮すべきなのは、人間社会における典型的な特徴かもしれません。男性的な女性、女性的な男性、というのは、ジェンダーからの視点です。

この本で何回もくり返すことになりますが、人間は群れで生活する動物です。大脳が発達した家族を形成する動物です。文化を形成し、普及させ、発展させる動物です。遺伝的影響より、環境や学習の影響のほうが大きい動物です。人間の行動は個人と環境の関数で表されると考察した心理学者もいました。このことは環境に、性格や心が影響されることを意味します。

野生動物にあるかどうかは、むずかしいところですが、人間には性同一性障害が存在します。性同一性障害とは、生理学的な性別と心の性別が異なることです。性同一性障害をもたない人が、性同一性障害を理解すること、これは性別がアイデンティティを形成する要因のひとつですので、困難を覚えることと思います。逆に見れば、性同一性障害をもつ人が、なかなか一般的に理解されにくいことを示しています。

以上のようなわずかなことから考えても、性別による心の差異を述べることは問題も多いし、むずかしいことです。いちばんむずかしいのは、誰しも女か男のどちらか一方だけしか、経験できないことです。それでも、日常の生活のなかで、遺伝的なものなのか、ジェンダーによる相違なのかわからない男女の心の違い、行動の違いを感じることは多々あります。私たちもまた、プロカウンセラーとしての立場から、男女の葛藤やコミュニケーションの違いから生じる誤解、男女の心のありようの差によるものとしか思えないような行動に出会う機会や、極度にジェンダーの観点に寄った見方をしても、学習による性差とは思えない行動に出会うことが多くあります。たとえば、人間の性別の区別がつくのは二歳くらいですが、明らかに性別を区別できない幼児の行動を集団で観察していても、男女差は見られるのです。

二〇〇五年三月に、プロカウンセラーシリーズ第三弾『プロカウンセラーのコミュニケーション術』（創元社）を上梓しました。そのなかに「男心は男でなけりゃ――女心は女でなけりゃ」という一節を書きました。これを読んだ多くの読者から、男女の心の違いについてもっと書いてほしいというご要望を受けました。筆者の私は男性ですので、当然男性としての経験しかなく、女性の行動は外から観察したものにすぎません。私が女性の行動を観察して感じたことは、女性の読者からすると、納得できることも多いそうですが、それでも男性である私の感じ方と女性の感じ方には、どこかニュアンスや感覚に差があるように直感しています。私には、男性の心は書けても、女性が感じた女性の心を書く自信がありませんでした。ユングは、男性が女性について、策略、怨恨、イリュージョン、空理空論などにわずらわされずに何か客観的なことを言うことがはたして可能か、と述べています。逆もまた真なりではないでしょうか。

「男性が女性を見たり感じたりするときの通弊として、男性の目には女性が一種の不透明な仮面のように思われ、男性はこの仮面の背後にありとあらゆる、あることないことの一切合切を想像する、いや想像するのみならず現実にあるものだと思いこんでしまう、しかもその際、肝心かなめのところは見逃してしまうという結果になるのです」とユングが述べている点でもあるのです。この点についても、また、逆も真なりでしょう。

男女の感覚差は、『子育て』（創元社）を書いたときにも感じたことでした。ですからそのときも妻との共著にし、母親の部分を妻が書きました。幸いなことに、妻もプロカウンセラーですので、今回も共著にしました。男女差が見られると感じた行動を、女性のプロカウンセラーと男性のプロカウンセラーとの視点で書きました。できるだけ外から見て典型的と思われる女性の行動、男性の行動を、女性のカウンセラーと男性のカウンセラーがどのように感じるかを書いています。感じ方の差とは男女の認識の差、世界をどのように感じるかの男女差です。この差が男女間のコミュニケーションのギャップになっていることが多いのです。

人間のなかには男性的なものと女性的なものとが併存していますから、女性的な生き方をする男性の存在も可能なら、男性的な生き方をする女性もまた存在しえます。男女には生理学的な性別以外は差がないという、フロイトの言葉の重みを感じながら、また、典型的な男性イメージ・女性イメージも、あるようでないし、ないようであることに気を配りながら本書を書きました。

昔に比べて現在は、男女差別を生まないために、男女差をジェンダーに反映させない努力をしています。最近はまた、男女差を差別的にではなくて、特質として男女共生社会に反映させようとする動きもあります。これらはなかなかむずかしい問題です。個々人の人格の違いがありますので。読者の皆様方のご批判を仰ぎたいと思います。本著が少しでも男女間のコミュニケーションでの誤解を解くためのお役に立てば、著者として望外の喜びです。

平成一八年八月吉日

東山紘久

●目次

プロカウンセラーが読み解く

女と男の心模様

1 服装

毎日着替える女、着たきり雀の男

毎日同じ服装で出かける女性は、あまりいません。しかし毎日同じ服装で出勤する男性は、けっこう多いものです。

女性の場合、旅行などでしかたなく同じような服装で通す場合でも、アクセサリーを替えたり、スカーフを違えたりして工夫します。男性の場合、同じスーツで、ネクタイまで同じという人をよく見かけます。日本は四季があり気候が変化しますから、さすがに春・夏・秋・冬とも同じ服装とはいきませんが。

男性は同じ服装でいることにどうして平気なのでしょうか。まず第一に考えられるのは、面倒くさいからです。ただし、ただ単に面倒だからという理由だけで、男性が毎日同じ服装をしているのではありません。面倒だと感じる領域が男女で異なるのです。

工芸などの職人仕事には、ふつうの人ならとてもできないような手のこんだ、そして同じ作業を根気よくくり返したりする面倒な作業がありますが、男性はこのような仕事はあまり面倒だと感じないのです。職場への行き帰りは毎日同じ服装だとしても。

第二は他人の目を気にするしかた・他人の目を気にする領域が男女では異なるのです。思春期の娘をもっているお父さんが、毎日同じネクタイをしていると、娘から「ネクタイくらい替えていきなさいよ」と言われると思います。娘さんが言うと、奥さんも同調するでしょう。では、どうして娘さんや奥さんに代表される女性は、男性がネクタイを替えないことを気にするのでしょうか。どうして男性のあなたは、それが気にならないのでしょう。

娘さんも思春期に入るまでは、お父さんのネクタイのことなど気にしていなかったと思います。しかし娘は父親に未来の理想の男性（像）を見るようになり、服装をかまわない男性はダサく思うようになるのです。思春期の女性は、自分が女であることを自覚してきます。毎日同じ服装で出かける女性がいるとそれはダサい女だと思うし、ときにはその人の女性性を疑います。こうした人は女友だちの仲間に入れてもらえません。

女性は、自分の服だけでなく、友だちの服を買うのにも熱心につきあいます。男性から見るとあたかも自分の服を買うような態度で、友だちの服を選び、そのあとで自分も試着したりします。

男性なら、友だちが服を買うのについて行くようなことは、まずありません。青年期のある時期、友だちに対して関心をもつか、あるいはファッションに並々ならぬ関心のあるケースは除きます。

服を選ぶ女性にとって、その服が自分に似合うかどうかも大切です。友だちから「似合っている」「可愛い」と言われるかどうかが最大の重要事です。そして、その奥には、男性から可愛い素敵な女性として見られるかどうかというテーマが隠れています。父親の服装を意識するのは、服装に対する自己意識と他人意識が芽生え、その関心がいちばん身近で危険のない異性、つまり父親に向くからです。

だいたい、ほとんどの男性はネクタイに関して気にもしていません。まして他の男性のネクタイに対しての関心など皆無といってよいでしょう。背広とネクタイは、仕事のために必要であるという認識です。夏のノーネクタイやノージャケットがいくら叫ばれてもなかなか日本では定着しませんが、これは背広とネクタイというスタイルに、男性はこだわりと必要性を感じているからです。ただし、肝心の背広やネクタイそのものには無関心なのです。無関心といっても、それは毎日変えるといったような服装そのものに対してだけで、背広のしわやズボンの折り目、ネクタイの汚れなどには関心があり、そこそこ注意を払っています。

女性が服装やネクタイに関心があるのを知っていて、女性にモテたいと思っている男性、とくに好きな子ができた思春期の男の子は、服装に多大の関心を払っています。

その一方で、見た目にばかり気を使い、仕事ができない軽い男を、男性はどこかで軽蔑しています。そのような男が女性からモテると、嫉妬もあってか、「男性を見る目がない」と女性をけなしがちです。

職場では男性は男性からのうけのよさは必須ですので、ある程度の年齢になると女性にモテたい思いはあっても見た目より仕事中心になります。やがて仕事にのめりこむようになりますと、服装への関心はますます薄れていきます。だから女性がせっかく新しい洋服を着てきても、男性はそれに気づかないことさえあるのです。

なお、女性でも思春期を通り越した年代では、男性への関心は見た目から実質重視に変わります。収入、学歴、能力、優しさなどです。ダサい感じ、クサい感じ、いやらしい感じは当然嫌われますが。

同じ服装・ネクタイをすることは、男性にとってある種のこだわりと愛着が強いからです。つねに同じネクタイをしているからといって、その男性がネクタイを一本しか持っていないということはまずありません。奥さんや子どもたちから誕生日や結婚記念日にネクタイをプレゼントされることもあるでしょう。毎日同じネクタイをしているのは、ネクタイに無関心なのではなくて、その一本に愛着を感じ、そのネクタイがいちばんぴったりくるからです。ですから贈り物のネクタイは義理には締めても、すぐにもとのネクタイに戻ります。「この間、私が買ってあげたネクタイもあるじゃない。どうしていつも同じネクタイをしてるの」と、詰問されますと、その日ぐらいは新しいネクタイをしますが、奥さんが気をゆるめると、いつのまにかもとのネクタイに戻っています。それは愛着があるからです。その証拠に、毎日締めていてネクタイが汚れると、ふだんは面倒くさがりなのに、わざわざ絹専用の洗剤で手洗いしたりする男性もいます。あるいはまた、クリーニングに出した間、別のネクタイを締めたくないので、同じ色柄のネクタイを何本も持っている人がいるくらいです。

背広やネクタイにこだわらない男性だからといって、身だしなみに無頓着なのが男性的であるかというとそうではありません。多くの男性がこだわるのが毛髪、それも毛髪量です。ハゲるのは、男性ホルモンが多いのがその一因だといわれています。男性ホルモンが多いというのは、男性らしいといってよいでしょう。男性らしさは、男性にとって誇りです。でも、ハゲるのはやはりいやなのです。育毛整髪剤が次々と手を替え、品を替えて売り出されているのはそのせいでしょう。

女性から嫌悪される男性の外観として、俗にいうチビ・デブ・ハゲがあげられますが、女性から嫌われるから、ハゲを気にするのでしょうか。それもあるとは思いますが、服装を考えますとそうではなく、老人くさく見える、老けて見えることがいやなのです。若々しい男性、たくましい男性に対するコンプレックスが、男性には大なり小なりあるからです。しかし、それと同時に、年を経た重厚な男性性には憧れをもっているのですから、男性の心理もこのあたりはなかなか微妙です。

異性にはわかりにくい微妙なこだわりが、男性にも女性にもあります。男性の場合、髭に関してがそうです。無精髭は恥ずかしいこととされています。無精髭で、月代(さかやき)を伸ばしているのは、江戸時代の落ちぶれた浪人の姿です。男性はどこかで稼ぎのない落ちぶれた人間には見られたくない気持ちがあります。

髪形もそうです。女性は流行を取り入れますが、男性は若者を除いて、髪形に対しては保守的です。ビジネスマンや公務員、判事・検事、政治家などはなかなか茶髪にはしません。明治初期に、断髪令が出たにもかかわらず、髷を切るのに抵抗したのも男性でした。

女性にも、男性からすると不思議なこだわりがあります。たとえばそのひとつはストッキングの伝線です。少々伝線したところで、実質的な影響はありません。それでも女性はストッキングの伝線に気づくとすぐにはき替えます。はき替えないと気持ちが落ち着かないようで、とても恥ずかしそうです。男性からすると極端に短いスカートや大きく襟ぐりの開いた服のほうが、よほど恥ずかしいように思うのですが。そのうえ、ストッキングの伝線に気づくのは女性で、男性のほうはあまり気づきません。

これらのことは、どれもなかなか微妙です。男女ともお互いにはわかりにくいものですが、異性が気にしているのに、同性は気にならないこと、逆に同性は気にしているのに、異性は気づきもしていないことがあることは、男女の関心が違う領域では、お互いの無関心のため誤解が案外起こりにくいこともあるのです。

服装に関する現代の特質として、昔は男性の服装だと考えられていた衣装を女性がふつうに着ることがあげられます。ただし、その逆はありません。

女子はスカート、男子はズボンと決まっていた昔に対し、今は女子もズボン（パンツ）をはくのが日常的です。でも男子がスカートをはくことはありません。女子のズボンはスラックスという名称で、男子のズボンと区別していた時代もありましたが、今はどちらもパンツと英語で統一されています。スラックスは、ジッパーがサイドについていましたが、パンツは前開きです。前開きは男性なら日常生活には不可欠ですが、女性にとっては前でも横でもかまいません。それでもやはり、女性用のパンツは前開きです。最近では、男物のシャツやトランクスを身につける女性もふえています。こうした女性の男性ファッション化への一方通行という傾向は、女性が男性文化に入る自由があるのに、その逆は、社会的制約がきついということを意味しています。男女共生社会が叫ばれるなか、女性専用車両が新設されたりする風潮は、どこかに心理学的歪みが生じているのだと思います。

女性の服装は、ますます開放的になっている一方、昔は隠さなかった部分を隠す文化も生じています。それが胸です。哺乳動物では、成人の雄は雌の乳房には関心を示しません。生殖器のみです。昔は、人間の成人男子もそうで、乳房に関心があるのは子どもだけだったのです。ですから、五〇年ほど前の日本では、ブラジャーは一般的ではありませんでしたし、人前で授乳するために胸を出すことを恥ずかしがる女性はいませんでした。現在では、乳房が性器というカテゴリーに組みこまれてきたのでしょう。

服装はセカンドスキン（第二の皮膚）と呼ばれているように、心理や文化と深くかかっています。流行の変化が大きく、とくに婦人服にその傾向が顕著です。それだけに、服装には女性の心理状態が反映しているのです。女性の服装が男性領域へ進出してきたのも、女性の社会進出や男女平等社会の象徴的表われかもしれません。

男と女の服装で、大きな違いは、男性の場合、年齢的・社会的に服装が規定されていることです。子ども時代、思春期・青年期、成人期、老年期と男性の服装は変化します。あとは、勤務のときと私的なときでも変わります。一方、女性の場合は、男性ほど年齢による区別をしないのです。もしかすると、女性は年齢を意識しすぎているので、服装など外観では年齢による差異をつくりたくないのかもしれません。

男性は、子どものときは子ども服か制服、学生時代はカジュアルな学生ファッション、勤めに出るようになるとダークの背広です。老人になると、老人的な服装になります。女性は、とくに成人女性は年齢不詳が建前ですので、服装は自由が原則です。ただし、仕事をもっていると会社でお仕着せ（制服）が支給されたり、お勤めがある程度固定した女性には通勤服があります。ニューヨークでは、黒を基調としたスーツがキャリアウーマンの通勤着として、男性のダークの背広のように定着しています。

いちばん自由で、だからこそむずかしいのが、中年女性の服装です。主婦に代表される、決まった通勤着を常用しない女性たちの服装は、人それぞれです。女性は、自分がいちばん美しく見えたときの服装にこだわりがあります。そのため、体型や年齢の変化にかかわらず、若い娘さんのような服装をしている女性がいます。たとえばジーンズは足が細く、ヒップがたれていないときには似合いますが、中年の体型になりますと、かえって体型の崩れが強調されてしまいます。娘さんと同じような服装の母子連れがいますが、娘さんのほうはともかく、お母さんのほうは異様に見えることさえあるのです。

中年女性では、これとはまた逆に、服装に無頓着になってしまっている人もいます。これではせっかくの円熟した女性の美しさが台なしです。これからの日本のファッション界は中年女性を魅力的にする服装を考える必要があるかもしれません。ある種の中年男性には、若者にない魅力があるように、中年女性にも若い娘にない魅力があるのですから、それを引き立てる服装を考えたいものです。

2

化粧

たとえ殺人を犯しても……美しくなりたい女心

動物と人間の差のひとつは、人間、とくに人間の女性が日常的に化粧することです。女性たちは、どうして化粧をするのでしょう。女性性を男性にアピールする必要があるのでしょうか。「服を着た猿」といわれるように、人は衣服を着ていますので、妊娠適齢期が雄にわかりにくいからということがあるかもしれません。ただ、女性の化粧から妊娠適齢期はわかりませんから、雄へのアピールだという理由づけにも疑問点はありますが。

化粧は異性に対するアピールだと思われる反面、自分自身のためや同性へのアピールという面もあるのかもしれません。古代から女性が用いてきた髪油や香油は、毛髪や皮膚の保護に役立っているからです。しかし、化粧のしすぎが原因で、文明国の女性の肌が発展途上国の女性の肌に比べて荒れているという調査結果もあります。江戸時代の役者が舞台化粧に用いる白粉に含まれていた鉛毒で、肌をひどく傷めていたことはよく知られています。肌を傷めてまでも化粧をするというのは、化粧が実質よりも見た目上の美容を目的としているとも考えられます。

女性が化粧する理由のひとつは、素肌を人目にさらすことに対する抵抗です。不意の訪問客に対して、化粧しないで応対したとき、多くの女性は「お化粧もしないままで失礼します」と、言ったりします。素顔を人前にさらすことは女性にとっては、失礼なことなのです。最近は若い女性に車内で化粧する姿がふえ、男性だけでなく、中年以上の女性や、若くて昔ふうのしつけを受けた女性たちから顰蹙(ひんしゅく)を買っています。人前で化粧をしてはいけないという掟が、女性の間にはあり、それはひじょうに恥ずかしい行為と見なされていたのです。どうして昔の女性たちは人前、とくに男性のいるところでの化粧を恥ずかしいこと、としたのでしょう。素顔を人前にさらすことも恥ずかしいこと、失礼なことだとすると、人前での化粧は、着替えを見せるような感覚があるのかもしれません。

人間はなんのために自分を美しく見せる必要があるか、それはおそらく内省があるからでしょう。内省は内言語（自分に向けての言葉）によって行なわれますので、言葉の発達と関係しています。人間は言葉を豊富に使う唯一の動物です。

自分が美しいかどうか、他人にきらわれないか、自分には価値があるか、などは人間にとって大きい問題です。『白雪姫』のお話にある「鏡よ鏡。世界でいちばん美しいのは誰ですか」と妃が言う、鏡への問いかけは、「生きるべきか、死するべきか。それが問題だ」の、ハムレットの独白と等しい深刻な問題だったのではないでしょうか。王妃は、この世でいちばん美しいのが白雪姫だとわかったとき、義理の母親（グリム童話の原本では実母）という立場でありながら、白雪姫を毒殺したのですから。

自分が美しいかどうか、どれほど人と違うかを、人間はたしかめる必要を感じます。絶えずどこかで自分とは何か、自分は他人からどのように思われているかをたしかめないと不安になるのです。「自分は何者か」をむずかしい言葉でいうと、アイデンティティでしょう。人間は、群れで暮らしていますので、みんなといっしょであるべきですが、同時に、自分と他人を区別する必要もあります。

ここで少し十代の若者たちのことを考えてみましょう。「みんないっしょ」は、集団への所属を意味しますので、たとえば学校に所属していることは、制服を着ることで外へアピールされます。日本の中・高校生は制服を着用することが多いのですが、彼らは制服に憧れをもつと同時に、スカートの丈やズボンの幅、ボタンの形を変えた、変形制服を着たりしています。このように友達といっしょで違う、目立ちたい行動の高揚は、アイデンティティの確立の時期と一致します。化粧に関してもこの時期に関心が高まりますので、自己確立、他者との違いの強調、目立ちたい・認められたい願望などと化粧は関係していると思われます。

歴史的、民族的に見ると、古代や発展途上国では、呪術的な特別の期間、祭祀のとき以外は化粧をしていません。戦いや祭りのときには、男性が化粧しています。日常的に化粧をするようになったのは、そんなに昔のことではないのです。原始時代に遡るほど、個々のアイデンティティの確立より集団所属意識のほうが強かったのかもしれません。また、儀式によってアイデンティティの確立がなされていたのかもしれません。男性の成人式の多くは、危険と隣り合わせでした。勇気をもって危険を乗り越えるのが大人の証拠と見なされていたのです。そして、このような儀式には、装飾品や特別の衣装、化粧、入れ墨などが、大きな意味をもって行なわれていました。

雄雌異体の動物では、雌より雄のほうが美しいのがふつうで、鳥や蝶、魚類はとくにこの傾向が目立ちます。これは雄が雌にアピールするためです。哺乳類では、体の大きさや生殖器官が関連する以外は、雌雄同体が多いようです。哺乳類の雌には発情期があり、雄には雌の生殖器と分泌物の匂いの変化で、受胎の可能性がわかり、雄は、雌が発情すると発情するしくみになっています。人間の女性には、性欲の高まる時期はあっても、明確な発情期はありません。スカートめくりや女子トイレ覗き、下着泥棒などは、もしかしたら雄の原始時代のDNAの名残かもしれないと思うことさえあります。

男性向けの雑誌に女性の裸身や下着覗きの記事が、飽きもせずに毎号氾濫しているのを見ても、なぜそれが男性の興味を異常にそそるのか、本当のところ理解できません。まして、覗きが犯罪であることを考えれば、単に病気だということで片づけられず（たしかに異常心理学的行動ですが）、DNAの名残とでも考えないと、あれほど利益のない、社会的に抹殺される危険な行為をするはずがないのです。ちなみに、女性には、男性の下着の泥棒や男性トイレ、男湯などの覗きはありません。

少し、横道にそれました。加齢による容姿の衰えに対する不安と嫌悪は、男性よりも女性のほうが圧倒的です。最近の平均寿命の延長・高齢化傾向は化粧に反映されています。

化粧品売り場には、中高年向けの化粧品がひと昔前の何倍も並んでいます。以前は、加齢対策の美容用品といえば、白髪染めとかつらが主流でしたが、現在は皮膚の老化防止、しわ取り、若返り化粧品まであり、けっこう高価ですが、よく売れているようです。有名なテレビ映画『刑事コロンボ』のシリーズにも、しわ取りクリームの開発と特許をめぐって殺人事件が起きる話がありました。しわ取り化粧品は、化粧品会社にとってライバルとの競争に勝つ死活の商品だからです。

　女性は老いると女性ではなくなるような不安感があるのでしょう。女性の更年期には、特有のいろいろな症状が現れます。症状には、個人差がありますが、女性ホルモンの減少、閉経という生理学的な変化がその基礎です。ただしそうした肉体的な原因だけでなく、プロカウンセラーから見ると、心理的な要因が影響していることもたしかです。

　フロイトの直弟子であり、精神科医の古澤平作（こさわへいさく）先生とその弟子の小此木啓吾（おこのぎけいご）先生は、日本人特有のコンプレックスとして、「阿闍世（あじゃせ）コンプレックス」をあげています。

　古代インドのビンバシャラ王の妻イダイケ夫人は、自分の容姿が衰えてきたため、王の愛情をつなぎとめる必要から、子どもを産みたいと願うようになりました。予言者に聞くと仙人が三年後に死んで、夫人の子どもとして生まれ変わると告げられたのですが、それまで待ちきれずに、仙人を殺して、その身代わりとしてアジャセを生んだのです。アジャセは、母の犯した罪のため、ひどい悪病を病み、両親を殺そうと思いますが、賢人に止められ、母の必死の看護によって立ち直る、というお話です。お話の後半は、母の献身と母・息子の絆という日本的なものですが、このお話には、自分の容貌の衰えに対して、殺人も辞さないという女の心理がこめられています。女性の容姿に対する願望とその衰えへの不安は、白雪姫の母と同じく、殺人動機になりそうなほど強烈なのでしょう。これらは、むろんお話の上ですが、古くより語り継がれているお話には、たいてい心理的な真実があるのです。

現在では、特別な場合を除いて男性が化粧をしないのは、身体、とくに顔によってアイデンティティの揺らぐことが、女性より少ないからでしょう。男性は、自分が男前、今ふうにいえばイケメンならば、そのほうが好ましいとは思いますが、それよりずっと、社会的な地位や収入、能力、人格などのほうに重きを置いています。極端に背が低いとか、あまりにも醜男である以外は、思春期を過ぎるとそんなに容姿を気にしません。

女性の男性評価も、いわゆる見た目のよさや単なるおつきあいレベルの相手は容姿がかかわってきますが、結婚となると、学歴や収入、人格などのほうが重要になってきます。

そして、男性にとっても、目の保養やおつきあいレベルでは、美人だ、スリムだ、グラマーだといった容姿を問題にしていますが、結婚する相手となると、思いやり、優しさ、などの性格のよさや、生活態度全般のほうを重視するようになるのです。

一般的な男女の評価・評判は、主としてマスコミや雑誌で作られますが、個々のペアになると、評価する観点が変わることも知っておきたいと思います。

3 持ち物・小物類

女と男でこう違う、コレクター心理の裏の裏

人間の特徴はいろいろあります。言葉を使うこと、二足歩行、手の親指が他の指と方向が異なるため物をつかめ、道具が使えることなどです。チンパンジーと人間は、遺伝子がほとんど共通しており、チンパンジーも道具が使えますが、道具を作る道具（工作道具）となると、人間だけのものです。

もともと服飾雑貨や腕時計などの小物類は、日常生活の必需品である小道具から出発しています。必需品であるかぎり、必要に応じて道具は細分化されますが、ここに実用に適さないものは加わりません。小物類は、生活の特徴を反映していますので、やがて生活に余裕ができると、小物に装飾が施され、さらに装飾を施すための技術が進み、そこに新た

な文化が生まれます。余裕のないときは、男女とも生活レベルなどによる持ち物の差はありますが、そこに気持ちや感覚を反映させた差は見られません。

古代の王家や豪族の墳墓には、おびただしい装飾品と工芸品が納められています。それらは、他の王族や庶民階層に対しての権力の誇示です。生活に余裕のないときは、生活に直接関係しない道具や小物類は、発展のしようがないのです。生活に余裕ができて、はじめて自己顕示のために物に装飾を施していくのです。

野生動物は、蟻などのごく一部を除いて、自らが生産して、それを消費するということをしません。いわゆる自然まかせ、自然に依存した生活を送っています。このため、めったに余裕は生まれません。ライオンもおなかがいっぱいになったら、それ以上に草食動物を殺すことはしません。えさを保存する知恵もありませんから、不猟のときのために獲物を蓄えておけないのです。一方、知恵のある人間は、必要分だけを消費するのでなく、多少の余裕を求めます。そしてこの余裕によって生活を楽しむ何かを行なうのですが、しだいに行為そのものが目的となるような、本末転倒な事態が起こってきます。

卑近なところでは、買い物依存症です。日本人に生活の余裕がなかった時代、買い物依存症はありませんでした。しかし余裕が生まれると、買い物を楽しめるようになり、楽しみを求めて次々買い物をしてやめられなくなります。買えるうちはよいのですが、やがて他人から合法的・非合法的に奪うことに血眼になることさえ起こります。植民地政策や侵略戦争がそうです。

話がむずかしくなりました。原点に戻りましょう。小物類やアクセサリーは、人間の心や感性が求めるものなので、生活の余裕から生まれます。小物類に対する、女と男のとらえ方は、本質的には違いはないかもしれませんが、対象や人との関係で違いが生じます。

小物類は数からいうと、男性に比べて女性のほうが圧倒的に持っています。携帯電話のストラップ飾りを見てもこれはたしかでしょう。女性の携帯電話にはいろいろな飾りがついていています。もともと携帯電話は、自動車電話から派生しました。会社役員や政治家など、連絡を頻繁にとらなければならない人たちの必需品でしたから、自動車電話に装飾品はいっさいついていませんでした。それが発展したのが、ポケベルです。営業マンの必需品だったポケベルにも装飾品は見られません。その後技術革新が起こり、これら先駆的な移動電話が発展し携帯電話が生まれましたが、まだ携帯電話が高価で、一部の人のものだった間は、ストラップも飾りもありませんでした。それが誰でも持つようになり、とくに女子高校生が持つようになってから、華やかで多様な飾りがつくようになりました。

指輪や宝石、金製品も、余裕が生まれたときに、デザイン化が起こっています。ベトナムや中国の人々は、金製品を好む傾向がありますが、それは装飾としてより、かさばらずに高価で換金性が高いので戦乱時に持って逃げるのに便利だからです。ベトナムや中国の金のネックレスは、イタリア製などと比べると、作りが雑で、デザインも単純です。これは、金そのものに値打ちを感じているからです。装飾を施し、デザインに凝るほど、金自体としての価値は減ります。デザインや細工料が付加されていますから。

しかし、単なる金のかたまりでは、装飾品にはなりませんし、アクセサリーにもできません。凝ったデザインの、人が注目するような金のネックレスが欲しいという女性はいますが、金のかたまりを身につけたいと思う女性はいないでしょう。それくらいなら、金でなく、いわゆるメッキでも、デザインされたネックレスのほうが好まれます。

とくに日本の男性は、おしゃれな若者を別にして、目立った装飾品を持ちたいとあまり思いません。これは男性が小物にこだわらないという意味ではありません。服装のところでも述べましたように、男性はある種の小物にこだわりをもっています。たとえば、江戸時代に根付（ねつけ）のコレクションが流行しました。現代では、機械式高級時計、ネクタイピン、カフスボタン、眼鏡などです。

男性の場合、小物へのこだわりは日常的に使うというより、珍しいもの、気に入ったものを集める形をとります。切手、ブリキのおもちゃ、Nゲージ（鉄道模型）、コインなどです。これらのコレクターは、マニアと呼ばれています。彼らはヒチコックの映画『コレクター』にあるように、少し不気味な感じがします。

これに対し、女性のほうはマニアは少ないようです。女性もハンカチや下着のような日常生活用品から、指輪、ネックレス、香水、バッグなどを集めている人がいます。「シャネラー」と呼ばれ、シャネルの製品を多数持っている人もいます。しかしこれらは、ただ集めて眺めるのではなく、たいてい使用されます。使用を目的とする場合はコレクターとは少し感覚が違います。また、あるブランド品ばかりを集める男性は、そう多くはないと思います。

骨董品を収集する人の多くは男性です。古丹波の瓶や壺は、昔は日常生活品でしたが、今、古丹波の壺を日常使う人はまずいないと思います。高価だし壊れやすいですから。こうした使えない品を集めることに女性はあまり熱心ではありません。

絵画や工芸品には男女ともにコレクターがいます。刀や模擬銃は男性コレクターが多いし、宝飾品は女性が圧倒的でしょう。宝石でも裸石なら男性かもしれませんが。男性の場合には、どこか利殖とか財産的価値を考えています。女性もそうかもしれませんが、やはり使いたい、自分を飾りたい気持ちが第一だと思われます。

このほかに、集めるものによって男女が異なっていて、その理由がハッキリしているものがあります。たとえば、リカちゃん人形やキティちゃん関連グッズのコレクターは、女性です。自動車（ミニカー）、メンコやビー玉などは男子、おはじきは女子です。

これらは、その物で遊ぶのが男女で分かれているからです。昔ふうの遊びが減って、子どものころから男女共同参画が進むにつれて、遊びが変わり、それにつれて、子どもが持つ小物も変わってきました。子ども時代の変化は、一生影響を与えます。彼らが成人したあとは、小物などのコレクターの様相が変わっているかもしれません。

4 買い物

女のショッピングはつきあう男のあいづちしだい

ハワイ・オアフ島のアラモアナショッピングセンターで興味深い光景に出会ったことがあります。アラモアナショッピングセンターの二階には、有名ブランドの高級ブティックが軒を連ねています。ある高級ブティックに、三組のアジア系夫婦がやってきました。三組は会話から、それぞれ韓国、中国、日本の夫婦だとわかりました。彼らは偶然その店に来あわせたので、顔見知りではありません。

妻たちは、ときどき夫に声をかけてはいますが、自分の服探しに夢中で、気に入った服が見つかると、試着室に出たり入ったりしています。三人の夫のほうは、椅子に腰掛けて退屈そうにしています。夫たちは、ときどきお互いに顔をチラッと見合わせては、苦笑し、またもとのつまらなそうな顔をしています。妻たちは、買う候補が決まると、夫のもとに戻って、値段を告げ、買ってもいいかどうかをたずねます。彼女たちは三人ともこれ以上はないほどの愛嬌たっぷりの笑顔で、夫に次々とおねだりしています。夫たちはしかたがないという感じで、顔には笑みが浮かんでいますが、内心の複雑そうな気持ちがかいま見えます。品物が決まると、夫たちはやおらゴールドカードを取り出して支払いをすませ、品物を持たされて店を出ていきました。韓国人夫婦も中国人夫婦も、それから日本人夫婦も、三組ともみんな同じようにです。このような買い物風景は、全世界共通の夫婦のパターンではないかと感じました。

百貨店の婦人服売り場は、紳士服売り場の三倍くらいの広さがあります。特売場を入れると四倍あるかもしれません。

売り場の性別比率は、買い物人口の性別比率と同調していると思います。女性は男性の三倍から四倍買い物好きなのでしょう。女性の側からいえば、「女は夫や子どものものまで買い物しなければならないのに、男は妻のものは買わないから」との理由もあるでしょう。しかし、それなら買い物客の性別比率は三倍から四倍でも、売り場面積や商品の数は同等であるはずです。

男性は買い物が嫌いなのかというと、そうではないと思います。買い物のしかた、買い物行動に性差があるのです。

以前「見てるだけ……」と、ブティックで四、五人の中年女性が言うテレビCMがありましたが、見るだけのために、四、五人の男性が徒党を組んで歩く風景はCMにも現実場面にもありません。けれども女性だけのグループやカップルでは、「見るだけ」のいわゆるウインドウ・ショッピングはよくあります。カップルの場合、男性は女性につきあっている（つきあわされている）場合も多いのですが。

男性のショッピングでは、下見はありますが、何を買うか、ターゲットが定まっていないウインドウ・ショッピングは、本屋を除いては、あまりありません。男性のショッピングは、買い物を楽しむより、買った品物のほうに、焦点が当たっているのです。ただし本屋だけは、「このごろどんな本が出ているか」「今のベストセラーは何か」「趣味の本で新しいものが出ていないか」というような動機で立ち寄り、買うつもりのない本でも、立ち読みしたりします。それはそれで楽しみですので、男性の本屋におけるショッピング行動や楽しみ方は、女性のショッピングのしかたと似ているのかもしれません。

男性もお店まわりをすることがあります。それは、自分の気に入る品物をトコトンまで探し出そうとするためです。このときは、対象になる品物はだいたい決まっています。○○の靴、△△ができるコンピューター、趣味の品（釣り竿、ゴルフクラブ、カメラ、登山用品等々）、仕事で使う専門用品などです。

男性のショッピングは対象が絞られていますから、それが見つかりますと短時間で終わりますし、思ったようなものが手に入らなければ、オーバーにいえば世界中探しまわることさえあります。とくに、日ごろから妥協を許さないような性格の持ち主はそうです。

女性の、焦点が定まらないダラダラしたショッピング（男性からはそのように見えます）は、男性がそれにつきあいますとひどく疲れます。イライラしますし、腹立たしくさえなり、ついつい「まだなのか」と言って、同伴の女性に叱られたりします。待って、座っているだけなのにそうとうのエネルギーを消費してしまうのです。相手のペースで物事を行なうのは、たとえ歩くだけのことであっても疲れますし、待つとなると、もっと疲れます。それでも待つ時間を限っていればまだ待てるのですが、いつ終わるのかわからないことを待つのは、忍耐が必要です。

こうした男性に対して、女性はショッピングと聞くと疲れが吹っ飛ぶようです。外国でのツアー旅行は、たいてい飛行機なのであまり眠れませんし、時差のため早朝や夕方に現地へ到着することが多く、そうとう疲れるのですが、女性のグループは、疲れも見せずにすぐさまショッピングに出かけていきます。男のグループのほうは、そんな元気もなくホテルで休みたいという人が大半です。また男女のカップルは、「牛に引かれて善光寺参り」ならぬ、「女性に引かれてお店参り」をさせられています。

このように書きますと、男性は、女性と連れだってショッピングすることをいやがっているようにとられるかもしれません。しかし、男性にとって、連れの女性が目を輝かせてショッピングするのを見るのは、けっしていやではありません。女性が喜ぶのは、男性にとっても楽しみではあるのです。が、自分のペースとは違う時間感覚で、共感しながら楽しめないことが苦痛なのです。疲れるからいやになるのです。

デパートで、前もって時間を決めて、あとで落ち合うことにすると、男性はいっしょにデパートへ出かけることを拒否したりはしません。女性には洋服を心ゆくまで見てもらい、その間、男性は本屋に行ったり、喫茶室で雑誌を読んだり、ときには散髪などして、自分のペースで時間を過ごすことができますから。しかし、これでは女性にとっていっしょに買い物に来た意味がありません。女性のほうは、気に入った服が見つかったとき、男性にそばにいてコメントを、それも肯定的なコメントをしてほしいのです。二着、三着と洋服を比べるとき、どちらが似合うのか言ってほしい、これが女性の気持ちです。

このとき男性の側からしますと、女性が選んだ服はどれも大同小異で、男性の目から見るとどちらでもいいように見えます。だから、男性の意見はたいてい「どちらでもいいよ」とか「どれも似合うよ」となります。

これでは女性は満足しません。男性から見れば同じようなものでも、女性にとってはまったく異なっているのです。自分に似合うものを探して着ているのですから、客観的に見るとたしかに選んだ服にはそんなに差はないのですが、少しの違いが大違いなのです。「どちらでもいいよ」という答えは、「よい」どころか「関心がない」というように女性には聞こえてしまいます。「関心がない」は、虐待のひとつにネグレクト（無視）があるように、最高に冷たい態度です。本気で差異がないと思っている男性の「どちらでもいいよ」というひと言が、女性の態度を一変させる理由がおわかりになったと思います。

さらに困ったことに、男性がA、B二着のうちAの服を「こちらが似合うと思うよ」と言うと、女性は「そう、Aのほうが似合うのね。ありがとう」とは、めったに言わないことです。「あら、そうかしら。私はBのほうが似合うと思っているのよ」と反論するのです。

あなたが男性なら、「そう思うのならはじめから俺に聞くなよ」と、なりませんか。でも、これを言葉に出して言うと、ここから気まずい雰囲気が始まります。かといって「そうだね。僕もそう思う」と、すぐ前言をひるがえしてはいけません。前言を簡単にひるがえしますと女性は、「じゃあさっきはいいかげんに言ったのね」となってしまうのです。

「そうか。だけど僕はやっぱりAのほうが君に似合うと思んだがなあ」と、やさしく言う必要があります。これだと女性は「そう」と、ひとまずはおさまります。それであなたの選んだAのほうを女性が購入するのなら、あなたも言った甲斐があると満足されるでしょう。しかし、なかなかそうは問屋が下ろしません。かなりの確率で女性は、あなたが似合うと言ったAではなくBのほうの服を買うと思います。このとき「俺の意見を無視した」「自分で好きに選ぶなら、始めから俺に聞くなよ」とならないでください。女性はあなたの意見は意見として聞いたうえで、自分の決心が定まったのです。あなたが意見を言わなかったら、まだ迷っているのですから。

ショッピングにつきあったとき、男性はコメントをいかにするかの知恵を、女性のショッピング集団の応答のしかたから学ぶ必要があります。女性たちの場合、ひとりが「これどう?」と聞くと、他のメンバーは、必ず「よく似合うわ。すてきよ」と答えています。

内心はそうでなくても。

「どっちが似合うと思う？」とたずねられたときも、「どちらも似合うわよ」とは、答えないのです。「どちらも似合うわよ。でも、私はこちらのほうが好きだな」と答えているのです。そしてそれとは違うほうの服を相手が買っても、「それは彼女の服だから」と思っているので、心になんのわだかまりも生じません。みんな満足なのです。

男性にとって、女性のショッピングにつきあうのは疲れる仕事かもしれませんが、疲れる仕事を相手が満足するように行なうのが、営業の鉄則であり、顧客の心をつかむコツです。ショッピングにつきあって、彼女の心をつかんでください。それは必ず営業業務や他の人との人間関係の改善にも役立ちます。

5 プレゼント

贈り物にこめられる愛と自立と感謝と打算

プレゼントのやり取りというのは微妙なものです。動物では、ふつうの状態ではプレゼントのやり取りはありません。ただ繁殖期に求愛行動のひとつとして、雄が雌に食べ物をプレゼントする習性の動物はいます。雌がそれを受け取ったら、交尾をOKしたしるしとなっているのが、なかなかおもしろいところです。

さて、動物の行動からわかりますように、プレゼントは男性から女性に渡されるのが、もともとのあり方なのでしょう。男性から女性へのプレゼントは、基本的には、原始的行動といってもいいかもしれません。人間は、言葉の使い方からもわかるように、いろいろな行動を象徴的に行ないます。「好き」と言っても、「嫌い」と言っても、それが単純に好き嫌いを意味せずに「嫌い嫌いは好きのうち」と、好きか嫌いかを明瞭にできない、微妙なニュアンスをもたせたりします。プレゼントも言葉のかわりとして、象徴的に使われることが多いのですが、そのプレゼントが何を象徴しているか、贈り主と贈られた側とが象徴の意味を取り違えますと、大いなる誤解が生まれます。プレゼントのしかたや品物選びがむずかしいのは、言葉よりもっと象徴的なので、誤解が生じやすいのです。

意味が、心理的にわかりやすいプレゼントが、賄賂です。プレゼントには、もともと利益誘導の目的以外に、贈るほうと贈られるほうの社会的上下関係がかかわっているからです。ただし、親が子どもに食べ物を与えるのは施しやプレゼントではなく、育児です。ときどき「誰に食わしてもらっていると思うのか」と、子どもに偉そうに言う親がいますのでご注意を。

時代によってもプレゼントの意味は変わります。お歳暮は、もともと分家から本家、子どもから親へ正月の供物を届ける風習がもとになっており、お世話になった人に贈る一年のご挨拶として商家からお得意さまへ贈られていました。現在は、お世話になった上司や先生、先輩、関連会社の役職者などへ贈られるようになりました。しかし「お世話になったお礼」という象徴的意味は変わっていません。ただ、目上から目下への贈り物は、利益誘導目的というより感謝の表れですが、目下から目上への贈り物は利益誘導的と、とられかねませんので、近代化とともに廃止されたり、縮小される傾向があります。これらのことから、プレゼントの象徴的意味は、利益誘導と感謝の気持ちの二つの異なった表現であることがわかります。

プレゼントには、もうひとつの象徴的意味として、人生の節目や季節の便りという意味があります。「正月はなぜめでたいか」といえば、正月を決めておかないと、節目がなくなるからです。節目がないと、一年の区切りがつかず、到着点がわかりません。いやなことを持ち越すことになります。物事には始めと終わりのけじめが必要です。けじめは清算を意味します。御破算やリセットが、人生には必要なのです。

区切りに行なわれる重要な儀式が、イニシエーション（通過儀礼）です。通過儀礼にはプレゼントや振る舞いがともないます。婚約、結婚、出産などの通過儀礼には、盛大な儀式とともに、プレゼントが贈呈されたり、交換されます。式を挙げないカップルでも、なんらかの儀式や贈り物をするのがふつうです。何もないと、それが節目にはならないからです。同棲と結婚の違いには、儀式やプレゼントの有無が関係しています

小さな節目には、小さなプレゼントが贈られます。誕生日のプレゼント、お正月のお年

玉、クリスマスプレゼント、バレンタインのチョコレートやホワイトデーのマシュマロやキャンデーなどには、親子、恋人、夫婦、友人などの関係を確認する象徴的行為として、これらのプレゼントがやり取りされます。バレンタインデーにカードやチョコレートを贈るのは、日本では女性から男性へですが、アメリカでは男性から女性へもカードなどが贈られます。チョコレートを贈るのは日本の風習です。このようにバレンタインデーのプレゼントひとつを取ってみても、そこに男女関係や文化の違いが反映されています。

プレゼントは、相互に交換する場合と、お年玉のように一方通行的なものがあります。親は子どもにお年玉をいつからあげないと宣言するか、子どもは親からのお年玉を、いつ断るかなどは、親と子がお互いに相手をどのように認識するかにかかわっています。うちの子も、もう大人だから、自分で稼ぐようになったからと、親が思うと、その年からお年玉はなくなります。逆に、もう親からお年玉をもらう年ではないと、子どもの側からお年玉を断るのは、子どもが自分を大人として認識してほしいと思ったとき——、自立のときです。そして大人側と子ども側との認識が一致したとき、プレゼントの象徴的意味を双方が理解したことになります。お年玉を子どもがもらっていると、親は子どもがまだ自立していないと思っています。ですから、お年玉をもらっているのに、子どもが結婚したいなどと言い出すと、「まだ子どものくせに、何を考えているのだ」となります。親子の間で、大人としての認識が異なるからです。

男女の間で、デート代などを割り勘にするかしないかは、大きな問題です。割り勘ならば、二人の関係が対等だというメッセージです。相手に負担させることは、相手からプレゼントされることですので、そこにはプレゼントの象徴的意味が生じます。今、私は「あります」と書かずに「生じます」と書きましたが、これは食事代の負担の場合は、場面によって意味が異なるからです。合コンのように、女性の参加をつのる目的があれば、男性の負担する女性分の費用（プレゼント）は、女性参加促進費の意味をもちます。男性は、心のどこかで女性のパートナーか遊び友だち、あるいはあわよくばセックス相手を獲得したいという下心をもっているのです。もちろん、一生の伴侶を見つけるための合コンもあるでしょう。これらの合コンは社会的には、集団お見合いと呼ばれています。結婚紹介所のパーティーでも、もし参加費用が男女同じでないパーティーならば、男女対等でないという意味が暗々裏にあるのです。

プレゼントとは、男性から女性、大人から子ども、上司から部下へのものと考えられているとしたら、そこには強者と弱者、保護者と被保護者、などの関係があることは否定できません。自立とプレゼントは、微妙に関係しています。

儀式ですら、時代の変化とともに意味が変わります。結納を、人身売買と同じように女性と金銭を結びつける儀式だといって拒否する人もいます。結納に抵抗する人には、その人なりの歴史観や価値観があります。日本の場合、婿養子のときは、女性側から男性側に結納が贈られますが、これも昔のイエ制度の名残や労働力の移動による代価かもしれません。儀式は昔から決まった方法をとりますので、結納も結婚への通過儀礼のひとつだと、当然のこととして感じる人も多くいます。儀式をしないと、社会的なけじめだけでなく、心理的な区切りがつかないからです。

プレゼントは、賄賂などを除けば、本来意味を詮索するような功利的なものではないはずです。プレゼントを贈らなければならないと考えるから、こだわりが出てきたり、変になるのです。好きな相手、かわいい子どもや孫には、何かプレゼントしてあげたくなるのが人情です。とはいえ、バレンタインのチョコレートでも、義理チョコから本命チョコまであるように、プレゼントに功利的な意味が皆無でないことも事実です。盆暮れのプレゼントでも、贈らないと義理が立たないと考えられるようになると、形式的になっているのです。

プレゼントとして何を贈るかは大きな問題です。現金なら、相互扶助的な意味あいを持っています。葬式や結婚式で、「○○料」とつくのは、この種のプレゼントです。お年玉は一般的にはお金で贈られますが、小さい子どもの場合は、おもちゃや服が贈られたりもします。西洋でクリスマスプレゼントに、もし、お金を贈ったならば、即刻友人関係が解消されるでしょう。プレゼントは気持ちの表現なので、気持ちをお金に換えることは、相手をさげすむ行為だとみなされます。クリスマスプレゼントに頭を悩ますのは、何を贈ればこちらの感謝や友情が相手に伝わるかを考えなければならないからです。ふだんから相手の行動を好意的に観察していなければ、相手の気持ちを満足させるプレゼントを思いつくことができません。誰でも買えるもの、あなたが欲しがっていたので苦労して手に入れたもの、あなたのために心をこめて手作りしたもの、の順番で、プレゼントは相手にこちらの心が伝わるのです。

母の日や、父の日、あるいは誕生日に、子どもが心をこめて描いてくれた絵や手紙、一生懸命作ってくれた料理に親が感激するのはそのためです。そこには相手に対する優しい気づかい、愛があるからです。

男女の間でもプレゼントに愛が感じられるなら、男性のプレゼントに女性は感激してくれるはずです。男性のあなたが贈ったヴィトンのバッグを、包装のまま質店で換金するようならば、あなたの愛が伝わっていないか、売春の代金の変形か、彼女の気持ちを無視した強引な一方的な愛の押しつけ以外の何ものでもないでしょう。

プレゼントは、自立と関係性を象徴的に表現していると述べました。男女差が明確にあるのが、結婚後の実家との関係です。娘は嫁に行っても、実家へ戻ると、帰る際になにやかやと実家のものを持って帰ります。その日の晩のおかずから、冷蔵庫にある食料品、ときにはおこづかいまでねだって帰ったりします。これに対して、息子の場合は、親が何かを持って帰らそうとしても、邪魔くさがったり、抵抗してなかなか持って帰りたがりません。男性が女性より親から自立しているかどうかは、検討の余地はありますが、里の親にお金や物をねだっている男性がいたら、この場合は明らかに子ども性を残しています。男性として自立しているとはとてもいえません。

実家から物をもらって帰ったり、おこづかいをもらってくる妻に対して、夫が快く思わないことがあります。夫は自分の自立度と比べて妻が自立せず、自分より親に依存しているることが気に入らないのです。そのようなときは、自分の稼ぎの少なさは棚に上げています。もう少し大人の男性になれば、女性の立場や母娘関係は、父と息子や母と息子関係とは異なることを理解できるはずです。

母性は子どもが親の膝から離れるのを危険だと感じたり、さびしいと感じます。結婚した息子に野菜や米を送ってやりたくなるのは、父親より母親のほうです。娘が実家から物を持って帰る行為を、親からの未自立と一方的にいえないのは、「里帰りした娘がなんでも持って行ってしまう」と母親が口では文句を言いながらも、心の内では娘とのつながりを感じて、うれしくさえ思っているところがあるからです。

このようにプレゼントは、自立・未自立の軸だけでなく、男女の心の成熟度や母娘の絆の強さなどによって、変わるのです。

四〇歳を過ぎたら「気を使うより金を使え。気を使わなければならないときには、絶対に金を使うな」は、中年男性、管理職に対する戒めの言葉です。同時にこの教訓は、気づかいの大切さを教えてもいます。そして、「金を使う」ときは、自分のお金を使うことです。念のため。

6 言葉と意味

「あなた」と呼べば「わたくし」と応え、「おまえ」と呼べば「アタシ」と応える

言葉は文化です。民族によって言葉が異なるのは、民族の文化が異なり、生活が異なるからです。言葉へ地方文化が反映されたのが、方言です。文化は創造と伝達によって伝承されます。これらの知見は、サル学と呼ばれる霊長類研究からもたらされました。

家族役割、地域役割、社会的役割は、男女で異なっている部分があります。動物は子育てを他人にまかせません。哺乳類は主に母親が行なっています。野生動物には、代替乳がないので、母親しか授乳できないからです。人間も、長い間、母親が中心になって子育てをしてきました。育児は経験と連携が必要ですので、女子の間には、子育てのための女性社会がつくられてきました。子ども時代から、女子はお人形で遊びます。このごろは見か

けなくなりましたが、抱き人形をおぶって遊んでいる女の子をひと昔前には、よく見かけたものです。また、思春期女子のお弁当友だちをはじめとする同性友だち形成は、男子には見られない将来の子育て時の女性同士のサポート作りの下準備なのです。この時期に、同性友だちの形成が苦手な女子は、将来の子育てに苦労するといわれています。子どもを虐待する母親は、すべてといっていいほど、近所づきあい、それも女性同士の近所づきあいをもっていません。周囲から孤立しているのです。これでは子育てがうまくいかないのも当然なのです。

少し話がそれました。女性同士の集団形成は、当然言葉に反映されます。女性しか使わない言葉を使用し、男性に伝わらないということも生じてきます。集団が生まれるところには、その集団独特の言語表現と意味が生まれるからです。たとえば高校生の言葉は、中年の言葉づかいとは異なり、高校生同士の会話の意味が大人にはくみ取れないことも生じます。同じ高校生でも男子と女子では言葉づかい、意味、ニュアンスが異なります。違う集団が会話しなければならないときは、共通語を使いますが、自分たちの集団だけだと、自分たち言葉で会話をするのです。そのほうが同一集団に所属しているという所属感がお互いにあるからです。

お国言葉といわれる方言もしかりです。同県人同士は、お国言葉で話し合い、どこかホッとします。方言は、他の県人には通じませんが、それがよけいに同属意識を高めるのです。共通語で話すときとは、お国言葉のときとは違う関係が生まれます。子どもは親や周囲の大人から言葉を学びますので、地方の子はその地の方言で、幼児語や子ども言葉を交えて話します。最近は、テレビの影響や、友だちと遊ばなくなったこともあって、地方なのに標準語を話す幼児が見られるようになりました。

方言しかしゃべれないと共通語を話す人の輪の中に、なかなか入っていけません。地方出身の人たち、とくに老人が東京に出てきたときに苦労するのは言葉です。言葉の違いに含まれる文化差です。

しかし、標準語は便利ですが、地方在住の子が幼児のときから標準語だというのは、子どもがその地方文化になじんでいないことになります。近隣の人間関係が希薄な証拠です。標準語を話す子どもに友だちの少ない子が多いのは、少し問題かもしれません。

女性集団が、女性言葉とその独特の意味を生んだように、男性社会の形成は男性言葉と意味を生みます。日本語は英語とはくらべものにならないほど、一人称の代名詞Ｉ（ワタクシ）の言い方が多様です。また、私を「ワタクシ」と全音発音すると、改まった言い方に聞こえ、公的な場で使われることが多いようです。日本語は省略形を使うことが多く、通常は、私を「ワタシ」といいます。

多様性のあるところには差が生じます。日本語は主格の代名詞が多様なので、代名詞に男女の違いがあります。男社会では改まる必要がある場合が多いので、「ワタクシ」と全音発音することが女性にくらべて多くあります。ワタクシが少し男性的・公式的ニュアンスをもつととらえられるようになると、女性としては、より女性的、個人的なニュアンスが必要となります。そこで「ワタクシ」の簡略形「ワタシ」を多く使うようになります。このように女性語「私」が少し変化しますと、男性語としては、また違う簡略形をとります。「ワシ」は標準的な男性語の私になります。すると再び女性は日常的な私を「ワタシ」より変化させる必要性が生まれ、ワより柔らかい感じがするアを使って「アタシ」となります。この「アタシ」を使う男性はごくまれです。男女の言葉はペアになって使われることが多いので、今度は「アタシ」を男性的にした「アッシ」が使われていました。「アタシ」は現在でも残っていますが、「アッシ」は今では昔言葉になってしまいました。

より変化した言い方として、「オレ」と「ウチ」があります。「ウチ」という代名詞は、男性は使いません。「ウチ」は内を示し、家内など女性に使われているからです。男性は、己(おのれ)を変化させた「オレ」を使います。標準語圏で、「オレ」という代名詞を使う女性はあまりいません。女子中学生で、男子言葉を意識して使うことで、自己主張することはありますが。

一人称と二人称は関係を表現するときにいっしょになって使われます。「ワタクシ」と「アナタ」は対になっています。「アタシ」と「アンタ」、「オレ」と「オマエ」、「アナタ」と「ワタシ」という使い方はしますが、「オレ」と「アナタ」という言い方はふつうしません。「オレ」と「オマエ」という言い方が男女で使われるとき、「オマエ」は女性を表します。「オマエ」という言い方を、男性に使うときは、親しい同等の間柄の目下に使うのが一般的です。「オマエ」には権力的な上下関係のニュアンスがありますので、これを自分に向けて使われたとき、反発する人がいるかもしれません。「キサマ」と「オレ」だと、「オレ」と「オマエ」より関係がもっと密か、相手をよりさげすむ場合になります。

男性は人間関係にヒエラルキー（社会的上下関係）をもちこみます。サルも雄同士でマウントして、上下関係を示します。このためサルは、交尾のときにマウントと同じ体位になるため、雌はいつでも雄より地位が下になる可能性があるのです。人間もどこかで男性は女性を下に見たい心理があるのかもしれません。

日常会話では、きつく響く言葉は男性が主に使い、丸く優しく響く言葉は女性が使うことが多いようです。女性も喧嘩をしているときは、そうとう激しく、きつく響く言葉を使います。このことから、男性の通常の言葉を、女性はときとして、相手が怒っているように誤解することもあります。たとえば、ちょっとした相手のミスに対して「そんなことぐらいわからないとは、お前はよほど馬鹿か」というようなことを、仕事をしている男性同士では、ごく日常的に言います。日ごろの関係が悪いと、こうした言い方で腹を立てる男性もいますが、たいていは「すまん、すまん」でお互いが納得します。しかし、同じ言い方を女性にしますと、女性は言葉どおりに受け取ってしまい、少しのミスで馬鹿扱いされたことに腹を立てます。こんな乱暴で容赦のない男性とは、いっしょに仕事はできないと感じてしまうことさえあるのです。

女性同士ならば、このような言葉づかいはしません。「これ、もしかしたら少しおかしいのではありませんか」と、やんわりとミスを指摘します。相手の女性も「あぁ。うっかりしてました。ごめんなさい。気をつけます」ですみます。女性が男性に対して同じような言葉づかいをした場合、言われたおかたの男性も、反応は変わらないと思いますが、やんわりとした指摘に底意地の悪さを感じてしまう男性なら、「ちょっとしたミスで、おかしいとはなんだ。馬鹿にするな」となる可能性もあります。男同士なら、パンパンと言って終わりにする場面で、やんわりともってまわった指摘をされると、男性は相手のいやらしさを感じてしまうことがあるのです。「不足があるのなら、いやみたらしい言い方をしないで、はっきりと言ってくれ」というのが、男性同士の間では気持ちがいいのです。

ところが、男らしくて気持ちがいいこうした言い方も、女性にしますと、「こんなことぐらいで、そんなにひどく言わなくてもいいじゃないの」と、こじれてしまいます。女性は男性の言葉づかいを女性流に解釈し、男性は女性の言葉づかいを男性流に理解するからです。もし、こちらの意図が通じず異性から誤解されたと思ったときは、異性流の言葉のつかい方をすると、誤解が解けることが多いものです。

夫婦で相談にお見えになったとき、プロカウンセラーは、夫の言葉を女性流に、妻の言葉を男性流に翻訳して、伝え直すことがたびたびあります。通訳は、何も外国語にかぎったことではありません。外国語通訳のほうが、もしかしたら夫婦の会話の通訳より問題が少ないかもしれません。なぜなら、外国語なら通訳なしではわからないと、始めから思っていますが、夫婦の場合は日本語なので、お互いの言葉の表面的な意味は理解できるからです。しかし、夫婦の間では、同じ言葉が違う意味（ニュアンス）で使われているのです。

だから、相手が誤解している、意味を取り違えている、とコミュニケーションの齟齬を相手の責任にしてしまいがちです。こうなると「悪いのは相手だ」と、よけいに問題がこじれてきます。実際は、男女の言葉の意味の違いなのですが。

言葉は文化を反映しますので、男女平等社会、男女共同参画社会になり、女性と男性の文化が急速に同一化してきました。これからは、言葉も男女差が少なくなるかもしれません。

7 料理

ハレの料理は男の役目、ケの料理は女の役目

家庭料理の作り手は女性、プロの料理人は男性と、役割は大まかに分かれています。板前さんやコックさんのなかには、家では妻に料理をまかせて、自分はしないという人が案外多いようです。世界中を見回しても家庭料理の主役は、圧倒的に女性（母親）です。

アメリカに移って、現地で家庭をもった日本人のなかには、ホームパーティーで料理を出さなければならないので、家庭料理の特別訓練をした人もけっこういます。日本人留学生の妻たちに、アメリカ料理を教えるという学校さえあるくらいです。このような特訓を受けなければならないほど、今の日本の若い女性は家庭で料理を作らなくなったのでしょうか。

ひと昔前までは、料理のできることが、女性の結婚条件でした。「身辺自立」が大人の条件であるならば、男女を問わず料理ができるかどうかは、大人として認められることのひとつなのです。自立を市民としての条件と考えるアメリカ人は、当然男女とも料理が作れます。といっても、男性が作るのは朝食や弁当などの簡単な料理で、ホームパーティーなどの凝った料理は、やはり女性が主として作っています。家を代表する家庭料理は、主婦の腕の見せ場のひとつです。イタリアでは今もお母さんの料理に家族が敬意を払い、社会的にも重きが置かれています。ひょっとすると、日本の料理作りは、新しい局面を迎えているのかもしれません。祖母から母、母から娘への家庭の味の伝達が日本では途切れがちになり、料理を母から習うより、お料理学校で習うのが一般的になっています。

家庭料理の主役が母親になるのは、自然の成り行きです。なぜなら、哺乳類では授乳できるのは母親だけですから。

人間は、成長とともに、母乳から離乳食、幼児食、ふつう食と食事が変遷し、それを母親が供します。サルでも、コアラでも同じように離乳食は、母親が用意しています。肉食動物も離乳食には、母親がかみ砕いたものを与えています（雌雄どちらも狩りをする動物では、父親も子どもにかみ砕いた肉を与えますが）。野生動物は母親が与えるもの、母親が食べるものを見て、子どもは食べることを学んでいくのです。

人間の食事はえさではなく食事です。そのまま食べるえさに対して、加工して食べるのが食事です。人間は火を使います。狩猟・漁猟の時代は、主に男性が獲物をとってきて、女性が火を使って調理し、食事に加工していました。獲物を加工する工程が加わりますと、とったその場で食べるのと違って、家族そろって食べるため、その分人間らしい生活になります。農作業や採集をし、子どもの面倒を見ながら、男たちが持ち帰る食料を待って、料理するのが女の役割でした。家事と育児をしながら、夫の給料を待って、料理を作る妻たちの暮らしは、昔とそんなに変わっていないのかもしれません。女性が家庭を出て、男性と同じように外で働くようになって、はじめて料理作りは変化してきたのでしょう。

群れで生活する人間にとって、群れの最小単位が家族です。家族の条件は、いっしょに食べる、いっしょに寝る、いっしょに団欒するの三つです。ホームドラマで食事場面が圧倒的に多いのもこのためです。家族の食事を作るのは、伝統的に母親の役割です。食事を作り、家族みんなに食べさせることによって、家族の雰囲気が形成される——、これが母親が家族の中心にいる理由です。

現在の日本では、家族の崩壊、変質が叫ばれ、子どもの個食が問題になっています。個食の子どもはさびしがっています。老人が独り暮らしになったとき、何がさびしいかといって、いっしょに食事をし、話をする相手がいないことです。独身生活を謳歌していた人が、結婚して家庭をもとうとするいちばんの動機は、食事をともにする相手がほしい、そしてそこから生まれる心の安定が欲しいということです。そのような相手がいないとき、さびしさが人生のわびしさに変わります。家庭料理をいっしょに食べなくなるということは、日常生活から家族生活が消えることなのです。そのとき、食事はみんなで楽しく食べる食事ではなくて、えさになっています。

たとえ独り暮らしの人が、加工食品を買ってきても、それにひと工夫加えて、自分の味にすれば、えさではなくなりますが、買ってきたそのままをひとりで食べますと、食事というよりえさの感じが強くなります。また、加工食品そのままでも、友だちと食べますと、会話ができますので、少しは食事らしくなります。

夫に料理をさせないという妻はけっこう多いようです。男に料理をさせると後片づけが大変、高い材料ばかりを使う、大量に作るので食べきれない、などという不満が女性にあるからです。たしかに、たまに夫（男）に料理を作らせるとそのとおりです。しかし、たまにではなく日常的に男が料理を作っている家庭を見ると、料理人と同じように、道具もピカピカだし、置くべき場所にきちんとしまって、後片づけされています。まれに夫が料理する場合は、おいしくて、豪華なものを作りたいと思うので、材料費が高くつきます。しかし、夫が主体的に家計を運営している家は、安くて新鮮な材料を使った料理を男もどんどん作ります。要するに、家庭料理を日常的なものとしているか、練習がたりているかの問題なのです。共働きで料理を男女ともにする家庭が多くなりました。これからの日本では、男のほうが女より料理作りがうまいという家庭が、ふえていくかもしれません。

男女それぞれに集団で料理を作らせると、行動の性差は明確です。男たちのグループは、各自の持ち場を決め、リーダーを選び（だいたいは、経験者や年配者）、その指揮のもとに作りはじめます。洗い物や後片づけは新人が担当させられますが、これは料亭の厨房と同じです。男は組織的な動きをするのです。

これに対して女は、おしゃべりを楽しみながら、下準備でも洗い物でもみんな同じところで、同じようにします。男は仕事として、女は楽しみとまではいかなくても、そこになんらかの楽しみの場を見つけて、料理をしているのです。だから、女の集団では、表立って仕切る人は歓迎されません。おだやかで、けじめのある、あまりおしゃべりでない、むしろ聞き上手な年上の女性がリーダーになります。そして、年季の入った年上の女性が優しく教えてくれるのを、新人は歓迎します。女性も仕事として料理をするときは、男性集団と同じように、持ち場を決め、リーダーを決め、手順もマニュアルどおりに進めて料理を作ります。仕事となると、男性のように、というよりは組織化しないと効率が悪いからです。

料理作りと男女差の問題では、ハレの料理は男が作るという風習にも注目したいものです。祭りや葬式、年中行事など決まった寄り合い料理は、男性のみが作り、女性を料理に参加させない習慣のある地域が、全国的に見られます。こうした寄り合い料理は、献立も手順も指揮する者も決まっています。たとえば、献立は里芋とこんにゃくと油揚げの煮物、かやくご飯、すまし汁と香の物。指揮するのは村の若者頭といったように。冠婚葬祭のハレの料理は男性、ケの料理（日常家庭料理）は女性というのは、外は男性、内は女性という社会構造と似ています。このような形態は女性の社会進出があたり前になった現在では、しだいに減り、なくなった所も多いようです。

昔の田舎では、稲刈り、水利（すいり）（水田用水などに川から水を取水、配水すること）、屋根の吹き替え、井戸さらいや村道の補修、葬式や結婚式などの共同作業があり、ハレの料理もこうしたときに供すために生まれたのです。しかし現在は、田舎でもハレの料理は仕出屋さんや料亭、レストランが引き受けています。共同作業が減少するにつれて、男たちがハレの料理を作る習慣も、伝統のメニューや味つけなどの技術も失われてしまいました。

人間関係を形成するには、いっしょに食事をすることが欠かせません。お客や新しい人を迎えたり、親しい人を送るとき、送別会や歓迎会を開いていっしょに食事をします。忘年会や新年会、仕事納めや打ち上げでも、食事をします。外交交渉や会議でも、複雑になればなるほど、食事をする機会がふえます。デートのとき、お見合い、結納のときも食事をともにします。集団生活の形成には、食事をともにすることがもっとも有効で手っ取り早い手段なのです。

共同作業が減り、核家族化が進み、結婚しない若者がふえてくるにしたがって、わずらわしい人間関係の軛（くびき）（束縛）から開放されましたが、同時に助け合いの精神もすたれたように思います。いっしょに食事をする機会をパスする人がふえ、つきあいが悪いと言われても平気な人が多くなってきたのです。仕事ならしかたがないが、プライベート時間までつきあいをしたくない——、これはある意味では合理的な考え方です。しかし、みんなで食事をする機会を避ける人は、仕事での人間関係もよくありません。食事は人間関係構築の重要な場ですから。

助け合いの精神は、日常的な人間関係を基礎に生まれます。人間の心は合理的ではなく、仕事の潤滑油として、心の交流が必要です。心の交流は、個人レベルですべてプライベートなことなのです。

「奥様は魔女」というテレビドラマがあったのを憶えていますか？このドラマの主人公サマンサとダーリンの夫婦と、ダーリンの勤める会社の社長夫婦は、お互いの家庭に頻繁に行き来して、食事をしたり話し合ったりしています。アメリカでは、仕事仲間同士がプライベートな家族づきあいをすることが、日本より多いように思います。

以前私は、牛と鶏が友だちになるという、寓話を読んだことがあります。鶏は体が小さく、力も弱いために、いつでも牛が守ってやらなければなりません。それが大変で、牛がいやになりかけたとき、今度は牛がアブに苦しめられ、それまで助けられていた鶏がアブを食べて、牛を助けてやるという話でした。最後は「やはり友情はいいものだ」で終わるのですが、この寓話のように、わずらわしさを乗り越えたところに、友情も温かい人間関係も生まれてくるのです。

8 家事

夫婦の家事分担は、子どものしつけの第一歩

近年、専業主夫という言葉が生まれました。専業主婦に対しての造語です。専業主婦とは、夫は外で働き、常勤の勤めを持たずに家庭で家事・育児をする妻というのが定義です。この役割を夫婦で逆にしているのが専業主夫です。しかし、まだ専業主夫は公の地位を得ていないようです。なぜかといいますと、パソコンで「せんぎょうしゅふ」と打って変換しても、「専業主婦」としか出てきませんから。

専業主夫の役割は、今に始まったことではありません。日本では、「髪結いの亭主」をはじめとする、専業主夫のような夫が多数いました。売れない作家の夫が、家で物書きをし、同時に主夫をするという推理テレビドラマがありましたが、それでもこれは現在の日

本では、まだまだ例外的な夫婦でしょう。

専業主夫が世間の大きな反響を呼んだのは、三〇年前にアメリカで『キッチンシンク・ペーパー（台所報告）』という本が、ベストセラーになったときからだと思います。『キッチンシンク・ペーパー』は、お読みになった方も多いと思いますが、有名コラムニストで、高収入だった夫と専業主婦だった妻が立場を交代し、夫が専業主夫で、妻が外で働くことにした体験をもとにした小説です。専業主夫の夫は、子どもの世話が大変なことに気づきます。子どもを小児歯科医に連れて行くと、待合室の雑誌は婦人誌しかありません。娘の洋服を買うのにつきあうのですが、試着室に入ってしまった娘となかなか会話ができません。一方、仕事をもった妻も大変でした。女というだけで、信用してもらえないのに加えて、これまで自分が家計として預かっていたお金以外に、税金や家のローンなど、家を維持するためにかなりの経費がかかることがわかりました。仕事が軌道に乗りだしますと、妻の帰宅が遅くなり、夫婦で出かけることが減ります。料理を作って妻を待つ大変さと腹立たしさを、専業主夫は体験します。二人は、三年後に相談のうえ、もとの役割に戻ります。どこか二人ともホッとすると同時に、相手のことをお互いが以前より理解できていることに気づいたのです。

この小説は実体験にもとづいているとはいえ、実験的な試みです。『海幸彦・山幸彦』や『とりかえばや物語』にあるような、役割交代にともなう悲喜劇が起こります。自分に合った役割をになうことは、心身ともに安らぎます。適応でき、余分なエネルギーを浪費する必要がなくなります。このことは、女と男を一般的な役割で、振り分けるべきだ、というのではありません。ジェンダーとは社会的な性役割であり、社会的な通念を意味しています。社会的な通念は、個人を縛る力としてはかなり大きいもので、小児歯科の待合室に、婦人雑誌しか置いていないようなことはよくあります。それでも、個人の特質がジェンダーと異なっている人なら、自分に合った役割を取るほうがいいのです。そのほうがストレスがかかりにくく、仕事もよくできます。

ジェンダーの内容は時代によって、社会によって変化します。社会的な決まりや通念は、思いのほか変化しやすいものです。三〇年前と今では、ジェンダーの中身はずいぶん変わっています。一部とはいえ、戸籍の性別すら変えることができるようにもなりました。

家事に関する社会通念も、大きく変化しています。一〇年前に、背広姿の紳士が、スーパーマーケットへ買い物に出かけますと、レジや売り場で同情の視線を感じたものです。スーパーで買った品はセルフサービスで袋に詰めなければならないのに、男性客は不慣れだと思うのか、レジ係の人が袋に入れてくれることもありました。最近は、独り暮らしの老人男性や単身赴任の男性がふえたこともあり、こうした同情するような視線にあうことはなくなりました。おそらく主夫もふえているのでしょう。

スーパーの食品フロアのレジ係は、買い物の中身からお客の日常生活がわかるといいます。主婦は食材料が中心で、調理ずみのものはあまり買いません。単身赴任の男性たちの多くは、すぐに食べられるような加工食品、できあいのお総菜を買います。最近でも、多くの主婦の買い物は、以前とそう変わっていないのですが、しかし、独身や単身赴任の男性、独居老人のようなできあいのものを中心とした買い物をする女性もふえてきました。共働きの夫婦が多くなったからですが、なかには専業主婦でも、できあいの品ばかり買っている人さえ見受けられます。女性が男性化したのでしょうか。女性のトレーニング方法が男性化したのでしょうか。そもそも家事のトレーニングを親がしなくなったからでしょうか。

専業主婦の不満のひとつが、「夫は家では何もしてくれない」です。日本の男性は、勤めから帰ったら何もせず「風呂・飯・寝る」しか言わないとよくいわれました。たしかに、そのような男性が多いのは事実です。このような男性は、人格の成長という観点からすると、子どもだ、ということになります。子どもは「きれいにしてやり、満腹させて、眠らせる」必要があります。よく寝かせ、よく食べさせ、清潔にしてやると、機嫌もよく、順調に育ちます。日本の男性はこれと同じで、家庭では子ども心性になってしまうのです。これは、日本文化が母性社会であることと関係しています。

アメリカでは、家事をする男性が多いことはたしかです。しかし、アメリカの男性の家事は、女性の家事とは、役割が異なっており、原則的に、男は外回りを、女は内回りを担当しています。アメリカでは、パーティーの料理を妻が作ることはすでに述べました。パーティーのときにかぎらず主となる料理は女性が作ります。また家の掃除や室内装飾は、個々のものはともかく、居間などは女性がすることがほとんどです。子どもは子ども部屋とおもちゃを片づけます。

男性は、納屋に道具部屋を持っています。芝生や庭の掃除と手入れ（花を育て、植えるのは女性が多いのですが）、屋根や家の修繕、車のメンテナンス、ごみ処理などは男性の仕事です。男の子は父親の手伝いをしながら男の家事を学びます。女の子は母親の手伝いをしながら、女の家事を学ぶのです。これは、親が仕事をもっている、いないにかかわらず行なわれています。超多忙な夫婦や収入が多い家庭は、家事の一部をメイドや庭師などの専門職にまかせてはいますが。それでも子ども部屋の片づけは子どもにさせています。アメリカ中流家庭のしつけは、日本とは比較にならないほどきびしいものです。

少し余談になりますが、イギリスで日本人留学生に家（部屋）を貸してくれる人が極端に少なくなりました。一〇年前までは、日本人留学生はイギリス人に好まれていました。それが今では日本人と聞くだけで部屋を貸してくれなくなったのです。どうしてだと思われますか？　一〇年前の日本人は、礼儀正しくしつけが行き届いていて、部屋をきれいに使ってくれましたが、今の学生はその逆だからです。礼儀はわきまえない、しつけはできていない、部屋は散らかし放題で掃除をしない、誰がこのような学生に家を貸すでしょうか。イギリス人は、日本人留学生の親たちが子どもにどのようなしつけをしているのか、不思議に思っているのです。

公共の場での若者のマナーは、だんだん悪くなっていくようです。マナー違反を大人が注意しなくなりました。へたに注意しようものなら、逆ギレされて危険な目にあう恐れさえあります。「さわらぬ神に祟りなし」です。公共の場でのマナーが悪いのは日本ばかりではありませんが、外国ではそのようなところは危険な治安の悪い地域がほとんどです。

今の日本では、ふつうの場面でもマナーが悪くなっています。これは、全体にしつけがなされていないことを意味しています。

両親が忙しくなり、核家族になり、地域社会のつながりが崩壊し、子どもの面倒をみる人がなくなってきたことの、複合的な結果に原因があるのでしょう。

家事を家族でどのようにするか、そのためのしつけをどうするかは、大きくいえば日本の将来を予見することになるかもしれません。

9 上司と部下の関係

つきあいは男女共生で

上司と部下の関係は、①上司・部下とも男性、②上司が男性で部下が女性、③上司が女性で部下が男性、④上司・部下とも女性、の四パターンがあります。

女性の社会進出が多くない時代では、上司と部下の関係は、①の男性同士がほとんどでした。男性社会は、動物の雄同士と同じように、序列関係がハッキリしたものです。動物の雄同士が出会いますと、まずどちらが上位かを問題にします。サルに見られるマウンティングは、雄同士の上下関係を示す動作です。雌同士ではこのような行為は見られません。人間はサルから進化してきましたので、遺伝子のどこかに雄同士の上下関係をハッキリさせたい本能のようなものが残っているように思います。名刺の交換は単に氏名や所属を明らかにするだけでなく、社会的地位を比較する手段です。「肩書きがものを言う」という言葉がありますが、肩書きが明らかにものを言うだけでなく、肩書きはしばしば暗々裏に二人の序列をつぶやくのです。名刺交換のとき、仕事上のおつきあいの場なら、今は男女差による受け取り方に違いはありませんが、私的な関係での名刺交換では、女性と男性では、反応が違うように思います。

社会的地位の高い男性が、その人より地位の高くない男性に渡したときと女性に渡したときとでは、名刺を受け取った側の反応が異なるのです。受け取ったのが男性だと、妙に競争意識を見せ、あえて社会的地位の差を無視しようとするか、あるいはへりくだるかのどちらかです。これに対して女性が受け取った場合は、どのような人かという興味、憧れ、称賛、お近づきになりたいという思い、趣味や服装が地位にマッチしているかどうかのチェック、などさまざまです。女性はもともと社会的地位に対する階層を作らないからで、女性にとって、自分が社会的地位の高い人とどのような関係にあるかのほうが大切なのです。

平安貴族の娘は、本人の名前より、「○○の娘」という呼び方をされ、父親の地位によって評価されました。現在でもどこかにこのような基準で価値を評価する仕方が伝承されています。「○○さんのお嬢さん」「△△さんの奥さま」という呼び方や評価が、社会的に通用しているのです。

職場がほとんど男性で占められていた時代と男女混合があたり前の現在では、職場の雰囲気が違いますし、上下関係や指導方法も変わってきました。冒頭で述べた上司と部下の関係のうち、①にあたる男性だけの職場集団は今でもあり、そこでは伝統的な関係があまり変化していません。

たとえばそのひとつは、職人の社会です。料理人、とくに日本料理の板前さんの職場である割烹や料亭での人間関係は、昔のままの点が多くあります。それでも、料理長や板長さんにお聞きすると、昔とはずいぶん変わったと言いますが、これは若者全体の、そして日本人全体の性質が変わったからだと思います。

職人の世界では、職場の人間関係は、一人前の職人に育てるための教育と不可分です。「技術は盗むもの」が、職人の世界の常識です。親方は、技術を弟子に盗まれても、減るわけではありませんし、自分の技術が弟子に伝わったことを喜びます。技術の奥深さは、マニュアルでは伝えられません。マニュアルで伝えられるのは、標準レベルの技術でしかなく、それさえ経験を積み、練習しなければ得られないものです。料理人にかぎらず職人の技術は、技を見せることと、口伝によって伝達されます。見せること、口伝、いずれもともに仕事をしなければ、できません。ここに徒弟制度の生まれる基盤があります。徒弟制度というと、弟子がしごかれ、いじめられるようなイメージですが、師匠にとって、未来を背負ってくれる弟子を傷つけてしまっては、重大な損害です。力不足で、人格的にも問題のある師匠が弟子と問題を起こすのであって、立派な師匠は多くの弟子を育てています。徒弟制度の弟子いじめというイメージに限らず、何ごとも、極端な例が世間に流布するのです。なぜなら、あたり前のこと、常識的なことに、人々は無関心ですから。

職人の技術は、男性から男性へ、また女性から女性へ、伝えられていきました。昔は伝統的な男性の職場で、技術を女性に伝えることはまれでした。しかし最近は、男性から女性へと、伝統が受け継がれはじめています。男性の職場に最初に入った女性は、才能があり、苦労に耐えられる人だったのでしょう。職人の世界はきびしいとよくいわれますが、それは、技術移転がむずかしいからです。男性の世界に入った女性は男性にくらべて師匠のきびしさに耐えられるのです。また、日本文化の伝承にたずさわる外国人も多くなりました。日本の国技といわれる大相撲に外国人横綱が輩出してきました。これも、体力と忍耐力において、現在は外国人のほうが日本人に優っているからです。

女性から女性への技術の伝達は、伝統工芸の、なかでもとくに織物の世界によく見られます。そこには女性の特性ともいうべき根気強さと工夫が根づいています。踊りの世界や茶道、華道の世界でも、家元を例外として、女性から女性への技術の伝達が多く見られます。京舞の井上流のように、女性が家元の日本舞踊の流派もあり、祇園の芸子・舞子さんを仕込んでいます。

このような女性から女性への技術の伝達も、男性から男性への技術の伝達と同じく、きびしいものがあります。同性同士で互いの感情がわかるだけに、逃げ道のないきびしさがあるのです。同性同士の上下関係には、異性との関係にもちこまれがちな甘えが許されないからです。いずれにしろプロを育てる訓練には、男女差は見られないのでしょう。

上司と部下の関係の②上司が男性、部下が女性というケースでは、男性上司のかなりの方から、女性の部下は使いにくい、という声を聞きます。男性の部下に比べて、女性の部下を苦手とする上司がどの職場でも見受けられます。どうして男性上司は女性の部下が苦手なのでしょう。女性の部下を苦手としない男性の上司は、どのような人なのでしょうか。

男性集団と女性集団の違いは、男性集団がヒエラルキー（社会階層）を作るのに対して、女性は横のつながりを重視することです。これまでの職場は、男社会で、男性システムによって構築されてきました。男社会では管理職は男性がほとんどで、女性の昇進が遅かったり管理職登用が男性にくらべて少なかったりしました。男性中心に社会や集団が運営されていたからです。こうしたことを考えると、職階制をそのままにした社会・集団では、男女平等だといっても、心理的なシステムからすると、やはり男性中心といわざるをえないと思います。

最近、自治体や企業、団体のプロジェクトなどは、課題を中心にしたグループを編成し、運営や開発が行なわれています。グループリーダーには、職階制ではなく、その課題遂行に最適の人材を抜擢し、グループ内のつながり重視の組織にしています。このような組織形態は、より男女共生の組織としてふさわしいものではないかと思っています。

少し、脇道にそれました。男性の上司が女性の部下を苦手とする、それは男子の部下ならば職階制が通るのに、女子にはそれが通らないことがあるからです。人と人とのつながりを重視していない男性上司に対して、女性部下が、日ごろから不満をもっていると、ふつうならスムーズに通るような指示も通らないことがよく起こります。要するに、上司が日ごろから女子社員に嫌われているからです。上昇志向の強すぎる上司、部下の人間性を重んじない上司、粗野な上司、女性を性的な目で見る上司、女性だと媚びた態度を見せる上司、などは女子社員に嫌われます。

これが上司も女性である④のケースになると、女性上司は、女性の部下に対して男性以上にきびしい態度で臨みますが、部下を粗野に扱ったり、つながりを無視するような、愚かな行為はまれです。自分よりポストが上の男性に媚びて、同性の部下にきびしい女性上司は嫌われます。

女性の上司で部下の女性から敬遠されるもうひとつのタイプは、きびしすぎる人です。女性で管理職になるのは今の社会ではまだ、そうとう頑張った人です。才能も豊かです。こうした女性上司は部下の仕事ぶりが、のろかったり、鈍かったり、遅かったりすると、見ていられないのです。上司が男性だと、部下の女性は女性特有の逃げ道があるのですが、同性同士となると逃げ道がなくなります。その結果、女性集団に大きなストレスがかかります。部下の士気が極端に落ちてきますし、上司はあせります。これがさらなる悪循環を引き起こしていくのです。

女性の上司で同性の部下とうまく、能率よく独創的に仕事をこなしている人を見ると、人と人とのつながりを重視していることがよくわかります。職階制ではなく、人間的に、同列の扱いをして、部下の一人ひとりの特徴を生かしながらうまくまとめています。先に述べた、課題遂行のために編成したグループというのは、女性だけの職場で成功していたケースをモデルにしたのではないかと思うほどです。

③の女性上司と男性の部下になると、関係に複雑さが生じてきます。女性の偉大なリーダーは、卑弥呼、ジャンヌ・ダルク、中山みき（天理教教祖）などのように、ある種のカリスマ性があります。このようなリーダーに対しては、信じて従うか、ひれ伏すか、さもなくばリーダーを殺すしかありません。男性の独裁者は、権力を維持するために策謀術策を使い、秘密組織や情報組織を駆使して、権力の温存を図ります。男性の上下関係は、階級的だからです。これに対して女性の権力者の場合は、人々が女性そのものにひれ伏すのであって、権力者が作った組織に従うのではないのです。部下は、その人の信者ともいえます。これは男性権力者に対して、男たちは権力に従うのですが、女たちは英雄に惚れこむように憧れるのと似ています。

女性の上司に対する男性の部下は、女性コンプレックス（女性を差別的に見たり、女性に仕えることに引け目を感じる）があると、反抗的になったり、逆にゴマスリになったりします。この場合、男性上司に対するゴマスリとはニュアンスが異なり、内心は反発していても、言いなりになることによって、自己の地位保全を図るのです。このとき、女性リーダーは女王さまです。ですから、女王さまに対する仕え方をしないと、いくら理性的・合理的に反応しても気に入られず、その集団から放出されます。女王さまには女王さまの考えがすべてなのです。

一方、女性コンプレックスのない男性の部下は、女性上司のリーダーとしての特質と器を信頼して仕えます。このときもリーダーの個性と女性特有の感覚を知っている必要があります。論理はわかりやすい反面、爆発的な力や影響力はありません。感情のほうが、力はあるのです。女性と言い争いをしたとき、論理的には正しいことを言っても、相手の感情が理解できないと、負けてしまいます。口では女性にかなわないという男性が多いのですが、口論（言葉）に負けるのではなく、論理を凌駕した感情にやられてしまうのです。世論や新聞報道でも、論理的にはおかしいことが、論調に同調する人々の感情のうねりに負けてしまうことがあります。論理より感情のほうが人間的なのです。ただ、感情は、過ぎ去れば、存在しなかったように消えますが、論理は残ります。ブームやバブルとよく似て、あれはなんだったのかと思うこともしばしばです。流行に敏感なのも、流行を取り入れるのも男性より女性が勝っています。論理と感情は、相補的です。どちらも必要であり、相反する機能をもっています。女性のリーダーと男性の部下がその特質を生かしたならば、最高なのですが。

上司も部下も人間関係の基本は、個人の人格の成熟度です。関係が複雑で問題があるときほど、基本に帰ることが大切です。

10 同性の友人関係

男は男同士、女は女同士

同性の友人は、日常生活を円満にするだけでなく、精神的にも必要です。人が、自分の性別を認知するのは二歳前後です。ただ、このころは自分が女の子・男の子と知るだけで、その詳細までは明確ではありません。性別は集団生活をするにしたがって明確になってきます。幼稚園に行くころになると、トイレ、服装、持ち物の色、髪型などが男女で異なってきます。女の子はスカート、男の子はズボン、女の子は「さん」づけ、男の子は「くん」づけなど。

「女の子なのに○○するのはおかしいよ」とか、「男の子なのに△△するのは変だ」とジェンダー（社会的性別・性役割）が形成されてきます。現在は、男女平等・男女共同参画の意識が高まっていますので、性による区別が減り、とくに役割や行動に関しては、できるだけ区別を設けなくなりました。戦前は、男は前列、女は後列、級長（学級委員長）は男子で副級長は女子、委員長は男子で書記は女子、などと自然に、あるいは明確に決められていました。昔は「男女七歳にして席を同じゅうせず」のとおり、男女で組分けがなされ、中学校と女学校が明確に区分されていました。通学列車も、中学生は先頭車両、女学生は最後尾車両と決められていたものでした。最近、女性専用車両ができましたが、旧制女学校の人たちは「昔に戻ったみたい」と言っておられました。

性を強烈に意識しだすのは思春期です。体の変化が起きるからです。子ども時代は、男女を性器以外に外から区別することはむずかしいのですが、思春期になると外形が変わってきます。ホルモンの作用により、体の内部も変化します。女子は月経や胸のふくらみ、男子は声変わりや髭の出現で、男女とも自分の性を意識しないわけにはいかなくなります。

思春期には、男女によって特徴的な行動も見られるようになります。男子には、男子だけで行なう冒険があります。昔は『トムソーヤの冒険』『一五少年漂流記』など、誰でも知っている男の子の冒険談がありました。町はずれに死体探しの冒険に出る少年たちを描いた『スタンド・バイ・ミー』という小説が話題になり、映画化もされました。思春期のはじめに、男の子たちは、徒党を組んでいろいろなことをします。世間から見ると「やんちゃ」といえるものです。通常は集団で行ないますが、個人的な冒険談もあります。ただ、日本では集団の思春期物語、『スタンド・バイ・ミー』のようなお話が、なかなか思い浮かびません。これには文化差があるのでしょうか。日本の男子の冒険談は、個人的なものが多いような気がします。『一寸法師』『桃太郎』『八岐大蛇（やまたのおろち）』『日本武尊（やまとたけるのみこと）』など、みんな個人の物語です。これらは英雄物語で、『スタンド・バイ・ミー』とは次元が異なるかもしれません。どれも男の子が男の大人になる物語であることには変わりありませんが。

一寸法師は「小さい人」です。子どもを小人というように、「小さい人」は物語では子どもを意味します。一寸法師は都へと旅に出ます。旅に出るというのは、大人への道を進むことを意味しています。都でお姫さまに仕えた一寸法師は、お姫さまと参詣の帰り道で鬼に出会い、工夫と知恵によって打ち出の小槌という宝物を得ます。彼は、それによって背を高くして（大人になって）、お姫さまと結婚できたのです。

思春期の青年は、鬼と出会わなければ大人になれません。昔は多くの国の成人式は、大人になるための命がけの儀式でした。儀式の最中に命を落とした青年も多数います。あまりにも強い鬼と出会った不幸です。まだ、鬼に挑戦できるだけの技量がないときに鬼に挑戦した不幸ともいえるでしょう。しかし、男子はいくら危険で苦しくとも、この儀式を通過しないことには、結婚できないのです。なぜなら大人の男でないからです。現在の成人式には、この苦しさがありません。私は、今の日本に大人の男が少なくなった理由のひとつがこれではないかと思っています。

女性から儀式を課された物語もあります。それが『かぐや姫（竹取物語）』です。この場合は、けがをした人や破産した人も出ましたが、誰もかぐや姫の課題を果たせませんでした。お姫さま（配偶者・恋人）を獲得しようとして、けがをしたり、破産する人は今でもいます。男は大変です。雄が雌を獲得するには、動物は戦いをくりひろげ、ときには、命をかけます。

これは女にとっても大変なことです。かぐや姫が出した課題を果たせず、男が誰も大人になれなかったというのは、かぐや姫にとっても不幸かもしれません。物語でかぐや姫は天に帰っていきました。天に帰るというのは、ふつうは死ぬことを意味します。かぐや姫は、大人の成熟した男性に出会えず、処女のまま死んでしまったのです。男が大人の男になることは、女性にとっても、このように切実で重要なことです。

神戸祭、仙台七夕祭、など各地の祭会場では、毎年はめをはずした若者の大騒ぎがあります。『スタンド・バイ・ミー』の年ごろより上の年代の若者たちです。彼らの行動自体は「やんちゃ」です。現在は、発達の延伸化がいわれ、今の三〇歳は昔の二〇歳くらいの成熟度だ、と見る人があるくらいです。精神成熟度が遅延しているのに、身体の発達は早熟化しています。初潮年齢は、三〇年間で二歳早くなりました。昔のギャングエイジは小学生高学年で、「やんちゃ」をするのは男子の単一集団でした。身体発達の加速のため、今の「やんちゃ」組は、男女混合グループになっています。

男の子だけの集団と、男女混合の集団では、動きが異なります。混合集団で性的には大人だと、メンバー間に性的な関係ができ、男子単一集団では見られなかった問題が発生し、「やんちゃ」の質が変わります。精神的には子どもで、肉体的に大人の反応を経験してしまうと、「やんちゃ」を経て大人になり、それから異性を獲得した昔とは、精神的な苦労が違います。「艱難汝を玉にする」のプロセスを経ないので、大人としての経験知も、忍耐も、社会的関係のもち方も、今の若者はすべて未成熟なままなのです。

男子に見られない女子の思春期の特徴に、お弁当友だち、お買い物友だち、おしゃべり友だち、トイレ友だち、などがあります。アメリカの中学生に、このような友だち関係があるかどうかは寡聞にして知りません。こうした友だちづきあいは、おしゃべり友だち以外は、男子にはめったに見られないものです。誰といっしょになるか、誰のグループに入るかは、思春期女子にとっては死活問題です。中学生のスクールカウンセリングでいちばん多い相談（問題）がこの友だち関係です。しかし、そのわりには、グループは流動的です。人数がふえたり、分裂したり、解散したりしています。解散はメンバーのひとりが他のグループに入ったため、それによって他グループへの移動が加速されて、もとのグループが消滅するのです。はっきり解散宣言してから解散するようなことを、女子はしないのです。

ところで、ここに「シカト」の問題も起こります。女子のグループは嫉妬と羨望が渦まく世界です。女子は男子と比べて、横のつながりを重視しますので、縦の関係重視の男子より、関係が微妙になります。なぜなら、縦の関係がわかりやすいのに比べて、横の関係は境界が曖昧だからです。横のつきあいは親密度が高いのですが、一度こじれると修復が大変だったり、取り返しがつかなくなったりします。縦の関係はある程度の距離をいつも保っていますので、横関係ほど親しくはならない反面、こじれることも少ないのです。

婦人科医の友人に聞いた話です。

四人とか六人とかの病室へ回診に行くと、術後で処置に長い時間がかかるような患者さんは、ベッドサイドにいる時間も当然長くなり、処置のいらないもうすぐ退院できる患者さんは、声かけぐらいですますようになります。ところが、診察に要する時間が異なると、患者さんの間で軋轢が生じるのだそうです。「先生は、なぜあの人のところにだけ長くいて、親切に診るのかしら」とか「先生はあの人をひいきしている。私のことを軽く見ている」などとなるのです。このような不満が病室に生じますと、患者さん全員にストレスがかかります。それぞれの患者さんの主観的な思いが増幅され、うわさとなって流れ、現実離れした憶測が飛び交うのです。こうなると、病室の雰囲気がとげとげしくなり、エネルギーが奪われ、病気の回復が遅れるそうです。病状による診察時間の長短差のように、当然ありうることに対して、患者さん同士が感情のもつれを起こしたりすることは、男子の病棟ではまず見られません。

　友人の病院では、病室で長く処置がかかると予想される患者さんは、わざわざ車椅子で診察室まで来てもらって、診察するようにしているそうです。こうすると、嫉妬、羨望、シカトは起こりません。場所が変わることは、病室内の横の関係に響かないからです。女性の人間関係は、男から見るとなかなか厄介なもののようですね。

11 異性の友人関係

集団づきあいのおもしろさ

「異性間に友人関係は存在するか」という問いは、少し前までの青春期の青年男女の重要なテーマでした。ここでいう友人関係とは、友情をベースにした人間関係で、愛情をベースにした愛情関係と一線を画します。また愛情関係でも、親子や師弟関係のように、そこに性愛を含まないものは、除いてあります。友情と愛情の区別は、むずかしい領域もありますが、通常、友情関係は性愛関係を含んでいません。

思春期以前と老年期には、このような問いは生じません。それは、この時代には、性愛を離れたつきあいが異性間で可能だからです。もちろん、思春期以前でも老人期でも、性愛の執着から離れられなければ、友情をベースにした友人関係は存在しにくいでしょうが。

異性間での友人関係は、二人の間に性愛や性的感情を持ちこまなければ、可能ということになります。これもなかなか微妙な問題ですが、「性的関係をもたなかった異性の友人とは、一生友人でいられる」のです。性的関係をもってしまえば、その後の二人は結婚しなければ、別れしかありません。友人として大切な異性とは、性的関係をもたないことです。そうすれば、異性の友人と一生の友情を保ちつづける可能性が生まれます。しかし、親しくなった異性と性的関係なしにつきあうのは、青春期以後はむずかしいのも事実です。だから、少し前までの青春期の男女はこの問題で悩んだのです。

少し前までと書いたのは、最近の青春期の男女は、ちょっと語弊があるかもしれませんが、昔とくらべて性的関係をもつことが安易になっています。男女交際に対して、社会の態度が変化したのです。もちろんこうした傾向にも、個人差はありますが。

だから、愛し合った男女が簡単に別れ、また簡単に次の恋愛に走る傾向が現代にはあります。もし社会通念がさらに一歩進んで、男女が性的関係をもつことに今以上にこだわらなくなっていけば、昔の恋人と今の恋人がいっしょにいても、友人関係が成り立つことが考えられます。ただ、性愛にこだわらずに友人関係を共存させることに、心理的な抵抗を感じないのは一部の人だけだ、という説もあります。たしかに、カウンセラーをしていると、恋愛に関しては今も昔も人の心はあまり「変わっていないな」と思えることがよくあります。自分が他の異性と性的関係をもつのにはこだわらないのに、恋人が異性と関係をもつとこだわるという、自己中心的な人がまだまだ多いのです。相聞歌のやり取りがメールに変わるように、手段は近代化していますが、心のほうはそんなに変わりはしないのです。

成人の男女が友人でいられる可能性は、集団でつきあうときが最大です。集団で交際していますと、そこに特定の性愛が入ることが、集団の力で牽制されるからです。思春期の子どもたちが、同性集団でのつきあいからやがて異性の友人を作るときに、まず見られるのが異性とのグループ交際です。男子のグループと女子のグループが集団でつきあうのです。今流行の「合コン」の始まりのようなものです。グループ交際のなかで、個々の異性との結びつきができますと、ふつうはそのカップルは集団から離れていきます。そして異性との個別なつきあいが、メンバーのなかでふえると、集団は解散していきます。興味深いことに、異性とのグループ交際から離れたメンバーのなかには、もとの同性集団に戻っていくメンバーも多いのです。

「合コン」も、青春期を過ぎると、はじめから性愛を求め合うためのものになります。これは集団見合いの現代版か、悪くいえば、遊廓の顔見せのようなものです。遊廓の場合は、男性が一方的に女性を選ぶのに対して、「合コン」は男女平等で相手を選ぶことと、金銭のみのつきあいでないことくらいが違いでしょう。性欲の解消が男女平等になった証拠かもしれません。ホストクラブの林立と同じレベルの現象です。

老人の異性間交際もグループで行なわれることが多いようです。趣味や興味の似た者同士の会合が多くもたれています。夫婦での参加者と単独の参加者が混在しているのも老人グループの特徴です。そこには、性愛を超えた、友情をベースにした関係が存在します。老人になりますと、例外はありますが、直接的な性愛に対する執着が減少するからです。川端康成の小説『眠れる美女』のようにイメージレベルの性愛が高まる人もいることはいますが。

集団での異性のつきあいをよく見てみますと、同性集団がベースになっていることがわかります。性愛が入らなければ、友情がそのまま持続できるからです。アメリカでのホームパーティーは、同性のつきあいがベースです。参加して食事をしたりするのは夫婦単位ですが、食後の団欒の場では、男性は男性同士、女性は女性同士でおしゃべりしています。男女によって話の内容も興味も異なるからです。同時に、友人関係集団のなかに、性愛の芽が育つのを避けるためでもあります。

友人同士の間で、不倫が生じますと、友人関係が壊れます。夫婦の、不倫された側にとっては、知らない相手より見知った友人との不倫のほうがはるかに大きなショックです。テレビのサスペンスドラマに、よく友人同士の不倫が登場するのも、殺人に発展するぐらいの強い嫉妬と嫌悪と恨みを生じるからです。妻にとって、夫が自分の友人と不倫したのと、ぜんぜん見ず知らずの女性と浮気したのとでは、受けるショックが違います。

日本ではアメリカほど、ホームパーティーは開かれませんが、おそらく今後はふえていくことでしょう。このときは、きっとアメリカのような雰囲気の同性のつきあいをベースにしたスタイルになると思います。

異性の友人は、同性にはない感覚や感動、異性に対する知識や知恵をもたらします。異性の友人が多い人は、同性の友人とのつきあいとは違った世界が広がります。同性の友人の存在は、前説でも述べたように大切ですが、それと同じくらい異性の友人も大切です。もしあなたが異性と一生の友だちでいたいと望むなら、けっして性愛の関係をもたないことです。そうすれば、お互いが結婚した後もつきあえます。夫婦や家族同士のつきあいも可能になります。

夫婦になる、あるいは友人になる二人の間には共通点があります。まったく共通点がない者同士が人間関係を作るのは至難のことです。夫婦や友人関係を見てみますと、お互いにこれは絶対に許せないという忌避点での相違はありません。ある種の絶対的な一致点をベースにして、他の点は異なるというのが、親密な人間関係をつくるための基盤です。みなさんの友人の集団構成メンバーの性格を見ていただくと、このことはよくわかると思います。性格の他の点は正反対であっても、時間だけは守る、約束は守るとか、時間は守らない、約束は守らないが、それに対する許容度が大きく、約束時間が過ぎても、その人が来るまで待って待ち時間を楽しめるとか、あるいは約束を守らなくても、それがあいつなのだと許してしまう雰囲気がある、などの共通性があるはずです。時間を守らないとイライラして、遅れてきた相手を非難する人と、それでも平気で遅れてくるような人とでは、友人関係は成立しません。一対一だけでなく、集団の場合も、時間にルーズな人が、時間の約束にきびしい集団に入っても居心地が悪く、メンバーには溶けこめないでしょう。

離婚の第一の原因は、性格の不一致です。しかし、性格の不一致は結婚後に現れた問題で、本当は現れたというより、気づいたというほうが正確でしょう。あるいは、結婚前まではその不一致がお互いの許容の範囲内だったのですが、結婚後は恋愛時代とは異なって、不一致が日常化されますので、それに耐えきれなくなったのでしょう。恋愛時代や新婚の間は、受け入れることができた相手の甘えが、時間がたって状況が変化したり、甘えられることが日常的になりますと、許容範囲を超えてしまうことがあります。金銭面だって、非日常の恋愛時代は許せたむだづかいでも、結婚して日常生活費に重大な影響を与えるようになると、許容範囲を超えてしまいます。

男女のつきあいは、相手の行動が日常化したときの相互の許容度を考えて、結婚する必要があるのですが、恋愛時代にそれに気づく人はまれです。他人に対する許容度は、人間修行によって変わります。年とともに許容度（人格の大きさ）が増す人もあれば、逆に許容度が低くなる人もいます。かわいいと思っていた人が、年とともに幼くなる場合もあります。実際は、幼くなったのではなく、年とともに人格が成長していなかったのです。

異性の友人とどこが共通点で、どこが相違点であるのか、相違点に対する許容度がどれくらいあるのか、それが日常化したときに自分の許容度が大きくなれるのかを考えて、もしそれがはっきりせず、それでもなお相手に魅力を感じるとき、そういう相手とは性愛の関係をもたないことです。そうすればあなたは、大事な人と一生の友人でいることができるでしょう。

12 自己愛と他者愛

ストーカーの論理

愛されることを喜びとする時期から、愛することが喜びになるとき、それは子どもから大人への転回点です。

自己愛（ナルシシズム）とは、自分の観点からのみ世界を見ることをいい、ある意味でその人の子ども性を示しています。自分を客観的に覚めた目で見ることができるようになりますと、他者が自分をどのように見ているか、他人の目線で感じられるようになります。これが他人への共感性の基礎で、幼児的な自己愛から脱却できるのです。だから自己愛が強い人は、共感性が低いのがふつうです。自己愛が強いのに、「私には共感性がある」と思っている人は、自分の視点から相手の考えを想像し、勝手にわかっていると思いこんでいるだけであって、他人の心や本心を誤解している人が多いのです。
自己愛とは、「うぬぼれ」「わがまま」「自分勝手」「自己中心的」などといわれている言動です。自己愛の強い人は、ある程度の年齢になると他人から嫌われがちです。また悪いことはすべて他人のせいにしてしまいます。石につまずいた子どもは、悪いのは石だと、石を叩いて怒りを晴らします。大人になってからは、ここまで物に当たり散らす人はいませんが、自分の不注意や失敗の原因を他人に転嫁する人はかなりいます。

他人のせいにする自己愛はわかりやすいのですが、そこまで単純ではない、自分のせいにする自己愛というのもあるのです。たとえば「私のようなダメな女とつきあうと、彼はダメになる」という台詞。ここにも自己愛が隠れています。「私のようなダメな女とつきあう」彼を、客観的に見ますと、「私のダメさがわからない」彼であり、彼の目は節穴だ、と言っているようなものです。「彼は私のどこが好きで、どのような私を愛してくれているのか」という客観的判断が彼女にはできていないので、自分自身のことも彼のことも自己流に判断しているのです。

さらに恐ろしいことには、「私のようなダメな女」と言う陰には、「私の本質価値を理解できない、彼はダメな男だ」という判断が、無意識的に隠れていることさえあるのです。

「彼がダメな男だから、私は彼とつきあいたくない」と言うと、つきあわない責任を自分が全部引き受けることになります。ところが「私のようなダメな女とつきあうと彼はダメになる」では、自分を「ダメな女」と言うことによって、関係を切る原因を全部彼にかぶらせられるのです。その証拠として、彼のほうが「いや、君はダメなんかじゃない。つきあってくれ」と言いつづけると、ますます自分はダメな女であると主張します。また、彼が「彼女は自分がダメな女だからと僕のことを心配しているのか。そんなに僕を思ってくれるのなら」と関係をつづけますと、彼女はますます自己中心的なわがままを彼に発揮しだします。そしてあまりのわがままに音をあげた彼が「こんな女だと思わなかった」と言うと、「私ははじめからダメな女だと言ってたでしょう。あなたがそれでもいいというからつきあったのよ」と、自己中心的な正体をさらけだしていきます。この例では、女性を自己中心的な主体にしましたが、この文章の「女」を「男」に変えても、あてはまります。

他人から見ると、「あんな女と」「あれほどひどい男に」と、どうして別れないか不思議に感じるカップルがありますが、そのようなカップルは、相互的な自己中心性（自己愛性格）をもっている場合が多いのです。このようなカップルでは、「俺のような男に……」と「私のような女に……」が、交互に場面を変えて出現していることがよくあります。

なお自己愛というと、否定的な要素ばかりに聞こえますが、自己愛があるからこそ自分の精神が安定するという肯定的な面もあるのです。「プライド」「誇り」「自信」「自尊心」などは、自己愛をベースにしています。ですから健康な自己愛と病的な自己愛というように、自己愛を区別する人もいます。プライドがあるからこそ自己規制がはたらき、逸脱行為をしないですみます。でも、プライドが高すぎる人とはつきあいきれません。「プライドが高すぎる」というのは、実力に比べて自己評価が高いということです。現実を正しく評価できていない自己愛が、不健康な自己愛で、「プライドが高すぎる」「自信過剰」「自尊心過剰」などがこれにあたります。

自己愛は子ども性格であると述べましたが、子ども時代は自己愛的です。子どもは親や大人に依存しないと生きていけません。子どもは種を超えて可愛いものです。犬でも猫でも、ライオンや虎でも、子どもは可愛いものです。わが子なら可愛いと思うのはあたり前です。子どもはいくら自己中心的でも、それは生存のために必要なものですので、可愛いことで愛されるのです。

不思議なことですが、小さいときに愛された子どもほど、大人になったときに自己愛的ではなくなります。どうしてだと思いますか。可愛がられた子どもは、親の言うことをよく聞くのです。動物には親に従わない子どもはいません。動物の親はそれこそわが身に替えても子どもを守り、面倒をみてやっているからです。子どもは親に全幅の信頼を置いていますので、親が隠れているように命じると、その命令を親が解除するまで、ときによると数時間も声をたてずに隠れています。そうしないと他の捕食動物につかまってしまうからです。親の言うことを聞かない子どもは、生きていけないのです。

原則的にこのことは、人間にもあてはまります。

子どもが危険なときは、親は子どもを守るためになんらかの指示を与えます。これがしつけの基本となります。愛されている子どもほど親の指示をスムーズに受け入れます。これは、命令にしぶしぶ従うのとはまったく異なります。親の指示に従うのは、信頼している人（親）の言うことには間違いがないと思うからです。他人に対する信頼も親への信頼をベースにして生まれます。他人を信頼できない人は、親に対しての信頼も薄いはずです。親や他人を信頼できない人は、誰を信頼すればいいのでしょうか。自明のこと、それは自分自身です。自分しか信頼できない人は、当然、自己愛的でしょう。

子ども時代を過ぎても、なお自己愛的な人は、子ども時代に親から愛されなかったか、親を信頼できなかったかです。野生動物は子どもが自立するまで、親は子どもを離しませんし、子育てを他にまかせません。例外的に、母親の妹や仲間の若い雌に、子どもの面倒をみることを許すことがありますが、これさえも親が育児を彼女らに頼むのではなくて、他の雌が世話をすることを許してやっているのです。これはたいていの場合は、若い雌の、子育ての練習のためです。

「去る者日々に疎し」で、いっしょにいる時間が少ないとなかなか親密感がわかないものです。最近問題になっている、人間関係をうまく結べない人のなかに、自己愛症候群と呼ばれたり、境界性人格障害といわれている人たちがいます。これらの人々は、一見、愛くるしい感じで、親しみやすく、純粋に見えます。しかし、少しつきあってみますと、辟易（へきえき）としてきます。彼らはまるで子どもだからです。幼児性が強く他人と自己、身内と他人の境界（距離）がとれないのです。このように境界が希薄なところから、境界性人格障害と呼ばれているのです。

他人とのほどよい距離がとれ、自他の区別ができるのが大人ですが、彼らはそれができません。ベッタリくっつかれると、どんな人でも距離をとりたくなります。そうしないと自分を見失うような気がするし、自分のペースが守れないからです。自分のペースで行動できないと疲れてしまいます。だから、このような人たちとのつきあいは、はじめはよくても、だんだん疲れて、しまいには、彼らから離れたくなってしまいます。ところが、離れようとしますと、相手はますますくっつくようになります。親と離れていた子どもが、親にめぐり会うとそれ以後は離れることに不安を感じて、ほんの少しも離れられないように。子どもが小さいときはそれもあたり前かもしれません。しかし、かなりの大人になってからも、子どものようにくっついてばかりだと、相手はたまったものではありません。

さらに大変なことに、自己愛性格の人は、何事においても悪いことは全部相手のせいにしてしまうところがあります。自分を反省することがありません。これがストーカーの論理なのです。現在このような人がふえています。忙しすぎる親や大人、人間関係の希薄化、地域社会の崩壊など、信頼できる大人の減少が子どもの成長に影響を与え、彼らが大人になったときに病的な自己愛性格になる人が出てくるのです。自己反省のないトラブルメーカーがふえていると思いませんか。

「類は友を呼ぶ」という諺（ことわざ）がありますが、相互相補的な自己愛性格者がふえるのをどうするのかは今後の大問題です。相互相補的な自己愛者は、カップルをつくりやすいのです。

13 自立

味噌汁、キムチ、餃子——これが作れればお嫁に行ける？

自立には、身辺自律、社会的自立、経済的自立、精神的自立があります。身辺自律だけは、自立と書かず自律と昔は書いていました。その意味では、他の三つの自立と意味あいが異なっているのかもしれません。自立は大人と子どもを区別する成熟の指標です。人間には大人と子どもを区別するために四つの指標があるのです。

第一は身辺自律です。身辺自律とは、自分の身のまわりのことが自分でできることです。人間の赤ちゃんは他の哺乳類動物とくらべて一年早く胎外に出る、といわれています。他の動物は生まれるとすぐに立って歩き、親の命令に従い、なかにはえささえ自分で確保する種もあります。一般的には高等動物ほど、子どもは親への依存性が高いようです。人間は一年たたないと、何もできません。歩くこと、ひとりで食べること、しゃべること、トイレの始末など、自分のことがひととおりできるようになるまでに四〜五年かかります。人間にとって、人間関係が大切なのは、人間が群れで生活する動物であること以外に、親や他人に依存することが多く、その期間が長いのも関係しています。自分で料理ができる、自分の着るものを購入できる、そろえられる、自分のまわりや身体を清潔にしておける、などができるようになるのが、身辺自律ができた大人になったことのひとつの指標です。

第二の自立が社会的自立です。社会的自立とは、自分の所属する集団に個人（自分）として適応し、他人と人間関係がつくれることです。

ひとり歩きができるようになりますと、親は同じ年ごろの子どものいる公園や児童センターに行きます。そこにはなんでも自分のいうことを聞いてくれる親とは違う子どもたちがいるので、ライバルたちとどのように協調するかが課題となります。子ども同士では、親との遊びとは違った楽しさも経験します。幼児期はまだまだ親が支えてくれますが、年齢が進むにつれて親や大人のサポートは減って、そのぶんだけ自分が強くなり、友だちと協調し、相互にサポートすることが必要になります。世間から大人と認められるには、次に述べる経済的な自立も必要ですが、友だちづきあい、男女づきあい、近所づきあい、親類づきあいができることも大切です。これらのできることが社会的自立なのです。

第三が経済的自立です。経済的自立とは、動物ならば自分で自分のえさが確保できること、人間なら自分の生活に要する費用を自分で稼ぎだせることです。

もちろん雄の場合なら、子どものえさと子育て中の雌のえさを獲得することも経済的自立に含まれていますし、人間なら子どもや配偶者の経済的安定の確保が含まれています。子どもができたのに、まだ自分の親に経済的に頼っていたり、自分で返せないほどの借金をするのは、経済的に自立しているとはいえません。もちろんパラサイトシングルも経済的自立はできていません。

第四が精神的自立です。精神的自立とは自己確立です。自分のアイデンティティをもって、精神的に他人に依存しないで人生を送ることです。

人間は精神を発達させた動物です。本当のところ、どこまで行っても完全だとはいえないほど、精神的自立は奥が深いものです。「独居して孤独にならず」「己の欲する所を行いて、則を超えず」「君子は和して同ぜず」「清濁併せ呑み、しかも汚れず」といった心構えが大切ですが、いずれもなかなかむずかしいことです。むずかしいからこそ、昔から人間が憧れている境地なのだといえるのかもしれません。

「最終解脱」などは、誰もできませんが、自分の年齢に応じた精神的自立は修行しだいで可能です。修行とは継続することと、自分が感じた自分の領域でのよいこと（方向）を実践することです。

以上の四つの自立は、それぞれ独立している面と、お互いに関係しあっている面をもっています。経済的自立度は高いが、身辺自立はほとんどできていないという人もまれにはいます。会社での人間関係はうまくこなしているのに、家に帰ると子どものように未熟な精神状態の人もいるし、経済的には豊かで自立しているのに、精神的には粗野で対人関係も悪く、社会的に協調していけない人もいます。現在は自立の四領域のバランスが悪い人が目立つようになってきました。また、すべての領域で自立できていない人も多くなっています。

昔は、親やまわりの大人が身辺自立領域から子どもをトレーニングしていきました。しつけといわれるものです。社会的な地位は高いが身辺自律ができていないなどという人は、皆無に近かったのです。精神的自立ができているのに、身辺自律ができていないという人もいません。あらゆる修行は身辺自律から始まっているからです。僧侶の訓練は、掃除、飯炊き、着物のつくろいから始められています。お寺に行けばわかりますが、庭も庫裏（くり）

（台所）も便所もみんな掃除が行き届いています。僧侶の衣服は粗末なものですが、清潔さだけは一級のものです。

職人や芸人として親方のところへ弟子入りするのも、身辺自律から始められます。親方の身のまわりのお世話をすることで、身辺自律ができるように鍛えられるのです。はじめから技能を教えてもらうことなどありませんでした。身辺自律の訓練で大人になり、親方の家で生活することによって、社会の習慣や規律・しつけを学ぶのです。たとえ芸や技術ができても、人間的に成熟できないと、よほどの天才を除いてその世界に適応できないからです。

敗戦までは、自立の問題は家庭内のことであり、今のように社会的・一般的な問題にされることはあまりなかったようです。戦後、男女平等が法律で認められるようになってから、自立の問題は、男の身辺自律、女の精神的自立といわれていました。昭和三五年以降、日本の経済発展が著しくなり、女性の社会進出が活発になるにつれ、経済的自立が女性自身の課題となりました。男女共生社会の時代になり、自立の課題は男女共、すべての領域で課題になっています。

少し前までは、身辺自律は男子に比べて女子のほうがよくできていました。それは、母親をはじめとする女性集団に娘たちが参加して、身辺自律、社会的自立の技術を学んだからです。「袷が縫えると……」「キムチがうまく漬けられると……」「味噌汁がおいしく作れると……」「餃子がうまく作れるようになったら……」というような「○○ができたらお嫁に行ける」という基準は、世界各地で見られる女性が大人として認められるための指標でした。これに対し男子は、「男は外で働き、女は家を守る」という社会の規範にのっとり、家族を食べさせられることが、大人になる基準だったのです。

戦前の日本の男子は、身辺自律ができていないように思われますが、職場集団が男性のみの場合が多かったことから、職場で身のまわりのことができるように鍛えられていました。結婚すると妻にまかせて、縦のものを横にもしないという男性が多く見られますが、彼らはできないのではなく、しないのです。

昔の男性集団の典型に軍隊があげられます。軍隊に入ると、身のまわりの整理から、炊事、洗濯、つくろい物と全部させられます。軍隊経験のある男性は、現在八〇歳以上ですが、彼らは全員料理から裁縫までできるのです。今でも大学の体育系のクラブに入って、学年の階級制が強い集団生活を送った人たちは、身辺自律と社会的自立が促進されています。集団の強制力を嫌う人たちは、同好会形式のサークルをつくっていますが、こうした場合の自立訓練は参加が自発的なだけに、より促進されるのか、それとも未訓練で終わるのでしょうか。興味をもって見守っていきたいと思います。

女性の経済的自立は、ここ二〇年で急速に進みました。経済的自立は社会的自立とも深く関係しています。「男は外、女は内」が、社会的価値観として定着しているときは、女性の社会的進出はむずかしいことでした。「女に学問はいらない」という時代では、女性が社会進出、とくに専門領域に進出するのはもっとむずかしかったのです。そのころは「女工哀史」に見られるように、きびしい単純作業にだけ女性が駆り出されていたのです。女性の真の意味での社会的進出も、経済的自立も当時はなかったのです。

ところが最近、女性の社会進出、経済的自立、専門職での活躍は、身辺自律と相いれない面が目立ってきました。女性が忙しくなりますと、身のまわりのことがおろそかになります。そこまでエネルギーが回らなくなるからです。食事はデパ地下とコンビニのものが多くなります。

忙しくても、本人だけのことなら問題は大きくありません。忙しくて、身のまわりを秘書やお手伝いさんにまかせても、影響は本人だけが受けるのですから。しかし、その女性が、子どもの身辺自律を訓練し、次世代に伝える役割を担っている母親だとすると、これは自分だけの問題ではなくなります。次世代の子どもは身辺自律が未訓練なまま、整理・整頓、料理、洗濯、掃除などのしかたがわからず成長してしまいます。人間はこうしたことをうまく学べる臨界期があり、臨界期を超えますと、なかなか身につかないのです。木の実割りの文化がない群れから、木の実割りの文化のある群れに大人になってから移り住んだサルは、木の実割りができません。そのサルが生んだ子どもは木の実割りができても、母親のほうはできないのです。子どもが割った実を横取りしている母ザルさえ見られます。これは母親の責任ではなく、木の実割り文化をもたない群れで成長し、臨界期を超えてから新しい群れに入ったからです。

親が忙しくなり、子どもに自分たちの文化、身のまわりの生活のしかたを教えなくなりますと、子どもたちはわが子（親世代から見ると孫）に伝えることはできません。家庭でのしつけができていない子どもがふえ、今までは家庭でしつけていたことを学校で教えなければならなくなりました。学校は本来、教科学習と集団生活・社会生活のルールを教えるところです。家庭で教えるべきことを学校で教えなければならなくなると、当然そちらにエネルギーが取られます。また学校で教えても、家庭でそれと反した生活をしていますと、学習したことは定着しません。たとえば学校で整理・整頓を教えても、家では誰も片づけないであちこちに物が散乱しているようですと、子どもは整頓などしようとはしません。家と学校の文化が矛盾することも出てきます。基礎学力の問題だけでなく、しつけの基本が今の日本の課題なのです。国民的課題は解決がむずかしいものです。

精神的に自立している人は、社会的にも自立していますし、経済的にも自立していますし、身辺自律もできています。その意味からしますと、人にとって精神的自立がいちばん大きな目標なのです。前にも述べましたが、お寺や修道院は清潔です。僧侶たちは自立した生活を送っています。身辺自律も社会的自立も経済的自立もできています。それは、敬う対象の神や仏は異なっていても、僧たちは精神的自立（成長）を目指して修行しているからです。

オウム真理教が社会問題になりましたが、私は当時からあの集団は宗教集団ではないと感じていました。その理由は、道場が汚くて不潔だからです。テレビで見ますと、道場ばかりでなく、彼らの信仰の領域が汚いのです。環境は心を映す鏡です。無住になり、地域の人々も世話をしなくなった荒れ寺や汚れた修業場などは、精神的な豊かさも成長もありません。

精神的自立のためには、身辺自律は必須です。社会的自立も経済的自立も必要です。もしあなたが精神的に成長したいと望まれるのなら、身辺自律から始めるのが順序です。精神的自立を自覚する指標には、次のようなものがあります。

第一は、精神的自立ですから、ひとりでいることができること。心のキャパシティの大きさ、「独居して孤独にならず」です。別れたばかりの友人に、すぐメールしなくてはいけないような気持ちに襲われる人がいますが、これは自立できていない証拠です。

第二は自他の区別です。自分のことか他人のことかを区別して行動できること。他人のうわさが気になる人や、他人のことにすぐ口出しする人は精神的に未自立です。自分の関係しないことに首を突っこみたくなる人も、精神的に未自立です。自他の区別といっても、人との接触を絶つことではありません。自他の区別がついている人ほど人間関係は円満です。なぜなら、他人の心に侵入せず、人のことは人のこととして尊重してあげられるからです。自他の区別がついている人はお節介をやかないし、求められないかぎり助言もしません。口出し手出しをしないのです。しかし、求められれば、相手にできるだけのことをしてあげられるし、対等の立場から助言もします。これは実際の場面では助言というより、相手には、自分の心が理解してもらえたという感じに、受け取られます。

第三は自分のことに自分で責任を取れることです。精神的に自立している人は、自分の責任を他人になすりつけるようなことをしません。他人のせいにするのは、その人に依存していることになりますから。

このように、精神的自立の指標を列挙していきますと、大変な作業だと思われるでしょう。実際にそうです。多くの宗教家が修業をしているのも、精神的自立の作業が大変だからです。でも、それは一歩一歩進めば可能な作業でもあります。身辺自律をし、経済的・社会的自立をし、物事を他人の責任にしないように心がけていくことで、少しずつできていくのです。

どれくらい精神的自立ができているかは、まわりの人からの尊敬度で測れます。とくに、親や子ども、配偶者など身内の人に尊敬されるようになりますと、精神的自立はかなりの程度できていると考えてよいと思います。身内はなかなか尊敬してくれません。「地」のあなたを知っていますから。

14 恋・失恋・浮気

「恋の季節」には男も女も大忙し

動物と人間の性行動で、著しく異なることが二つあります。ひとつは人間は発情期が明確でないことです。もうひとつは、人間が婚姻制度をもっていることです。婚姻制度については、次の章で述べていますので、ここでは発情期についてお話ししましょう。

発情期は「恋の季節」といわれています。動物に発情期があるのは、その時期の妊娠が、子育てにいちばん適しているからで、えさの確保と関係しているといわれます。人間は、食料を自然にまかせず自己生産する動物であり、食料を保存する知恵も発達させました。そのために、この時期にしか子育てできないという季節・時期がなくなりました。しかし、期間に限定されないということは、男女の間にさまざまな葛藤を生じさせることにもなったのです。

発情期があると、そのとき以外は雄と雌の関係がなくなることになります。逆にいうと、発情期が定まっていない人間は、いつでも男女の関係が起こります。いつの時代でも、人間の葛藤の最大のものが男女の関係です。

発情期は雌のものです。雄は雌が発情したのを知って発情するようにできています。雌が発情期を迎えると、雄はいろいろなパフォーマンスをします。雄クジャクは羽根をひろげて、己の存在をアピールします。一匹の雌に複数の雄が集まると、雄同士の戦いが始まります。戦いに勝った雄しか雌を獲得できません。ときには命をかけた戦いになることもあります。ゾウのように、群れが雌と子どもの集団から成り立っている場合は、一頭の雌が発情期を迎え、雄が一頭しかやって来ないときには、群れ全体で大合掌の遠吠えをして、多くの雄を集めたりもします。優秀な雄の子孫を残すためです。ツルのつがいのように、お互いの気持ちをたしかめあうために舞いを踊ったりする動物も見られます。人間は、動物と違って、発情期が明確でないため、女性のほうからの働きかけも必要になります。たとえば、恋文、視線、服装の誘いかけなど恋に関して、人間は男女が対等な動物なのです。

「女と男はどちらのほうが浮気を多くするか」と聞きますと、多くの人（男女とも）がそれは男でしょうと答えます。しかし、実際は一対一のはずです。もし、男が女より多く浮気するのなら、男は男とも浮気をしていることになります。では、どうして多くの人が男のほうが浮気っぽいと思うのでしょう。

人間も動物の一種ですから、女と男の性行動の差は、遺伝子レベルのものがあります。これが「雄はばらまく、雌は選ぶ」という遺伝子の法則です。生物は自分の遺伝子を残したいという本能をもっています。哺乳類の場合、雄は多くの雌と関係すれば、自分の遺伝子を残す確率がそれだけ多くなります。これに対して、雌はいくら多くの雄と関係しても、自分の遺伝子を残す確率は変わりません。それならば、強い雄、生活力のある雄を選んだほうが、自分の遺伝子が残る確率が高まるのです。選ぶのは雌ですので、雌の好みにそって雄は進化さえするのです。

人間にはわかりにくい場合も多いのですが、動物の雌には雄を選ぶときの基準があります。たとえば、ツバメの雌は尻尾の長い雄が好きです。ツバメは一夫一婦制で子育てをしますが、ＤＮＡで調査した研究によりますと、尻尾の短い雄とつがいになった雌は、かなりの率で尻尾の長い雄と浮気をしています。これに比べて、尻尾の長い雄とつがいになった雌には浮気は見られません。雌の好みが長い尻尾ということになりますので、次世代に残される遺伝子はだんだん尻尾が長いツバメになる確率が高まってきます。雄の尻尾がみんな長くなるとツバメの雌はどうするのでしょうね。

同じようなことが、クジャクの羽根についている玉模様の数にもいえます。クジャクの雌は、雄の羽根の玉の大きさにひかれるのです。尻尾が長いことや羽根の玉の大きいことは、生存率と関係するのでしょうか。それとも単なる雌の好みなのでしょうか。

人間はもっと複雑ですが、案外単純な基準を女性がもっている場合もあります。学歴、収入、背丈のいずれも高い「三高」が、女性が配偶者を選ぶ条件だといわれた時代がありました。高学歴であると社会的に尊敬される文化がありました。収入が多いことは、物理的によりよい生活ができる条件になります。三つ目の背丈が高いことは、日常生活を送るうえであまり有利だとは思えないものです。高いところのものを取るくらいでしょうか。しかし女性にとって、背が低い男性より、すらっと背が伸びた男性のほうをかっこよく思う心理は、かなり強烈なものがあります。ハゲ、チビ、デブは女性のもっとも好まない男性像だといわれているくらいですから。こうした傾向から、背が低い悩みでカウンセラーを訪れる男性はけっこう多いのです。カツラの会社は好業績をあげています。背を高く見せる靴やトレーニングもあります。ただ、女も男も心から好きになってしまえば「あばたもえくぼ」で、外見はあまり関係がなくなるものです。

動物の雌にも、大きい雄にひかれるということはあります。大きいことは、雄にとって、えさの獲得や戦いに有利だからです。日本ザルのボス選びには、賢いこと、大きくて強いこと、雌に人気があること、ボスの血を引いていることが条件です。やはりサルは人間と共通の祖先をもっていることをうかがわせますね。ボスの血を引いているのが条件になるのですから。また雌に人気がないとボスにはなれません。選挙ポスターに気をつかう男性議員が多いのもわかります。

女性に対する男性の好みは、「妻をめとらば才たけて、みめうるわしく、情けある」と与謝野鉄幹が歌ったような基準があります。ただし「みめうるわしく」は時代によって変化するようです。平安美人と江戸美人と現代の美人では、かなりの差があります。ここ十数年でも、女優の美人の基準がかなり変化しているように感じます。女性の美的な価値を尊ぶ風習は昔からありますが、研究によると、女性の美や性的なアピールが社会的に注目されるようになったのは、じつは近代社会に入ってからだそうです。

男性の好みにはもう少し単純な基準があります。土偶や古代の女性の偶像などでは、乳房が強調されていることからも、古代より大きな乳房は女性のシンボルのひとつだったことがわかります。ただ、このシンボルは、性に結びつくというよりは、多産や豊穣の意味でした。ひと昔前までは、動物の雄がそうであるように、人間の男性も乳房には性的な関心を寄せなかったのです。だから、ひと昔前まで、女性は乳房を隠しませんでしたし、人前で授乳することも平気でした。現在では、乳房は豊穣とは関係なしに、男性を魅惑する性的なシンボルとしての意味が付与されています。乳房に憧れるのは子どもですので、近代になって男性が幼児化したのかもしれません。

人間は、直接的な行動だけでなく、イメージで恋をすることができます。恋に恋することさえ可能なのです。人間は言葉をもちました。言葉による恋の自己表現は文学にまで高まっています。文学・芸術は、性差がハッキリしない領域です。恋文や恋歌は男女どちらからでも創作され、送られています。ただ、恋物語、恋愛映画、芝居などは、女性の関心が高いようです。日本が誇る世界的古典文学である『源氏物語』は、長編の恋物語です。書き手が紫式部で女性ですが、読み手のほうも平安時代の読み手は女性でした。

『君の名は』『愛と死を見つめて』『冬のソナタ』などの純愛物語のファンの多くは女性です。純愛とは、現実吟味よりも愛を重要視することです。熱狂的なファンも女性です。不倫の物語である『マディソン郡の橋』『失楽園』も、昼の不倫ドラマも視聴者は圧倒的に女性です。不倫物語と純愛物語は、社会制度の差だけで、中身は純愛ですので、区別しなくてもよいかもしれません。女性週刊誌の特集号や特種の多くは、女優・俳優・有名人の離婚・結婚・交際のニュースです。よく毎号同じようなネタに飽きもせず、と男性があきれるほどです。まあ、男性の週刊誌も、女性から見ると、よく飽きもせず水着やヌードの女性が登場するものだと、思われるかもしれません。

プロカウンセラーをしていて、女性の不倫相談の多発年齢があるように思いました。ひとつは若い女性で中年の男性との不倫です。もうひとつは、女性が四〇歳前後から更年期までの年齢の不倫です。後者の場合は、相手の男性は若い人から中年後期まで多岐にわたっています。動物に不倫がないのは、結婚制度がないからです。女性にとって四〇歳前後から更年期までの期間は、最後の妊娠可能期間です。これまでの結婚生活をふり返って、本当に亭主の子どもを生んだだけでよかったのかという、遺伝子的本能がはたらくのではないかと思うくらいです。この時期の不倫は、実際の不倫よりは、圧倒的にイメージでの不倫が多いです。「ヨン様」ブームの立役者の女性たちの多くは、この年齢に属す人々です。不倫を扱ったテレビドラマや映画の視聴者の多くもこの年齢の女性たちです。

男性の不倫は女性にくらべて、多くの場合、単純です。「据え膳食わぬは男の恥」のように、女性から認められると本能のままにそれに集まるようなところが男性にあるからです。ただ男性の場合、自分の心の奥に形成される女性イメージに偶然出会うようなとき、自分で自分をコントロールできないような想いから恋や不倫に陥ることがあります。このようなときは現実認識が希薄になり、熱病のようになることがあります。女性もこのようになることはありますが、論理的でふだんは現実的な男性がこのようになるので目立つのかもしれません。

性に関しての不思議な行動は、個人の人生体験も関係しますが、遺伝子に支配されているように思います。

15

結婚・性・離婚

結婚と離婚の狭間にあるもの

動物と人間の性行動の違いは、人間が婚姻制度をもっていることです。

昔の日本には家制度があり、家の格や地域での地位などが婚姻に深くかかわっていました。親の決めた結婚、お見合いが一般的でしたし、相手の顔を一度も見ずに結婚する人も、そんなに珍しい存在ではなかったのです。

動物には、浮気はありますが、不倫という概念はなさそうです。浮気とは「他の異性に心を移すこと（広辞苑）」です。一方、不倫とは「人倫にはずれること、人道にそむくこと（広辞苑）」で、辞書のうえでは、かなり広い意味です。不倫は人道に反した行為一般を指す言葉ですが、今では婚姻制度にはずれた男女間の性愛の意味に使われています。

人間が婚姻制度を創案したときから不倫は生まれています。哺乳動物はたいてい一夫多妻で、子育てに長くかかる動物ほどその傾向があります。強い雄ほどたくさんの雌の夫となりますし、自分の遺伝子を多く残すために、雌の浮気（他の雄との交尾）を許しません。チンパンジーの珍しい行動をテレビで見たことがあります。雄と雌がボスの目を盗んで合図を交わし、群れのはずれで、恋にふけるのです。二匹は、それぞれがまず反対の方向へ行き、示し合わせた場所で落ち合うという、手のこんだことをしていました。このテレビでは、ボスもさる者（！）、二匹の仲に感づき、二匹はいやというほどボスから痛い目にあわされていましたが。このように群からはずれ、ボスに従わないというルール違反も、ある種の不倫といえるかもしれません

人間の男女出生比率は男と女がほぼ一対一です。もし人間社会も一夫多妻制で、ひとりの男性が多くの女性を妻にすると、妻をもてない、アブレ雄が出現します。動物なら直接的対決で勝負をつけ、勝ったほうが雌を得るのですが、人間がこれをやると、なまじ知恵が発達しているだけに、雌の獲得競争が過激になり、陰湿になります。アブレ雄対策も大変になります。そこで考えられたのが婚姻制度だという説があります。婚姻制度は「まああの男性に女性を供給するための制度だ」とは、ある女性学者の言葉です。人間は、古

くは一夫多妻だったと思われがちですが、一部の豪族の長や分限者を除いて、庶民すなわち、「まあまあの男」たちは一夫一婦制がふつうだったといわれています。

女性は妊娠中や授乳中は性欲がありません。ですから、妻が妊娠中あるいは育児中に夫の性欲を刺激する要素がもたらされると不倫を誘発し、婚姻制度を脅かします。離婚の原因のトップはいつも「性格の不一致」ですが、その原因のなかには不倫もかなりの件数が含まれていると思います。

人間は複雑なコミュニケーションをもっていますので、心を通わせ合うことが男女間で重要なことになります。動物の場合、異性に対して好き嫌いの感情がどれほどあるかは、人間には知るよしもありませんが、人間ほど複雑でないことはたしかなようです。動物が惹きつけられるのは、ウグイスの鳴き上手、ニワトリの色鮮やかな赤いトサカ、など身体的要因（求愛行動、婚姻色など）が多いように感じられます。

人間では、女性が男性に求める第一の要素は「やさしさ」です。男性側が女性に対する要望も、与謝野鉄幹が「妻をめとらば才たけてみめうるわしく情けある」と歌ったように、情が通い合うことが第一条件のようです。「かっこよい」「美人だ」「料理がうまい」「稼ぎがある」などの条件より、相手への理解と思いやりの深さが、男女を接近させる要因です。

男女の間に、無理解が増し、やさしさと思いやりが減り、コミュニケーションに齟齬が生じるようになりますと、男女の間に不和と亀裂が生じます。そのようなときに、要望を満たす異性が現われますと、そちらに走って不倫関係になり、やがて別れや家庭内離婚が決定的になっていきます。

男と女はもともと相手にわかりにくいところをもっており、それがお互いの魅力になっています。魅力がなくなりますと、そこには理解できない不毛の領域が広がるだけになります。恋愛関係の男女ならつきあいをやめればよいのですが、婚姻関係はそうすぐには解消もできず、索漠とした夫婦関係がそこに残ります。こうなると、やがて離婚を考える夫婦も出てくるでしょう。

アメリカの離婚率は七〇年代が最高でした。これは六〇年代のフェミニスト運動の高まりと呼応していると思われます。アメリカはレディファーストで、女性を大切にする国、男女平等の国だといわれています。しかし、実際にアメリカで女性に直接に話を聞きますと、法律的な表面上の平等とは異なる意外な面が多くあります。その代表的なものが家庭内暴力、DV（Domestic Violence）でしょう。アメリカでDVというと、夫が妻に暴力をふるうのが圧倒的で、日本のように親に対する子どもの暴力はほとんどありません。それというのもアメリカでは子どもの人格が認められているぶんだけ、子どもに科せられた責任も大きく、親に暴力をふるうことは親と対等であり、その時点で親元から離れなければならないことを意味しているからです。アメリカでの夫から妻への家庭内暴力が起こるのは、女性の人格や自立を男性が認めていないためです。アメリカでは、財布は夫が握っていますので、このことと離婚や家庭内暴力とが関係していると思います。

日本で離婚率がいちばん高かったのは明治初期でした。明治に入って、妻からの離婚請求ができるようになったため、今まで夫の横暴や家の重圧に忍耐を強いられてきた女性が、いっせいに離婚を請求しはじめたからです。離婚はいっときブームになり、この風潮にのって離婚した女性が、離婚後後悔したり、混迷するケースが多く出現したことから、当時の新聞に、軽々しく離婚しないようにという記事が出たほどです。このブームは、その後落ち着きましたが。

戦前は女性が外で働くことを好まない社会観念がありました。「男は外で働き、女は内を守る」が、社会通念としてあったのです。「俺が食わしてやっている。文句を言うな」と言われて、経済的自立ができないばかりに悔しい想いをした女性が多くいました。戦後は昭和三五年ごろからの経済発展により、働く女性がふえ、女性の社会進出を民間も政府も提唱・宣伝しました。それでも最初は昔の社会理念が強く働いていたため、なかなか女性が働くための社会的・心理的環境が整っていませんでした。現在でも、まだまだ整っているとはいえない領域もありますが、三〇年前と比べると隔世の感があります。このような女性の社会的・経済的自立が離婚率を高めてしまったことは、ある意味で皮肉なことであり、また別の面から見ると意義あることです。なかなか二つよいことはありません。

離婚はいつの時代であっても重いことです。子どもの問題もありますし、社会的な抑制や圧力もあります。プロカウンセラーとして、最近多くの離婚問題の相談を受けるなかで、とくに二つの課題を感じています。ひとつは、若者の早まった結婚に因がある素早い離婚です。もうひとつは熟年離婚です。この二つは、離婚要因の基底にある問題が異なります。

人間には、個人の「愛の軌跡」があります。「愛の軌跡」とは、愛する対象の変化と、好きになる視点の変化です。結婚や恋愛は、男女それぞれの「愛の軌跡」が交差したときに生まれます。そして交わった「愛の軌跡」がある一定以上に離れてしまいますと、恋愛なら終わってしまいます。これに対し結婚は、制約も大きく現実の問題がありますので、実際は破綻していても婚姻だけは継続することもあります。この場合は、家庭内別居、家庭外別居、実質的離婚などの形をとるわけです。

結婚は「愛の軌跡」をある距離以上乖離させない男女の努力から成り立っているのです。

離婚の第一理由は「性格の不一致」です。しかし、人の性格というのは、そんなに変化しないものです。結婚当時と離婚時で性格がまるで変わるという人はそうはいません。これは二人の関係が変わったのです。お互いの性格の知られざる部分やいやな部分が顕在化し、関係が悪循環して、不一致をきたすのです。

結婚生活を維持するためには、今まで見えなかった相手の性格を受け入れる努力が、双方に必要です。そして相手の欠点を受け入れることにより、お互いが人格的・人間的に成長し、相手の人格を認められる領域が広がるのです。言い換えれば、人間の器が大きくなるのです。器を大きくしないままではお互いに不満が生じ、二人とも未熟なまま別れてしまいます。そして次に引き合う人が現れ再婚したとしても、やがて器の狭さがまたまた離婚の原因になるのです。これが前に述べた早まった結婚と素早い離婚です。

長年連れ添った夫婦は、配偶者と心理的には何度か離婚・結婚をくり返しているように思います。心理的な離婚・結婚を契機にして、お互いの器が大きくなっていき、相手への理解が深まるのです。

実際、いちど離婚して、再び同じ相手と結婚する人もあります。いわゆる復縁で、この場合もどちらかが無理をした復縁は長もちしません。有名な例では、メキシコの女流画家フリーダ・カーロと壁画家として名高いディエゴ・リベラの関係があります。ご存じの方も多いと思いますが、フリーダは画家の才能をディエゴに見いだされました。彼女の才能は花開き、ディエゴと結婚しましたが、夫ディエゴの浮気や、子どもができないことから、二人は離婚します。そして別れてからお互いの必要性に気づき、セックスをしないことを条件に復縁するのです。その後の二人は、お互いが相手のいちばんよき理解者として、フリーダが病で亡くなるまで、最愛最良のカップルとして過ごしました。

カウンセラーという仕事柄、老年期を迎えた仲のよいご夫婦に出会うことが多いのですが、どのカップルも終始仲がよかったわけではなく、離婚の危機を何度か乗り越えて、お互いの人格を高め、度量を広げて、相手が自分にとってかけがえのない相手だと再認識し、家庭内復縁を果たしてこられているのです。

最近、高年齢離婚が多くなっていますが、そうしたケースでは、お年を召すまでお互いが辛抱を重ね、がまんをつづけた結果だと思います。もしお二人が若いうちに、家庭内の離婚・再婚を果たされていればまた違う結果になったのではと、プロカウンセラーとしては思います。離婚は自由を与えてくれますが、安心は与えられません。結婚は自由を束縛し、安心が与えられるのです。結婚はリュック一杯の苦労を背負い、ポシェット一杯の幸せを得る行為なのです。

若者が結婚しなくなっています。それは結婚によって自由を束縛されるのを嫌うからだといわれています。しかし、未婚は孤独を解消しません。人間はペアで生活し、集団を形成する動物なのですから。それでもまだ若いうちはいいのですが、年を取りますと孤独が身にしみて結婚を望むようになります。もっとも、夫婦関係が不安定で、孤独が募るような結婚ではどうしようもありませんが。

人間にとっての結婚は、子孫を残すため性関係を容認する社会制度です。ただし昔は、結婚後は性交渉即妊娠という構図がありましたが、避妊法の発達によって、従来は女性の宿命と見られていた妊娠・出産という生理的制約から女性を解放しました。これは相当量の心理的エネルギーが社会的繋縛から脱したことを意味します。このことは、男女に性の自由を与え、夫婦に子どもをもつ、もたないの選択の自由与えました。しかし、多量の心理的エネルギーがそれ相応の目標を発見することができない場合には、精神のバランスに破綻を生じさせます。子どもが欲しいのにできない夫婦には、生理的自由などといってはいられない深刻な葛藤が生じます。不妊外来を訪れる夫婦を見れば、このことの深刻さがわかります。意識的な目標、たとえば夫婦で協力した創造的仕事をもたぬ心理的エネルギーは無意識の力を増大させ、深刻な不安や疑念が生まれます*（注：ユング、二七八頁）。「性格の不一致」とともに「性の不一致」が離婚の原因としてあげられますが、性の問題もその背後に潜んでいる大問題に比べれば、小手先程度のものにすぎません。「その、背後にひそむ大問題とは、男女の魂の関係をどう処理するかということです」（注：ユング、二七八頁）。「男性は、女性を所有（結婚）するとこれを性的に所有したと考えますが、性的に所有されているときほど女性が男性から遠のくことはありません。なぜなら、女性にとって大切なのはエロスに基づいた関係（魂の関係）だけなのですから。性生活は女性にとって結婚の添え物にすぎません」（注：ユング、二八〇頁）。この認識の男女差が、男女間の性の不一致の深層部分にあるのです。

性は本能の部分が多い領域で、それだけに相手の立場に立つことがむずかしいともいえます。しかし逆にいえば、この部分で相手（異性）理解ができさえすれば、二人は幸福なカップルになれるのです。

＊注：ユングC．G．『ユング著作集四・人間心理と宗教』（浜川祥枝訳）日本教文社　一九七〇

16 子ども

よその子に夢中になる女たち、そっぽを向く男たち

子ども、とくに幼い子どもに対しての関心や接し方には、男女差が観察されます。哺乳動物には、遺伝子レベルで母子に付与されている情報があります。新生児は、自分の母親と他の女性を、声や匂いで区別できます。母親も自分の子どもと他人の子どもの顔、声、匂いの区別がつくように、遺伝子によって生来的な感覚が備わっています。ですから野生の哺乳動物で、よその子どもに授乳する母親はいないのです。父親にはこのような遺伝子レベルの感覚はありません。

乳児は、子どもと女性の声には敏感に反応しますが、成人男性の声への反応は鈍い傾向にあります。子どもと女性の声は、男性のそれに比べて一オクターブ高いからですが、こ

れは哺乳動物では、母親と子どもで群れを作っていた名残かもしれません。

同窓会などで、子ども連れで来た女性のまわりには、他の女性たちが集まります。子どもを抱っこしたり、あやしたりして、お母さんになった友人と彼女の子どもに関心を示します。けれども男の同窓生たちは子どもに関心を示しません。「あいつもついに母親になったのか」という程度の思いです。子どもに対して、男性はそれが自分の子かどうかに関心があるだけですが、女性はよその子や母親にも興味をもちます。これは人間の子育てには、女性同士の助け合いが必要だからです。同性の友だちづきあいのへたな女性の育児は大変です。虐待をする母親には友だちが少なく、孤立している人が多いのです。

母親には、子どもを認知するという行為はありません（産院で取り違えられたというような特殊な場合を除いては）。子どもの認知は男性のみに見られる行為です。女性は妊娠・出産がありますので、疑いもなく、自分の生んだ子どもは自分の子どもです。おまけに、はじめに述べたように、遺伝子レベルでの母子判別さえ備わっているのですから。男性は基本的には自分の子どもかどうか不明ですから、疑い深い男性はＤＮＡ鑑定まで求めることがあります。

周囲から守られ、夫から愛されて妊娠・出産した女性は、はじめから子どもが大好きです。自分の子どもがいちばんよくていちばん可愛いのです。これと比較して、父親のほうは子どもと接するうちに、わが子だという実感が湧いてきます。男性には自分の子どもを認知し、それを実感していくプロセスが必要だからです。

子どもは、種を超えて可愛いところがあります。猫の子も、犬の子も、成獣では恐ろしいワニやライオンの子どもでも、子どものときは可愛いものです。まして人間の子どもで、自分の子どもですから、ふつうは可愛いものです。ただ、父親自身の生育歴がみじめなもので、虐待を受けて育ったり、親に捨てられたり、自分の子どもだと信じられないような夫婦関係があったりした場合には、ときに子どもを嫌悪することがあります。このように書きますと、女性の場合もそのような場合があると思われる読者も多いと思います。

野生動物には子殺しが見られます。この場合は、他の雄の子どもを殺すのです。子どもを連れている間、雌は発情しませんので、雄は雌と交尾して自分の遺伝子を残すことができません。雌の連れている他の雄の子どもを殺すことによって、自分の遺伝子を残す機会を高めるのです。灰色グマの母子は、雄を見かけると見つからないように逃げる習性があるくらいです。人間の場合の虐待も、母親が夫から心理的・身体的に見捨てられたり、その子の父親とは別の異なる男性と結婚・同棲している場合に多く見られますが、これは人間の原始的な反応（性）かもしれません。

母性は本能か学習かという問いがあります。母性は長らく本能だと考えられていました。野生動物の子育てには、自分が犠牲になっても子どもを守るシーンがよく見られます。子どもに授乳したり、食べ物を与えるために、親は必死になっています。人間の母親も基本的には、子育てに対しての自己犠牲をいといません。とくに、人間が自然に適応して生きていた時代はそうでした。

母性には二種類あります。遺伝子レベルで付与されている母性と、環境や学習によって育ってくる母性です。父親には遺伝子レベルの情報は付与されていないことはすでに述べました。女性の場合も、環境や学習で育つ母性は、男性のそれと似たものであるかもしれません。人間は本能的に行動するより、学習によって獲得した行動によって生活する動物ですから。それでも女性の場合は、妊娠・出産・授乳のように遺伝子レベルで行なう行為とそれらの体験から得られた学習によって育ってくる母性が、渾然一体となっていることが多いのです。男性が子どもを殺す場合と女性が子どもを殺す場合では、世間の批判の強さが異なります。母性原理は「わが子はいい子」であるのに対して、父性原理は「いい子がわが子」だからです。

産業革命当時のパリは、貴族たちが自分の子どもを乳母に育てさせたり、里子に出すことが流行したことがありました。女性は流行に敏感なのか、金銭的に余裕のない母親までが子どもを乳母に預けたのです。当然の成り行きとして、質の悪い乳母が輩出しました。そのために子どもが幼くして命を失うということが続出したのです。子どもを乳母に預けたり里子に出したりしますと、母親は育児から開放され、自由な生活ができます。これに慣れてしまうと、子育ては面倒でおっくうなものになります。学習的な母性が育たなくなってしまいます。当時、乳幼児のあまりにも高い死亡率が続きましたので、政府から抑制策が打ち出されたほどです。

現在、わが国の大きな問題に少子化傾向があります。少子化は、女性の社会参加が進んだことがひとつの原因だといわれています。たしかに、社会的な環境が整わないと、社会に出て働くことと子育ての両立はむずかしいことです。核家族化した現在では、子育てに夫の協力は欠かせないでしょう。男性に対しての、育児や子どもとの接し方を教育・訓練する必要もあります。男性は、ある程度大きくなった子どもと遊ぶことは得意な人も多いのですが、小さい子、とくに乳児に対しての接触はへたです。すでに述べたように、母子には遺伝子レベルでの相互確認や引きつけ合う作用が備わっているのですが、男性にはそれがありません。男性が乳幼児と接するのは、看護師や保健師が乳幼児と接するのと変わりのない、熟練を要する作業になるのです。そうとうの訓練を男性に施すか、女性（母親）の手伝いをするかどちらかになります。このことも考えておく必要があります。

最近の三〇歳は昔の二〇歳の精神成熟度だとよくいわれ、大人になれていないという人たちがふえました。一〇代で結婚し、子育てと生活費は親まかせというカップルさえ出現しています。このようなカップルのなかには、簡単に離婚してしまう人もいます。

虐待がクローズアップされています。現在の児童養護施設入居者の半数以上が虐待体験児童だといわれています。虐待は心に大きな傷を与え、子どもは大人に対して心を開かないようになります。同時に親の愛を極度に求める子どもになります。虐待児童の割合がふえますと、施設の運営に支障をきたすことさえ出てきています。なぜなら、大人を信用せず、大人に懐疑心を抱く子ども、常識を逸脱するような甘えを職員にぶつける子どもが多くなるためです。

『誰も知らない』は、柳楽優弥さんがカンヌ映画祭で、史上最年少主演男優賞を受賞したことで有名な映画です。監督の意図もあって、本来は暗いイメージの内容を、人間の本質にまで掘り下げられた映画に仕上げて、観客に深い感銘を与えます。しかし、これは現実の子どもの身に起きた事件だったことを考え、しかもこのようなことが現在の日本でかなりの件数で起こっていることを勘案しますと、背筋の寒くなる思いがします。

最近の学校ではさまざまな問題が多発するようになりました。社会制度や学校制度にも、もちろん問題はあります。しかし、学校の教師、とくに年配の先生に聞いてみますと、昔に比べて家庭のしつけができていない子どもがふえていることに原因の一端があると言います。子どものしつけに関して、家庭の構造が変化したためです。欧米の個の倫理に対して日本は場（集団）の倫理だといわれています。わが国では、倫理は集団の雰囲気によって変わります。「赤信号みんなで渡ればこわくない」は、典型的な場の倫理の破綻を示しています。

こうした倫理の違いのため、西洋流の倫理で育った帰国子女の子どもが、日本の学校で不適応になることがあります。ある小学校のことです。クラスでは班別で掃除当番が当たっていました。あるとき、ある班の子どもたちが掃除をさぼっていたので、先生が罰としてその斑全員に翌週の掃除当番を命じました。ところが、帰国子女であったA君は、先生に意義を申し出ました。「僕はさぼってはいない。だから僕は罰を受ける理由はない」と。

たしかにA君はさぼっている子どもたちとは違って、ひとりで黙々と掃除をしていたのです。これに対し、先生は「班の仕事は班全体で責任をもつべきだ」と主張しました。しかし、A君は「さぼっていないのに罰せられるのは納得がいかない」と、言い張りました。

読者のみなさんはどのように思いますか。日本ではよく連帯責任という言葉を使います。連帯責任の場合、正式には連帯で仕事の責任を負うという契約が必要になります。しかし、この場合はさぼっていないA君にまで連帯責任を負わせていいかは疑問です。個の倫理なら、さぼった子どもだけを罰すべきです。場の倫理では、協同で仕事をするならば協同責任です。先生もさぼっていない子どもにまで、連帯責任を取らせるのに疑問がありましたが、しかし、A君ひとりだけを許すと、彼がそれ以後仲間はずれになる可能性があったので、あえて連帯責任を押し通したようです。これは日本文化の根底にかかわっていることですので、そう簡単には結論が出ません。国際化した今、このような個の倫理と場の倫理の相剋がふえていると思います。

場の倫理では、場に共通するイメージがあります。子どもが悪いことをしたときは、第一のしつけ役は母親です。母親の言うことを聞かないとき、「巡査」「父親」「先生」「村のこわい人」「村のこわいもの（ナマハゲなど）」が来るぞと言って、子どものしつけをしたのです。強い父親とは暴力的な父親ではありません。尊敬できる、言うことに子どもが従うような精神的な強さをもった父親です。尊敬できる人、叱ってくれる人をもっている子どもは幸せです。ガミガミ説教したり、うるさく小言を言う人は今でも多くいますが、場がピリッと引き締まるような言動で、尊敬し従える人が少なくなりました。また、わが子だけでなく、よその子でも悪いことをしたときは叱る、というような大人がいなくなりました。悪いことを許さないという場の倫理が破綻してきています。よその子どもを叱ったら、その子の親が抗議に来たというようなことさえあります。余計なことはせず「見ぬふり」が、場の倫理に取ってかわっているのです。そして場の倫理が破綻しているからといって、個の倫理がはたらくほど、個人が鍛えられていません。

日本には「みんなで渡ればこわくない」やいくつもの「会議を通す」など、個の責任を回避する文化が根強く残っています。公に迷惑になるようなことや犯罪を許さないという場の倫理が、近々構築できるでしょうか。それとも西洋流の個の責任をキッチリ追求するようなコンセンサスと制度を作れるでしょうか。どちらもできないとすると、日本人は倫理的混迷のなかで生活しなければならず、人間関係に多大のエネルギーを浪費しなければならないでしょう。倫理のないところほど、心が不安定になる場所はありませんから。

17 老後

老いてのち夫婦でどう過ごすか

人生五〇年といわれていた時代から、急速に寿命が延び、人生八〇年時代を迎え、日本は世界でも有数の長寿国となりました。寿命が延びているわりには、女性の生殖期間は、そんなに延びていません。子育てが終わり、孫ができ、それからしばらくして寿命が尽きる、これが長年つちかわれてきた人間のライフサイクルでした。これは、他の生物とほぼ同じようなものです。

人生が五〇年だった時代は、孫ができるころには、孫のお守りをするくらいの体力と気力になっていました。それもできなくなると、みんなに看取られて死を迎えたのです。しかし、長寿になると、子育てがすんでからもまだ三〇年近くの人生が残っています。動物として次世代を創成する役割が終わったというのに、もう一度子育てができるくらいの期間が残され、体力も気力もまだまだ若い者とさほど遜色のないくらい残っています。「老いては子に従え」どころか、若夫婦や孫を従え、指導しようとさえします。これでは自立しようとする若夫婦ともめるのがあたり前です。ニートやフリーターのような、自立できない子どもを持つ老人がふえてきたのも、ある意味では必然性があるのです。

若者の自立をさまたげないために、現在の老人は、生きる目的を、次世代の育成から、自己の人生の充実へとシフトする必要があります。

動物はひっそりと人生を終わります。同じように人間もひっそりとした老後を送ることです。昔は人間も、老後はひっそりと生きていたものでした。老人ホームは人里から離れた郊外に設けられていました。老人が若いころと変わらず表に立つと、次世代が育たないからです。「老兵は死なず。ただ消え去るのみ」は人間の知恵のひとつだったのです。しかし、現在では都心の、それも自分が暮らしていた近くにホームを求める傾向が出てきました。老人が自分で望むような最後を迎えたいと主張するようになってきたからです。若者の人生に干渉せずに、自分たちの人生を送るのが今流なのでしょう。

少子・高齢化は現代の日本が抱える大きな問題です。これからの一〇年、この問題はますます深刻になることが予想されています。日本は世界有数の長寿国となりました。寿命が延び、高齢者人口が増大すると、当然の結果として少子化が起こります。そうでないと人口爆発が起こり、破滅的な結末が予想されるからです。カタストロフィ（悲劇的な破局）の原理、すなわち天敵を取り除いたために起こる、特定種の個体激増と破局は、生物の生存実験でたしかめられています。人口増大の曲線は、このまま続くと、破局に到達するところまできています。今の少子化は、それを本能的に嗅ぎつけた人間の知恵ではないかとさえ思われるのです。そしてもし、地球環境の悪化などのために人間の寿命が短くなったら、少子化はなくなるのではないかと思われます。

何ごともそうですが、変化の激しいときが大変です。日本における少子・高齢化は他国や歴史上、例を見ないほど急速に起きている現象です。世代交代をどのようにうまくするかは、一家族の問題にとどまらず、会社や地域社会、国のレベルの大きな課題です。世代交代の失敗が会社の存在をあやうくした例は枚挙にいとまがありません。少子・高齢化と世代交代は、極端にいえば日本の存亡にかかわっているといっても過言ではないのです。

人間は「親子の情」を、親が子どもへ抱くだけでなく、子が親に対してももっています。動物は巣立ちや子別れが親子の絆の終わりですし、はじめから親がわからず、子どもが一匹で育っていく動物も多くあります。しかし、人間は子育て期間が長いうえに、社会制度をもっていますので、親子関係は死ぬまでつづくのがふつうです。だからこそ、昔からの徳目のひとつに親孝行があるのです。

老後の過ごし方や介護は、その国の文化と深くかかわっています。日本は長らく三世代同居の文化をもっていました。江戸時代の女子教訓の本『女大学』に書かれている「幼にしては親に従い、嫁しては夫に従い、老いては子に従う」は、女性に服従をしいるものとして、現在では批判されています。男女平等社会なら「幼にしては親に従い、結婚しては妻に従い、老いては子に従う」もありますが。

たしかに時代が変化し、それによって生活様式や文化が変化していますので、三世代同居や『女大学』を受け入れることはできません。しかし、「家制度」が存在した時代には、老人といっしょに暮らすことは、できるだけ世間での人間関係の摩擦を少なくするためであったこともたしかです。イスラム社会、とくにベドウィン族の一夫多妻制度も、砂漠という男性の命の消耗度の高かった砂漠生活の未亡人救済の福祉制度のひとつだったといわれます。ベドウィンの人々が都市生活をするようになってからは、一夫多妻制度はすたれました。今は一夫一婦制が一般的になっています。

核家族が一般的になった現在の日本では、老人福祉・介護が社会制度として求められています。これも、文化の変化と無関係ではありません。社会制度の確立は、個人の負担、とくに介護にあたる女性の負担を軽くしました。それだけ家族以外のプロの介護者の関与が増大したのです。生命維持の発達によって、病院でベッドに縛りつけられた生活を余儀なくされたように、多くの老人が、家族と離れた老人ホームでの生活をすることになりました。これが、子どもたちに身内の死を体験する機会を減少させました。キューブラー・ロスのノンフィクション書『死ぬ瞬間』シリーズがベストセラーになりましたが、これは病院でひっそりとひとりで死を迎えるのではなく、家族のなかでの死が、本人だけでなく家族にも大切な意味をもっているからです。しかし、残念ながら今の医療制度では、それはなかなか困難なこととなりました。

新約聖書の言葉「人はパンだけで生きるものではない」（マタイによる福音書四章四節）のように、老後の生活も経済的なことだけが重要なのではありません。経済的な要素は基礎条件ですので、重要視されるのは当然ですが、年をとるにしたがって、生活するためのお金は、病気や介護などの費用を除いて、若いときほど必要でなくなります。

安楽死が問題になるのは、命があることと生きることとの間に、生きていることの意味に違いがあるからです。人間は群れで生活する動物です。群れの最小単位は家族です。家族に対する愛着が人間にはあるのです。不妊外来が繁栄するのも、子どもに対する愛着が捨てがたいからです。もし、家族が楽しく暮らせるのなら、嫁・姑や老人夫婦と若夫婦の葛藤が少なかったのなら、老人は家族といっしょに暮らしたいのが本心だと思います。

老後はいつから始まると考えますか。老後の生活といいますと、正規の勤めを退職したあとの生活を意味します。仕事に忙しいときは、老後になったらあれをしたいこれをしたい、という思いが強いものです。趣味を思いきりしたいとも思っています。しかし、これは男性の老後の始まりです。

女性にとって、老後がいつ始まるかは、あまり明確ではないようです。女性にとってははっきりした老後というイメージがないようです。キンさん、ギンさんが一〇〇歳のお祝い金をもらったとき、これを何に使いますかと聞かれ「老後にとっておきます」と答えたのは有名な話です。

キンさんギンさんにとって、老後はまだまだ遠い先のことだったのかもしれません。女性の老後とは、「夫が死んだあとだ」と考える人もいるようです。「年金をもらうようになったとき」と答えた女性もいました。夫が定年をむかえても、女性にとって日常生活が男性ほど変化するわけではありません。夫が家にいる時間が長くなるだけです。

女性も、自分の時間ができたら旅行したい、好きなことをしたい、と考えます。しかし、女性に直接聞きますと、夫と旅行したい、いっしょにあれこれしたいと思う人はあまりいないようです。夫の世話をしなければならないからでしょう。妻にいやがられない老後のために、男性は身辺自律が改めて重要になると思います。

人生設計のプロに聞きますと、趣味にしても、したいことにしても、四〇歳台に始めておくことが大切だそうです。スポーツ、夫婦での旅行、盆栽や、囲碁・将棋など、四〇歳台にひととおり学んでおかないと、いきなり六〇歳台になって始めても、なかなか定着しないのだそうです。個人差はありますが、学習能力が四〇歳台のころとは格段に落ちているからです。

夫婦の旅行も、夫か妻のどちらかがいっしょに行きたいと思っても、すぐにはむずかしいものです。若いころからいっしょに旅行している体験があって、二人にとって楽しくて、また行きたいと思うものであればベストでしょう。夫の世話に手がかかるので、夫婦いっしょの旅行を嫌う妻はけっこう多くいます。妻と旅行するのをいやがる夫もいます。自分が行きたくない所へ行き、あちこち引きずり回されるからです。フルムーン旅行が宣伝されていますが、夫婦仲がよく、お互いを思いやる心がないと、なかなか映画や宣伝のようにはいきません。

老後は夫婦で共通の趣味を楽しみたいと考える人が多いと思います。共通の趣味というのは、興味の対象が一致していることを意味します。若いころに同好会で出会って夫婦になったとか、夫婦の一方が趣味で始めたことに、もう一方も興味をもったような場合は別ですが、案外夫婦で趣味が一致することはあるようでないものです。それよりはお互いの趣味を理解し合うほうが、現実的な場合も多いと思います。

老後の生活にとって、私が大切に思うことは、同性の友人グループをもつことです。若いころは異性がまじっているグループにある種の憧れがありますが、異性の集団というのは、女にとっても男にとっても、どこか気の置けない、気をつかう、面倒くさいものです。その点、同性の気の合う友人集団は、気が許せて、心から楽しめます。ただしこれも、老後になってから、そのような集団をつくろうとすると、なかなかむずかしいものです。

私は四〇歳台から五〇歳台前半までに、こうした仲間をつくることをすすめています。集団をつくるときの原則は、七人から八人のグループで、経済状態と教養レベル（学歴ではなくて教養です。広くいえば、自分のもっている文化）にあまり差がないことです。同時にメンバーがある程度心理的に自立していることも必要です。このような条件を満たし、またグループがうまくまとまるためにも、四〇歳台から五〇歳台に形成しておく必要があるのです。こうした条件にかなった同性集団からは、夫婦や他の集団にはない、癒しと楽しさとサポートが得られます。この集団には、独身者がいてもいいのです。配偶者に先立たれ、独身になったメンバーでもかまいません。老後の孤独を癒してくれる集団なのですから。

老人は加齢とともに、できることがだんだん少なくなってきます。それだけ他人に依存しなければならないことがふえます。しかし、身体や物理的なことは依存しても、心だけは自立している必要があります。精神的に自立している老人には、他者への素直な「感謝」があります。自己中心的なプライドで他人を操作しようとする気持ちがありません。他人に受け入れられないような頑固さがありません。精神的に自立した老人は、他人や若者から好かれます。若者たちが老人のもっている知恵に学べるからです。まわりの人から好かれているかどうかが、老人が自己評価できる大切な基準だと思います。

18 セクハラ・痴漢・虐待

掟破りの心理学

男性と女性は、身体とそれにかかわる生理的な領域が異なっており、生理的領域は、本能の領域と深く関連しています。動物は本能に従って生きていますので、他の動物の獲物を横取りしても、それは自然な行為として認められています。これに対し人間らしさとは、本能（衝動）をいかに昇華させているかで計られています。性にまつわる行為は本能的・動物的な行動が基本になっており、それだけ、性にまつわる問題はむずかしいといえます。性犯罪の再犯率が高いのも、それが本能を基礎としているからです。だからこそ、本能による掟破りは、人間の場合厳罰が課せられるのです。

男性にあって、女性には見られない性行動のひとつに、下着泥棒があります。女性が知らない男性の下着を盗むということはまずありません。なぜ女性には男性の下着を盗むという行為がないのでしょう。女性たちに理由を聞いたことがあります。

「なんの役にも立たない男性用下着は、盗んでもしようがない」とのことでした。

女性で下着を盗む人もいます。でもそれは、自分用の下着の万引きです。

男性の下着を洗濯している女性が多いので、「何も盗みまでしなくても、家には夫や息子の下着がたくさんあってうんざりしている」とか「だいたい、男の下着なんて盗む気が起きない」というのが、大多数の意見でした。男性も、身内の女性の下着を盗む人はあまりいません。イメージ上ですが、近親姦忌避（インセスト・タブー）がはたらいているからでしょう。

では、なぜ女性がその気を起こさないような下着泥棒を、男性はするのでしょうか。男性は、女性の万引き犯のように、新品の下着を盗む人はあまりいません。洗濯して干してある下着、あるいは洗濯機に入っている汚れた下着を盗むのです。女性は男性の汚れた下着など、もらってくれと頼まれても断るでしょうが、男性が汚れた下着を盗むのは、それを身につけていた女性を想像したいからです。汚れた下着であればあるほど、生々しくそれをつけていた女性を想像できるからです。新品の下着では、生身の女性を想像できませんので、万引きする男性は少ないのです。女性下着を盗むくせのある男性でも、自分の母親や姉妹の下着を盗む人はまれです。下着をつけているところを想像できるのは、現実の接触が少ない女性です。自分の母親や姉妹の下着では現実的すぎて、想像の対象にはならないのです。

逆に女性は、男性用の下着から、それをつけていた男性を想像したりはしません。男性の着こなしや服装から、その人に興味をもつ女性は一般的ですが、汚れた下着から持ち主を想像する心理的行動は女性にはないのです。なお、母親の下着を身につける男性もいますが、これは、母子一体感願望であって、痴漢行為とは別の次元の問題です。他人の下着を盗むのとは意味が異なっています。

女子高校生が身につけた下着を売るというニュースが問題になったことがありました。彼女たちがそんなことをするのは、売ればかなりのお金が手に入るからです。男性のなかには、女性がつけていた下着を盗むと罪になるので、合法的に手に入れたいという要求をもつ人がいるのです。しかし、ふつう女性は、自分が身につけた下着を売ろうという気にはなりません。恥ずかしさが先に立ちます。なぜ女性は自分の身につけた下着を売らないのかを、これも女性に聞いたことがあります。

「身につけた下着は、自分の分身のような気がするから」という女性が多くいました。古くなった下着を捨てるときも、まず洗濯してからはさみで原型がわからないように切り刻み、袋に入れたうえで捨てるというのです。そのまま捨てるのは、自分の汚れた部分をさらすようでいやだといいます。

「下着を売るようなことをすると母が悲しむから」という理由もありました。平気で下着を売る女子高校生は、自分自身と自分の身体イメージとが分離していたり、母娘関係が希薄なのではないかと思われます。男性には、下着が自分の分身だという感じはあまりありません。

またセクハラに関しても、ふつうは男性が女性に対して行なう性的ないやがらせのことを指します。痴漢や暴行、ストーカーなどの犯罪行為と境界があいまいなセクハラ行為もありますが、それ以外のセクハラでは、知り合い同士で、加害者が被害者に対して権力をもっていることが要件です。

下着泥棒は一〇〇パーセント男性ですが、セクハラも加害者の大部分は男性です。もっともアメリカなどの判例を見ますと、女性加害者も少しは見られます。

ストーカーとなると、女性はけっこういます。芸能人や有名人の追っかけは、女性が圧倒的多数です。追っかけは、心理的意味ではストーカーといえなくはありません。自分のほうを向いてくれなかったといって、カミソリの刃を送る女性がいるくらいですから。

大雑把にいえば、ひとりの相手を多数で追っかけるのが追っかけで、ひとりだけで執拗に追っかけるのがストーカーです。ストーカーは個人の男性が多いのに、芸能人などの追っかけには女性が多いのも不思議なことです。

追っかけと似た行為に贔屓（ひいき）があります。タニマチとかスポンサーとか贔屓筋ともいわれています。追っかけやストーカーとの最大の違いは、贔屓は相手が歓迎していることです。ホストやホステスに入れ揚げる行為も贔屓と似ています。お互いが合意のうえ、歓迎的関係の場合は、犯罪や虐待や痴漢にはあたらないのです。

夫婦の関係であっても、お互いの合意のうえ、許容のうえ、お互いがハッピーになる行為でないと、ストーカー、痴漢、暴行になります。婚姻制度は、正式に婚姻を届け出た男女に、性的行為をしてもよいことを社会が認めている制度です。だからといって、相手がいやがる行為を認めているわけではありません。また、お互いが合意していても、正式な夫婦でない男女が金銭のやりとりで、性的な行為をもつことは、売買春として法律で禁じられています。

「痴漢と恋人の行為そのものはあまり変わらない」と言った人がいました。発言したのは男性です。女性に話したところ、「まったく違う」と激しく反論されました。この場合、男性は客観的に行為そのものを比べているのに対して、女性はそれが行なわれる場所や雰囲気、なによりも自分がそれを許しているかどうかの感情を大切にしているからです。感情をともなわない行為は実際にはありえません。痴漢と恋人の行為は似ていても、それにともなう感情はまったく別のものです。

痴漢行為に対して、女性が非難すると「お前も喜んでいるくせに」と言う男性がいますが、痴漢を喜ぶような女性はいません。こうした言い訳をするのは、痴漢には自分の感情と相手の感情の区別ができない、いわゆる自己中心的・自己愛的な人が多いからです。少しでも相手の身になって考えると、痴漢のような卑劣な行為はできないはずです。

今まで家庭内の暴力というと、妻に対する夫の暴力行為が圧倒的多数でした。戦前の日本の夫婦関係はこの典型です。駆けこみ寺が江戸時代だけでなく、現代も存在するのは、妻に対する夫の家庭内暴力がまだまだ起こっているからです。

このほか日本特有だといわれているのは、子どもが親にふるう家庭内暴力です。これはアメリカではまず見られません。アメリカでは、子どもが親に暴力をふるえば、父親が子どもを叩きのめします。もし子どもが父親に暴力で勝ったりすれば、子どもは家を追い出されます。親に対抗できるくらい大人になった、ひとりで生きていける、と判断されるからです。このため、アメリカでは子どもの家出・出奔が日本と比較にならないほど多く見られます。家を出た子どもが犯罪に巻きこまれるのも日本の比ではないのですが、日米では子どもの人格の認め方が異なるのでしょう。

子どもへの虐待は、アメリカでは犯罪としてきびしい罰を受けますが、これも子どもの人格が認められているからです。アメリカでは先に手を出したほうが悪です。開拓時代でも、ピストルを先に抜いたほうは、撃ち殺されても文句が言えませんでした。あとから撃ったほうは正当防衛が認められるのです。現在、日本でも、児童虐待が大問題になってきました。アメリカに見習って法律が整備されてきましたが、アメリカと異なる点は、子どもが「親の所有物」的なイメージが社会的に根強いことです。最近では減ってきましたが、昔は親子心中が日本では多くありました。アメリカではこれは明白な殺人です。子どもを残して親だけが死んではかわいそうだと道連れにするのでしょうが、子どもがかわいそうなら、死なずに生きる方策を考えるべきだと思います。思いつめるとなかなかこうは考えられないかもしれませんが、子どもの命を奪うことは、親であっても許されない行為です。日本では児童虐待に対しての法整備が進んだのにもかかわらず、なかなか子どもを本当に保護し、育てていくのはむずかしいようです。親権を楯にして争われると、子どもに明確な身体損傷があっても、実際上、親の虐待をあばくのは困難です。なぜなら、子どもが親をかばうからです。

児童虐待には、母親がわが子を虐待するほか、義父や義母が虐待するケースもあります。「継子いじめ」という言葉があるくらい、なさぬ仲はむずかしいものです。自分の遺伝子を残したいというのは、生物としての本能の部分ですから。新しくボスになった雄が、前のボスの子どもを殺すのは、動物ではよく知られた事実です。人間は本能を超えて生きてきた動物ですが、強姦や痴漢や児童虐待などを見ると、本能に抗しきれない部分があるのかもしれません。

虐待に関しては、親子や恋人、夫婦いずれも、客観的に見れば、逃げればいいのに、訴えればいいのにと思うのですが、当人はそれに踏み切れないことが多いのです。これは、とくに愛憎が含まれている関係に起こります。暴力がしつけや叱責の程度を超えた暴力でも、「本当はやさしい人だ」「私が悪いから親は叱るのだ」などと感じている場合があるのです。「親は自分を憎んでいる」「彼には愛のかけらもない」と思うと、自分の存在が希薄になり、孤独に耐えられなくなるからです。暴力をふるわずに愛してくれる人に出会う体験をすると、愛と憎しみの区別がつくのですが、体験がないと自分を責めるだけになってしまいます。

サド・マゾの性的倒錯行為も、行為だけ客観的に見れば暴力行為ですが、お互いの了解と希望があるので、虐待とみなされません。性的な行為は、両者の人間関係が深く関係します。性的倒錯や性犯罪は、人間独特の行為であり、それだけに人間関係と人間の本質に結びついています。フロイトが「神経症の原因は、性衝動とそれを抑える社会規範の間で、自我をいかに統合するか、あるいは統合できず抑圧するかという点に発している」としたのは、ある意味で天才の直感です。

痴漢行為で社会的地位を失う人があとを絶たないことや、性犯罪の再犯率が高いことから見ても、性の問題はひと筋縄ではいかない領域を含んでいるのです。

19 近所づきあい

サザエさんに学ぶ ご近所づきあいの知恵

人間は群れで生活する動物だということは何度も述べました。群れの最小単位は家族です。次に、ご近所、町内、市区町村、都道府県、国、アジア圏というように広がっています。それぞれ群れの取り決めは生活に大きな影響を与えますが、たとえば法律の改正や戦争などになると、あまりにも規模が大きすぎてふだんの生活では実感は希薄です。逆に、小さな所属集団ほど心理的・現実的に日常生活と密接に関係します。その意味では、誰しも家族の影響がいちばん大きいのです。次に、影響を与えるのが隣近所、地域（コミュニティ）の影響です。引っ越ししたときに、最初にするのが、隣近所への挨拶回りです。われわれの世代では、手拭いや石鹸などささやかな品物を持って、挨拶回りをしたものです。

これをしないと地域社会に住民として参加できないからです。自治会の会長さんのところへご挨拶にうかがったときに、ゴミの捨て方や地域の決まり、自治会費のことなどを教えてもらえるのです。こうした地域のルールが守れないと地域には入れません。通常これを行なってきたのが主婦・女性です。もちろん男性がひとりで暮らすときも、これを怠ってはならないのですが。

以前テレビで、突然親が独り暮らしをしている息子や娘を訪問するという番組を見たことがあります。母親が息子のアパートを訪れると、ゴミでいっぱいになったゴミ袋が部屋に放置されていました。なぜゴミを出さないのかと問い詰めたとき、息子が出し方がわからない、と答えていたのが印象的でした。ゴミの出し方を知るには、ご近所に挨拶をし、町内の会長さんにその地域での取り決めを教えてもらわなくてはなりません。学生だけでなく、最近は隣近所とのつきあい方を知らない人がふえてきました。

逆にＮＨＫの番組「ご近所の底力」のように、地域社会の協力によって、カラスの退治法から交通事故防止対策まで、情報が語られ知恵を得られる機会もあります。昔はこのような知恵は地域社会に自然に備わっていました。地域の問題が起こったときは、みんなで集会を開いて、対策を決めていました。ここで大切なのは問題が起こったときだけでなく、ふだんからのおつきあいが大切だということです。今でも地方の農村に行きますと、道普請や屋根の葺き替え、水利の確保まで、共同で行なっている作業がたくさんあります。地域社会のつきあいでは、公式的な行事のときは、「イエ」の代表者として男性が出る必要がありました。このようなときに、女性が出ますとそこの「イエ」の存在が軽んじられるからです。今では、昔のような「イエ」概念が希薄になってきましたので、男女どちらかでもあまりこだわりませんが。

今から四〇年前、私の住んでいた地域は、私たちの家とあと二軒を除いて、昔からの住民でした。持ち回りでしたが、組長（自治会長）は世話人と地域のリーダーを兼ねていました。誰かが亡くなると、家の代表者は仕事を休んで葬儀に参加しました。当時は土葬でしたので、墓掘り役から、葬儀の料理作り、書き役（葬儀に参列した人の記録係）まで村中総出で行なったものです。野犬に掘り返されないための、棺桶にかぶせる青竹で作った囲いから、決まった料理献立まで、何百年も続いているとおりに行なわれていました。そのほか、旅行の世話、苗や肥料の世話など、組長の仕事は多岐にわたっており、私たち都会からの移住者にとって最初は大変でした。しかし、干ばつに襲われたとき、一〇〇メートル先の新興団地では、給水車での不自由な生活を与儀なくされましたが、私たちは村に古くからある井戸の水を自由に使わせてもらいました。

人間関係は、とかくわずらわしいところがあるものです。三世代同居も、職場の人間関係もわずらわしいこと、気をつかわなければならないことが多くあります。しかし、非常事態や緊急時には、助け合いが行なわれます。つい最近も、わが家の近くの土手が大雨で崩れることがありましたが、地域の人が総出で助け合いをしていました。人間関係は日ごろのつきあいが大切です。その場だけの急ごしらえの集団では、なかなか役に立たないのです。

地域集団とのつきあいが必要なもうひとつのケースは、子育てです。独身時代や子どもがいないときは、隣近所との親密なつきあいはそう必要ではありません。しかし、子育ては、地域社会とのつきあいをなくしてはむずかしいものです。子どもを虐待する母親で、近所づきあいがうまく、子育て友だちが多くいたという例はありません。子育てには、知識、知恵、体験、練習が必要です。子どもには友だちが必要です。兄弟が多かった時代でも、子どもには兄弟以外の友だちが必要なのです。現在は少子化の時代です。兄弟も近所に友だちになるような子どもも少ないのが残念です。

子育てのための近所づきあいは、母親が今でも重要視しています。ときには公園デビューのように、子育て先輩集団に入るための儀式的な行為が要求されることもあります。この種の儀式は精神的な気づかいをともないますので、最近ではこれを苦にする女性もふえてきました。ときには、母親間に対立が起き、殺人や傷害事件に発展することさえあります。自分の住む地域の子育て集団になじめないため、他の地域のグループに電車に乗ってまで通う母子さえあります。

子育てをともなう女性グループや地域への参加のじょうずへたは、子ども時代から思春期につちかわれます。今は少なくなりましたが、昔は、同性の子どもたちが集団で、放課後や休日に、地域の路地や広場で遊んでいたものです。漫画「サザエさん」を見ていますと、カツオ君は近くの公園でいつも野球やいたずらをしています。ワカメちゃんは女子同士で、女の子の遊びをしています。これらの集団は性別ですが、年齢は縦社会的です。ここでまず、社会集団に入るための、心得と技術を学ぶのです。本当はその前に、兄弟姉妹間でルールや感情をくむ方法を学ぶのですが、少子化のために、いきなり子ども社会に放りこまれることも最近では目立ってきました。

思春期になりますと女子は、トイレ友だち、お弁当友だちなど、女子集団での接し方を学んでいきます。同性集団での接し方、感情のくみ取り方、距離のとり方、傷つけないで断る方法、などを学ぶのです。このときに学びができなかった女性は育児がへただといわれています。負担を感じないで、女性集団のつきあいができる母親には、育児ノイローゼも児童虐待も少ないのです。

この時期、男子のほうは、遊びと冒険の集団をつくります。このような集団に入って、思春期を乗り越えた男子は、高校や大学で一生の友人をつくるための素地ができます。一般的なことですが、男性・父親の機能は「切断」で、女性・母親のそれは「結合」だといわれています。夫婦や恋人同士が喧嘩したときに、何も話さなくなる男性が多くいます。このような状況になった場合、話しかけながら関係を戻そうとするのは女性のほうが多いようです。女性には「つなぐ機能」があるからです。しかし、この機能には断りたいのに断れない気持ちを女性に起こさせもします。女性のもつ「つなぐ機能」が、女性同士の距離のとり方を男性以上に複雑にしているのです。

男子のほうは女子に比べて、ひとりでいることがさほど苦痛でなく、ひとりでいても問題になることがありません。思春期の男性は、異性や性に関してよく悩みますが、友人間の悩みは同時代の女子ほど多くありません。

もしも男性が、自分だけの世界を構築しつづけ、対人関係の持ち方のトレーニングをしていないと、異性とうまく関係樹立できなくなります。社会的な関係や友人関係を結ぶことは、感情を抑制しても可能ですが、対女性関係となると感情を交流させないとやっていけません。感情の交流は、相手中心で、しかも自分の気持ちをうまく伝える必要がありますそれは、男性社会の人間関係とは異質のものです。昔は、お見合い制度がありましたので、異性との関係がへたでもかまいませんでした。現在はそれではやっていけません。そのような男性は母親に依存したり、甘えたりしがちになります。そしてこのような男性に対して、ますます女性は離れていきます。結婚や女性関係がうまくいかない、あるいは、ある程度はうまくいくのに、女性との関係を持続できない男性には、マザコンが隠れていることが多いのです。

三世代同居の時代は、地域とのむずかしいつきあいは、祖父・祖母がやっていました。子ども、孫の世代は何十年もかかってそのやり方を学んでいき、それから自分の代のときに地域のつきあいの主人公の役割を引き受けるのです。今は、子ども時代の練習不足だけでなく、実地訓練なく地域とのつきあいをしなくてはならなくなりました。こうした時代であるからこそ、子ども時代の同性とのつきあい方を学習しておきたいものです。

20 自己像・理想像・異性像

男女に刷りこまれたイメージの違い

自己像とは、自分が自分に抱いているイメージ、自己イメージのことです。自己イメージには、否定的なもの、肯定的なもの、中立的なものがあります。否定的な自己イメージというのは、たとえばあなたがあなた自身のことを否定的に評価しているということです。自己イメージはあくまでイメージであって、現実ではありません。自己イメージが現実と近いときは、自己評価が客観的なわけですので、周囲と摩擦を起こすことはありません。自己イメージとあなたに対する他者の評価との間に差があるとき、あなたは周囲から誤解されていると感じてしまいます。他者はあなたの行動を客観的に見ているのに対して、あなたは自分を主観的に見ているからです。主観的見方と客観的見方の間に乖離（かいり）があるのです。この乖離はよりよい対人関係の樹立を阻害します。

男は生理的にも社会的にも、生まれたときから男の人生を歩いています。女も同じで、生まれたときから女の人生を歩いています。男と女は性別の違いだけでなく、一般的な男性とはどういうものかという男イメージ、女性とはどういうものかという女イメージが存在します。一般的といっても、その具体的内容は不変ではなく、時代や環境、地域によって変化します。

女性がもっている男性イメージと、男性がもつ男性イメージには差があります。同様に、女性がもつ女性イメージと男性がもつ女性イメージにも差があります。差があるからこそ、男女は引かれ合い、誤解します。人間は群れで生活していますので、自分のもつイメージはどうしても群れのイメージに影響を受けます。

男女というように、男と女は対になって考えられ、イメージされることが多いのですが、男性側にあって女性側にないイメージと、その反対に女性側にあって男性側にないイメージもあります。たとえば「男まさり」という女性イメージはありますが、「女まさり」という男性のイメージはありません。「女の腐ったような」という男性のイメージはありますが、「男の腐ったような」という女性のイメージはありません。

「女の腐ったような」というイメージは、ジメジメして、イジイジして、論理がグチャグチャ、決断力のない男に対して使われるイメージです。「男まさり」というイメージは、テキパキしていて、決断力があり、イジイジ、ジメジメしていない女性に対して使われるイメージです。女は腐っても女ですし、男は腐っても男であることには変わりありません。「男の腐ったような」男とは、暴力的で思いやりがなく、自分の力を誇示し、人をさげすむような男です。男から見てもいやな男ですが、男には変わりありません。「女の腐ったような」女とは、人の話を聞かず、同性を蔑視し、男に媚び、弱いものや子どもに関心を示さないような女です。女から見てもいやな女ですが、これも女であることには変わりありません。

人間が理想をもつのは、現実だけではむなしすぎるからです。理想は夢です。夢がないときは、生きるエネルギーが減っているときで、死にたくなります。さまざまな理想のまず一番にあるのは理想の自己像で、これはもともと個別的なものです。しかし、「女と男」というくくりになりますと、男の理想像、女の理想像が生まれてきます。この場合も、男が抱く男の理想像と女の理想像（理想の異性像）があり、女が考える女の理想像と男の理想像（理想の異性像）があります。

そこでまずはじめに、理想の異性像から見ていきましょう。

「立てば芍薬座れば牡丹歩く姿は百合の花」「才気煥発」というのがあります。また「三高」「家つき、カーつき、ばば抜き」というのもありました。

一般的な女性の理想イメージは、良妻賢母、可愛い、美しい、お姫さま、やさしい等々があり、男性の理想イメージには、剛胆無比、強くたくましい、美しい、王子さま、包容力がある、やさしい、度量がある、深みがある、などです。「美しい」や「やさしい」は、男女共通ですが、男性が男性にもつ理想イメージというより、女性が男性にもつ理想イメージです。男性の目から見ると、女性は、男性の弱さをやさしさと誤解しがちで、やさ男をやさしいと思っているように感じられます。やさ男は、漢字で「優男」と書きますが。「優男」と結婚して、現実の生活に入ると、失望する女性が数多くみられます。

美しいものに憧れる気持ちは人間誰しもがもっています。美しい女性に男性が憧れるように、美しい男性に女性も憧れます。異性にもてたいというのは、男女共通の願いですので、美しくありたいと思っています。

ただ、ある種の男性は、中身で勝負したいと強く思っています。中身を充実させずに、外見を美しく見せることには抵抗があります。男性同士のやっかみもありますが、中身のない美しいだけの男に対しては、さげすむ気持ちすら抱きます。あるいは、無視するか相手にしないかです。中身がないから、表面を飾るのだという、偏見に近い思いをもっているのです。

女性の理想イメージが「良妻賢母」とは、また古くさいものを持ち出したものだ、と思われるかもしれません。「良妻賢母」は「至誠」とともに、高等女学校の教育目標でした。戦前は、高等女学校が一般女性としての最高学歴でしたので、そこを卒業した女性たちは、旧制中学校卒業の男子より、卒業に誇りを抱いていました。おそらく、現在の一般の大卒女子より、プライドが高かったと思います。卒業者数も少なかったですし。

高等女学校の卒業生は、今では七〇歳以上で、社会に出て活躍した人たちも多くいらっしゃいました。その方々に、理想の女性像を聞きますと、「良妻」はともかく「賢母」は大切だと思っている方が、想像以上に多いのです。昨今の児童虐待や子育てを見ていてそのように感じられるのでしょう。もし、女性にだけ「良妻賢母」を押しつけるのではなく、男性も「良夫賢父」とすれば、これは両性にとって理想の配偶者ではないでしょうか。男女平等とは、男と女が同じことをするのではなく、それぞれの特質を生かして、対等感をもつことだと思います。

理想像はどのようにして形成されるのでしょうか。日本人は「母」に対して肯定的なイメージをもつ人が多いようです。これは日本文化が母性文化であることと関係していると思います。母性文化は、子どもに対する母親の絶対性、すなわち、絶対的な愛、献身、やさしさを求め肯定している文化です。女性が、子育てより自分の生活を優先させますと、社会的な批判を受けることも少なくありません。日本女性は、社会的な雰囲気もあって、子どもに対して献身的でした。子どもは、母の愛のなかで育まれていました。この体験が、子どもの母親イメージを理想的なものにしているのです。

このように育てられた子どもは、肯定的な母親イメージをもち、母親が不安や恐怖を救ってくれるという信頼が心にできています。これが心の基本的安心感の基底となり、心理的に強い子どもに育ちます。こうした、子どもの安定感形成に父親が参画するためには、子どもが幼少のとき、配偶者（母親）に安心を与えることです。母親の安定は父親のサポートと深く関係していますから。妊娠中に夫が浮気をするようなことがあると、妻は安心していられませんし、子育て中に、夫が妻子をかえりみないようでは、妻は不安定になり、子どもに十分な愛情を注ぐことができません。

父親が子どものことに直接参画し、子どもの心の安定に寄与するのは、学童期と思春期です。学童期にはいっしょに遊んでやることが必要です。思春期は、子どもの悩み相談に応じ、男性としての生き方や理想を態度で示すことです。

母親イメージに比較して、日本の父親イメージはあまりよくありません。かつては、こわいものの代表として「地震、雷、火事、親父」とあるぐらいでした。父親イメージは、子どもがかなり成長してから、父子の接触のなかから生まれてくるものです。父親との接触を通じて、父親を尊敬できるように育った子どもは、肯定的な父親像をもっています。思春期に、父親との接触、あるいは父への抵抗・葛藤を通して父親に出会い、父性愛を体験した子どもは、幸せです。女子の場合は、ある種の男性の理想像ができます。あまりにも父の娘でありすぎないかぎり、男性とうまくつきあっていく素地ができるのです。男子の場合は、男性像と父性像が形成されます。男性像を確立した男性は、女性とのつきあいが対等になり、危険に立ち向かう勇気をもっています。子どもが生まれたときに、父親としてスムーズに機能するようになるのです。

同じように母親との肯定的な関係が樹立している女子は、肯定的な女性像と母性像をもつことができます。肯定的な女性像をもった女性は、自立的で、男性に対して肯定的。子どもができると母親としての機能がはたらきます。

明確な自己像をもち、理想像があり、肯定的な両親像が形成されていますと、人間は対人関係や対異性関係がスムーズであり、人生に対しても肯定的で生きやすくなります。不幸にして、肯定的な両親像がもてず、自己像も不確実で、理想像もないようでは、生きるのが大変です。ただ、人間はかなり順応性が高く、陶冶性（とうやせい）に優れていますので、人生のある時期に、肯定的な母親イメージをもてるような人との出会いがあれば、恐怖や不安をしのげる基底ができてきます。肯定的な父親イメージをもてるような男性と出会うことができれば、力と勇気が与えられます。

生きた人間にそのようなイメージをもてない人は、信仰が必要になります。神仏が理想像とならざるをえないからです。

人間は欲ばりです。女性が弱い男性を好きになることは、よほど母性本能をくすぐられないかぎりあまりありません。しかし、逆に経済的にも社会的にも強い、即決即断の強引な男性は、女性が求めるやさしさに欠けることが多いものです。とくに若いころの男性はそうです。やさしさと強さは二律背反です。あるところでやさしさを求めれば、他のところでは弱さに耐えねばなりません。この二つを併せもつことは、人間の器が大きくならないと無理なことです。正反対のことを統合していく過程を個性化の過程と呼んでいます。

人間はどうして正反対のことを統合していくことができるのでしょう。それは、人間はいつも心の内と外とで二つの気持ちがあるからです。外側に自分の強さを出している人は、内面に弱さが蓄積していくことになります。飲まないときはネコで、飲むとトラになる人は、その両面があるのです。飲むとふだんは抑制している攻撃性が表面化するのです。ただし、二つの気持ちがあることは悪いとばかりはいえません。二つのバランスがとれているなら、人間の幅が大きくなります。自分と異なった相手の理解にも役立つのです。「清濁併せ呑む」「緩急自在」「酸いも甘いも噛み分けて」などは、人間が多面的な心をもっているからできることです。しかし、笑いながら叱れないように、ある面が表に出ますと、反対の面は裏に隠れます。もし、裏表が乖離してしまいますと、二重人格（乖離性人格）に陥ってしまいます。

男女はお互いに理解しにくい面があります。しかし、同性以上に気持ちがわかってくれる異性が存在します。また、女性とはこういうもの、男性とはこういうもの、と固定的に見られると反発が起こります。女性もいろいろ、男性もいろいろですから。このような多様なイメージはどこに由来しているのでしょうか（自己像や異性像に対しての多様なイメージがなければ、両性の理解の基盤が存在しないということになりますので）。

人間のなかには男性的なものと女性的なものとが併存していますから、女性的な生き方をする男性も可能なら、男性的な生き方をする女性もまた可能です。スイスの精神科医であるユングは、男性のなかにある女性像をアニマ、女性のなかにある男性像をアニムスと名づけました。アニマ・アニムスとはラテン語の魂という意味です。自分のなかの異性像が、自分と異性との関係に大きく影響します。恋に恋するといわれるとき、現実的な異性というより、自分のなかの異性像に恋しているのです。

アニマとアニムスは、現実に現われている人格の影にひそんでいます。男性は、その人の男性的人格が表に現れ、影のようにアニマが寄り添っています。女性は、その反対に、その人の女性的人格が表に現れ、影のようにアニムスが寄り添っているのです。アニマやアニムスが、表だって目立つ人を「アニムス優位の女性」「アニマ優位の男性」といいます。アニムス優位の女性は、女性からも男性からも、女性的でないように見られがちです。アニマ優位の男性も、両性から男性的でないように見られてしまいます。このときの女性的、男性的というのは、ジェンダーから見たイメージです。ジェンダーは時代によって、社会によって変化します。ただ、ジェンダーが変化しても、「アニムス優位の女性」「アニマ優位の男性」と見られるときは、その人のなかでの女性性・男性性が未発達なのです。女性的・男性的と見られるのは、じつのところ「子どもっぽさ」である場合が多いのです。

人間は、人格の理想像を目指したいと思う心があります。この理想像のなかに、アニマとアニムスの成熟を加えておきたいものです。

21 宗教

女は祈り男は行動する

宗教には、魂の浄化を目指すものと現世利益の願いに応じるものがあります。魂の浄化を目的とする宗教では、女と男でとくに目的に違いはありません。女性は成仏できないというような思想もありますが、これはその時代の風土や偏見によるものでしょう。現世利益を目的とするのは、子宝祈願、安産祈願、母乳祈願、ひな人形の供養、針供養など女性の信仰を多く集めています。長く寝こまず楽に逝くという「ぽっくり信仰」も、女性のほうが長生きですので、女性信者が多いようです。戎(えびす)神社の繁盛祈願、豊作祈願、豊漁祈願などは、それに従事している人たちがお参りをします。豊漁・大漁祈願などは漁師のほとんどが男なので、男性の信者が多くなります。

キリストにしても釈迦にしても、神・仏が男性格で表されることは、世界的に見ても共通の現象ですが、そのほかに女神さま、両性具有の神さまや性別が明確でない神さまもあります。太陽神は男神、月神は女神が世界的な傾向ですが、日本では太陽神は天照大神（あまてらすおおみかみ）で女神です。ただ、天照大神は女性的というよりは、男性的な性格をもっていますが。日本はもともと八百万（やおろず）の神さまがおられたとの信仰がありますので、土着信仰は多神教です。今でも、田の神、森の神（森の鎮守さま）、海の神など多くの自然神があります。

仏教が伝来して、日本にも一神教が普及してきましたが、仏教ではキリスト教やイスラム教とは異なり、人間は死んで成仏すれば仏さまとして扱われます。人の子を食べつづけた鬼子母（きしも）のように悪事をはたらいていても、仏さまのいさめによって悔い改めますと、鬼子母神（きしもじん）（「きしぼじん」ともいう）という子どもの守り神になることもあります。

ギリシャ神話からでもわかりますように、原始時代や古代は世界のどの地域においても多神教です。それがやがてそれぞれの国の文化と歴史が基底になって一神教になっていくのです。日本でも、仏教が入ってきてからは一神教の様相を呈していますが、仏教とキリスト教では、根本的に発想が違っています。戦国時代にキリスト教が入ってきたあとも、日本人は西洋の一神教徒とは異なり、田の神、山の神、地の神などを信仰してきました。

今でもキリスト教のお葬式で、出棺のときにご遺体を拝んでいる人が多数います。これらの現象を総称して、イザヤ・ベンダサンは、日本の宗教はどこかで日本教だといっています。

神仏は臨床心理学的に見れば、自己の魂の象徴です。宗教は魂の表現の一種です。分析心理学の創始者であるユングは、女性の魂をアニムス（男性的）、男性の魂をアニマ（女性的）であるとしました。神仏が男性格で表されるということは、神仏の人格が、現実の女性のもつ人格のもうひとつの側面や奥にある面を象徴しているのかもしれません。たしかに、お寺やお宮に参ったり、新興宗教の熱心な信者には、女性が多いのです。

男性格の神仏に比べて、占い師、拝み屋さん、巫女、霊媒などは圧倒的に女性です。占い師や巫女、霊媒は、神仏が来世的存在であるのに対して、現世的な存在です。彼女たちはあの世がわかったり、見えたりするといわれています。あの世とこの世の橋渡しをする人です。

テレビでは毎日、報道番組や制作番組とは、異なったジャンルに思われる「今日の運勢」を報じていますが、これはおそらく女性を意識したものです。「今日の運勢」で紹介している注意ポイント、ラッキーグッズなどは、女性を対象にしたものです。女性週刊誌には、占いの記事が必ずといっていいほどありますが、男性週刊誌や経済誌には、そのような記事は皆無といっていいほどありません。もっとも最近は少し掲載されるようになってきてはいますが。いったいどうしてなのでしょうか。

女性の人生は、初潮にしても、妊娠・出産にしても、自然にゆだねられており、自分の意志や努力で解決することがむずかしい部分があります。未来はもともと神仏の領域で、人知では予測できない、どうなるかはわからないことが多いのです。そこで未来への希望は、神仏にお願いする、おみくじを引くなどで、人間は対処するわけです。日本にある「無常」の思想は、今も昔もあまり変わっていません。今をときめく人が、明日もそのままであるとはかぎらないのです。むしろ「おごれる者も久しからず」のほうが歴史的な事実です。

男性は、とくに近代的な男性は論理思考に慣らされています。証明できないものは、迷信だと葬り去ります。だからといって、男性が不安を克服しているとはかぎりません。女性のほうは人知を超えたものに対しての不安や希望を、自分を超えたものにゆだねる心情があるように思います。己を超えるものに対しての畏敬と畏怖の感覚が、女性のほうが鋭いのではないでしょうか。「己をたのむ」性格は、まだまだ男性のほうが強いのですが、こうした「己をたのむ」性格の人ほど、己の力を超えたものに出会ったときに、大きな落ちこみを体験します。小さいけがや小さい災害では、女性が大騒ぎをしますが、大けがや大災害になると男性より女性のほうが落ち着いているといわれています。男女を観察してみても、自然や現実を受け入れる能力は、女性のほうが優っている気がしています。

きびしい修行を課す宗教は、修験道のように男性中心です。これらの聖地には女性の立ち入りが許されません。これは女性蔑視からでしょうか。それとも女性が入りこむと男性は気をとられ、修行できなくなるからでしょうか。カソリックは、司祭は男性と決まっており、結婚することが許されていません。男性修道院のなかには女人禁制のところもあります。また、シスターのほうは女性の修道院で基本的には暮らし、キリストとの結婚式はありますが、俗世間の男性とは結婚できません。このように宗教的修行に関しては、男女別々を原則としている宗派は多いようです。

親鸞は、妻帯を禁じたそれまでの宗教戒律に反して、妻帯可能な浄土真宗を起こしました。キリスト教も、新教では妻帯が許されています。このほか妻帯可能な宗派では、まだまだ数は少ないのですが、女性の牧師や僧侶が存在しています。ただし、男性の僧侶や牧師には妻がいても、尼僧や女性牧師は、配偶者がいない、独身者が大半です。ここには、女と男の問題が隠れているのかもしれません。

妻帯可能な宗教や宗派では、それを禁じている宗教・宗派より、現実的な問題が起きます。まず妻帯しますと子どもができます。肉親の情が生まれます。肉親の情とは、他人より肉親を贔屓（ひいき）することです。子どもにとって、妻にとって、父親や夫は無二の存在で、人とは別の存在です。それなのに父親や夫が、自分たち家族と他人を区別せずにいたら、自分たちにとって父や夫の存在が無二とはいえなくなるのです。そのせいでしょうか、信者さんから絶大な信頼を得ている宗教家のなかには、お子さんが非行に走ったり、自殺してしまったという事例が見られます。親鸞上人でさえ、息子に苦労したほどです。

神仏は世襲制ではありませんが、宗教制度には世襲制が存在しています。しかし親がどれほど偉いとしても、その子どもが偉いとはかぎりません。親と同じかそれ以上の修行をしないと、優れた宗教家にはなれません。

結婚を禁じた宗教にも現実的な問題は起こります。ひとつは宗教家の性欲の処理です。性欲は本能で、これを超えることは大変むずかしいことです。神社やお寺の近くに、昔は売春宿があることも多かったのです。どうして、宗教と性の問題が関連しているのでしょう。それは、人間はエロス（生のエネルギー）とタナトス（死のエネルギー）のバランスで生きているからです。人間は生と死を意識している動物です。生きとし生けるものには、必ず死がやってきます。人間は死を恐れますが、死からの不安は来世をイメージすることによって救われます。宗教は来世を約束してくれるものです。だから、宗教はタナトスの方向に偏る傾向があります。

宗教には、政治運動や社会運動がつきものです。政治運動や社会運動はエロス的活動です。当選すると目されているのに、選挙中に自殺する候補者は、まずありません。お葬式やお伊勢参りの後、精進落としと称して酒を飲んだり、ごちそうを食べたり、買春したりする行為は昔からありました。タナトスの方向に向いたエネルギーをエロスの方向に向け、エロスとタナトスのバランスを回復するためです。

日本は無宗教の国といわれています。先にも述べましたが、イザヤ・ベンダサンは、日本人の宗教の特質を「日本教」と名づけました。日本には、さまざまな宗教が外来しています。しかし、日本に入って定着してきますと、必ずといっていいほど、その宗教は日本化するからです。日本人は、決まった宗派をもたないという意味では、無宗教の人が多いのはたしかですが、それでも「イエ」の宗教はまだまだ健在です。宗教心は誰の心のなかにもあります。不意に事故や地震に襲われたら、神仏に祈る人は多いと思います。

宗教は魂の象徴です。魂の浄化、人格の陶冶(とうや)(よりよく発達させること)なくして幸せにはなれません。女と男の問題も、根本的なところではお互いの魂の浄化なくしては解決できないと思っています。

22 文化
女の文化、男の文化

文化とは、「人間が自然に手を加えて形成してきた物心両面の成果。衣食住をはじめ技術・学問・芸術・道徳・宗教・政治など生活形成の様式と内容を含む」と広辞苑に定義されています。この定義に追加すると、文化は、人間が集団を形成する場所に生まれてきたものです。家族には、家族文化、地域社会には地域文化、国には国の文化があります。民族には民族の文化、男性集団には男性文化、女性集団には女性文化、子ども集団には子どもも文化があります。

現在ほど、男女の文化差がなくなった時代はありません。これは性別の集団による集団行動が減少したことを意味します。井戸端会議の喪失は、井戸端に集まる女性がなくなったからです。男女別学だと、女学校には女子文化が生まれますし、男社会なら男の文化が生まれます。しかし近代社会では、男女共同参画があたり前ですから、性別の集団が減少し、性別の文化も減少しました。また、子どもだけの集団と集団行動が減ったため、子どもと大人の文化差が少なくなったといわれています。

文化は形成集団の日常の作業からもたらされます。自給自足の時代には、男の仕事、女の仕事と区別されていたことが、プロが請け負ったり機械に置き換わったりするようになりました。作業者が変わると文化は変わります。文化を伝える人が変わり、次世代に伝わらなくなったり、伝える必要がなくなったり、伝え方が変わるからです。

日常作業の男女分業は、もともとは男女の身体的、心理的特徴から決まったものです。狩猟・漁労民族では、狩猟・漁労には瞬発的な判断と体力が必要であるため、男性の仕事とされました。これに対して、採集と農作業は女性の仕事でした。農業を中心とする定着民族では、瞬発的な体力が必要な開墾作業や農作業は男性が、持続的な作業は女性が担当していました。

世界を見渡しても、日常の料理は女性の仕事です。これは、代替乳のなかった時代には、授乳は女性の役目であり、授乳から離乳食作り、ふつうの料理までは一連の作業だったたからです。家庭の味文化・食文化は、代々母から娘に受け継がれてきましたが、今では料理もプロ化されるに従い、女性の仕事ではなくなりつつあります。

現在は日常食べるものもプロの料理（できあいのお惣菜）に変わってきています。プロの料理人の世界も変化してきました。料理人は男性が多いのですが、ここにも女性が参加しはじめ、男女差がなくなってきています。プロといえるほどの技術がなくても、マニュアルどおりに作るとできるような料理もふえてきました。

牽牛と織女の物語にあるように、牛飼いは男性の仕事で、織物は女性の仕事でした。牛でなくても、砂漠の民族であるベドウィン族では、ラクダの放牧が男性の仕事で、羊飼いもそうです。これに対し、機織り（はた）や編み物は古代より女性の仕事でした。体力が必要な仕事は男性、持続的で家庭的な仕事は女性と分業が成立していました。お互いの特徴を生かした分業は、それが長くつづいていた点から考えて、自然に男女の特質を生かしたものといえるでしょう。

ただし、大変な体力をそれも持続的に必要とする仕事は、男性でなく女性の仕事でした。たとえば、素潜りの海女や石炭仲仕はどちらも女性の仕事でした。とくに、石炭仲仕は石炭の積み下ろしを炎天下で持続的につづけなくてはならない仕事で、男性は短時間で音をあげてしまうので女性しかできなかったそうです。マラソンはご存じのように四二・一九五キロの距離を走り抜くものです。現在は男性の記録のほうが一〇数分勝っていますが、距離を一〇〇キロにすれば、女子の記録が男子のそれを上回るだろうといわれています。

女性が持続的な重労働をこなせるのは、おそらくお産と関係していると思います。長時間の出産に耐えられる体力と精神力が女性の遺伝子に付与されているからです。

このように見てきますと、もともとの男女の文化差は、男女の身体・生理的差によるものが大部分です。文化の発展にともなって、たとえば、代替乳の進歩や避妊用品、生理用品などの進歩で、女性が生理的制限から、大幅に解放されるようになりました。これが男女の文化差がなくなってきた大きな理由だといえます。ただし、儀式の部分は、人間の深層心理にかかわっていますので、変化しない部分もあります。七五三のお祝いも、女児が三歳と七歳、男児が五歳と決まっていました。これは、女児は三歳になると生存できる可能性が高かったのに対し、男児は五歳まで生きないと、生存がたしかでなかったからです。女児の七歳は、女（乙女）としての訓練が始まる年齢で、「男女七歳にして席を同じくせず」の思想の根底をなしています。ただし今では、乳幼児の死亡率の低下によって、最近は男児でも三歳で七五三のお祝いをすることもまれではなくなりました。京都、法輪寺などではまだ見られますが、女子の一三歳の十三参りの風習も少なくなりました。一三歳は、初潮が始まる可能性がある年齢で、女子にとって大人への入り口です。そういえば、初潮の儀式である「赤飯」で祝う家庭も少なくなってきていますし、誕生祝いさえしない家庭があるくらいです。

現在は通過儀礼（イニシエーション）が減少してきました。一〇〇年前には、子どもと大人では髪型も着るものも違いました。男子にとって元服は大切な通過儀礼でした。女子は、未婚と既婚で髪型が変わり、既婚者はお歯黒をつける習慣がありました。通過儀礼は、節目には儀式が欠かせないという人間心理の深層から出てきています。女子の人生は、女児から乙女になるときの初潮、娘から女になるときの破瓜、女から母になるときの出産と、人生の節目節目で血が流れます。このため初潮の儀式、結婚式、腹帯、名づけ、お宮参り、出産の儀式などと、そのときどきの特別な儀式を大切にしました。儀式を経ずして血を流しますと、心に血が流れるからです。

近代は、こうした儀式が形骸化してきました。儀式の形骸化と無用化は、あまり意識にはのぼってはいませんが、心に大きな負担を負わせます。というのは、儀式を行なうことによって、はじめて人間は人生の激変を受け入れられるからです。葬式をせずに大切な人の死を受け入れることは困難です。結婚式があげられなかった夫婦が、中年になって式をされる例がありますが、これも通過儀礼の大切さを物語っています。近代は儀式が形骸化してきましたので、大きな通過儀礼を各人が心の内で行なう必要が出てきました。なかなか大人になれない人がふえているのも、通過儀礼の形骸化と無関係ではないかもしれません。

古代から、男女の文化差の少ない領域が芸術の分野です。紫式部や清少納言のように世界的な文学を生みだした女性作家が千年以上前に現れています。男性である紀貫之は女性に仮託して『土佐日記』を書いています。日記と和文学をたしなむのが女性、漢詩と漢文学が男性とされていたからですが、文学の本質として、男女差はありません。内容は作家の日常性と心理が反映されますので、個人差はありますが。

ミステリー小説の女王といわれたアガサ・クリスティは、「推理小説は男性しか書けない」と言われたので、推理小説を書いたそうですが、その時代の推理小説作家が男性だけだったというだけで、男女の本質的な差ではなかったのです。わが国にも、夏樹静子さんや山村美紗さんのようなすばらしい推理小説作家がおられます。文化は基本的には学習なので、男女の差は学習機会の差であることが多いのです。

長らく男女差があった分野は軍隊です。動物の世界を見ると、戦ったり、子どもや雌を守るのが雄の役割である種は多いようです。これは、戦いで消耗するのが雌より雄のほうが、種族保存のためには損失が少なかったためです。最近の軍隊では、女性の兵士がふえてきました。防衛大学校も男女共学です。近年の爆発的な人口増大と一夫一婦制の定着化で、損傷による種族保存にとっての損失が、男女で等価になったからではないかと思っています。

昔は、男性を女性から遠ざける文化がありました。生理期間中の未婚の女性は、特別な小屋や部屋で過ごしました。産小屋への出入りや出産立ち会いは女性にかぎられていて、男性の入室はきびしく禁じられていました。産婦人科医の登場までは、産婆さん（助産師さん、取り上げお婆さん）は、女性の仕事でした。現在も正常分娩は、助産師さんが行なっていますが、男性の産科医も多く、夫立ち会いの出産も珍しくなくなりました。

「男子厨房に入らず」という掟もありました。また女性の化粧姿は、男性が見てはならないものとされ、女性のほうも化粧を見られることを恥としていました。もっとも今では、前にも述べましたが、電車やバスの中で堂々と化粧する女性が多くいます。この現象に眉をひそめる年配女性もいて、女性の世代間葛藤のひとつになっています。ただしトイレは、小学校や公共の場で男女共用が珍しくなかった時代もありました。混浴さえ、地方や温泉地で行なわれていました。女性が胸を隠すようになったのは戦後のことです。

男女共生社会が進展し、ひと昔前まで禁じられていたことが、男女共同参画で行なわれるようになり、男女の相互理解を生むことに貢献しています。同時に、男女が同じ場所にいる機会がふえ、このため男女のマナーや倫理の確立が定着していないところに問題が生じています。セクハラや痴漢、ストーカーの出没などは、昔は皆無だったとはいいませんが、現在ほど横行していなかったことは事実です。それは、通勤の満員電車に乗るのが圧倒的に男性だった時代や、男女が別車両に乗ったり、学校が男女別学の時代には考えられなかったことですし、男女がいっしょにお酒を飲む機会も少なかったからでしょう。ひと昔前までは、パチンコ屋も飲み屋も、客はほとんど男性でしたから。

男女交際の日常化、処女崇拝の希少化、男女イメージや異性への憧れなどの変化に合わせた、新しい男女間・人間間の倫理の確立が要求されていると思います。やがて、男女共同参画集団の文化が、生まれてくるでしょう。

また、古代から受け継がれてきた通過儀礼や儀式の意味を再吟味する必要もあると思います。集団の再編成という意味で、今が文化領域での「女と男」が混乱し、セクハラや不倫が多発している時代なのかもしれません。新しい文化の創造は、男性より女性、大人より子どものほうに力があります。個の時代といわれる今こそ、集団の意味と文化を再発見したいものです。

あとがき

「まえがき」にもありましたが、「女と男」のテーマは、永遠の課題です。現実は、女もいろいろ、男もいろいろです。「女は……」と書きはじめますと、それはそうだが、いちがいにそうともいいきれないと別の考えや思いが浮き上がってきます。それらの異なる考えや思いを統合したいと考えていきますと、複雑すぎて、何が何やらわからなくなることもしばしばありました。何度も目をつぶって、別の考えを思いめぐらし、「それはそうだ……」と納得できるときは、それも真理のひとつとして書きました。

ひとつのテーマが書き上がりますと、私が所属するいくつかの女性グループに原稿を提示して、意見を求めました。私はプロカウンセラーですので、いろいろな女性たちの話を聞いてきました。私自身の個人的な体験にはかぎりがありますが、これに来談者の体験がずいぶん付加されていると思います。そこに、私の所属するグループの女性たちが別の新しい思いをつけ加えてくれました。彼女たちの意見を参照しながら、さらに書き加え、推敲しました。ですから、この本の上梓には、たくさんの女性たちの協力がありました。それを記して、ここに感謝いたします。

本書の出版の目的は、私たちがお会いした多くの男女間の悩みとコミュニケーションの齟齬（そご）を、少しでも解消できたらと思ったからです。この目的を果たそうとして、原稿を作成する過程で、最初にその恩恵が得られたのは私たち夫婦ではないかと思っています。夫が考えたことに対して、女性として私は、彼とは異なる思いをしばしば感じました。二人で思いの違いを深く見つめることによって、男女の視点や心のありようの違いに気づきました。本書をご夫婦や男女間で、また、コミュニケーションや思いの違う同士でお読みいただき、お互いの理解が深まればと願っています。

本書の出版にあたり、編集の労をとっていただいた創元社の渡辺明美さんと社長の矢部敬一さんに感謝いたします。

平成一八年七月吉日

東山弘子

●著者紹介
東山弘子（ひがしやま ひろこ）
1967年　京都大学教育学部卒業
1972年　京都大学大学院教育学研究科博士課程修了
現　在　佛教大学教授、京都大学博士（教育学）、臨床心理士
著　書　『母をなくした日本人』『父をなくした日本人』（共著）春秋社
　　　　『子育て』（共著）創元社、他

東山紘久（ひがしやま ひろひさ）
1942年　大阪市に生まれる
1965年　京都大学教育学部卒業
1973年　カール・ロジァース研究所へ留学。
現　在　京都大学名誉教授、教育学博士、臨床心理士
専　攻　臨床心理学
著　書　『子育て』（共著）『母親と教師がなおす登校拒否――母親ノート法のすすめ』
　　　　『カウンセラーへの道』『スクールカウンセリング』『プロカウンセラーの聞く技術』
　　　　『プロカウンセラーの夢分析』『プロカウンセラーのコミュニケーション術』
　　　　以上、創元社、他

プロカウンセラーが読み解く女と男の心模様

2006年8月20日　第1版第1刷発行
2006年10月20日　第1版第2刷発行

著　者――**東山弘子　東山紘久**
発行者――**矢部敬一**
発行所――株式会社**創元社**
〒541-0047大阪市中央区淡路町4-3-6
[電話] 大阪06(6231)9010(代表)
東京支店　〒162-0825東京都新宿区神楽坂4-3 煉瓦塔ビル
[電話] 東京03(3269)1051(代表)
印刷所――株式会社**太洋社**

ISBN4-422-11375-5